Ullstein Sachbuch

Ullstein Sachbuch
Ullstein Buch Nr. 34261
im Verlag Ullstein GmbH,
Frankfurt/M – Berlin – Wien
Amerikanischer Originaltitel:
»Life in Darwin's Universe.
Evolution and the Cosmos«
Übersetzt von Beate Pinkerneil
und Oliver Rehlinger

Ungekürzte Ausgabe

Umschlagentwurf: Theodor Bayer-Eynck

Printed in Germany 1985
Druck und Verarbeitung: Elsnerdruck GmbH, Berlin
ISBN 3 548 34261 2

Februar 1985

CIP-Kurztitelaufnahme der Deutschen Bibliothek

Bylinsky, Gene:
Evolution im Weltall/Gene Bylinsky.
Geowiss. Beratung: Dietrich Schumann u. Friedemann Schrenk.
[Übers. von Beate Pinkerneil u. Oliver Rehlinger]. – Ungekürzte Ausg. – Frankfurt/M; Berlin; Wien: Ullstein, 1985.
(Ullstein-Buch; Nr. 34261:
Ullstein-Sachbuch)
Einheitssacht.: Life in Darwin's universe ‹dt.›
ISBN 3-548-34261-2

NE: GT

Gene Bylinsky

Evolution im Weltall

Mit Illustrationen von
Wayne McLoughlin

Geowissenschaftliche
Beratung:
Prof. Dr. Dietrich Schumann
und Friedemann Schrenk

Ullstein Sachbuch

Der Autor:

Gene Bylinsky ist Wissenschaftsredakteur der amerikanischen Zeitschrift »Fortune« und Mitglied der New Yorker Akademie der Wissenschaften. Er erhielt für seine wissenschaftlichen Publikationen zahlreiche Auszeichnungen und Preise.

In Dankbarkeit gewidmet

N. John Berrill, George Gaylord Simpson, Cyril Ponnamperuma, Frank D. Drake, David Black und all den anderen Suchern, die uns das Universum des Lebens erschlossen haben.

Danksagung

Ähnlich wie die Evolution des Lebens, so begann auch die Entstehung dieses Buches vor langer Zeit. Auf die eine oder andere Art habe ich mich mit der Idee schon immer beschäftigt. Aber erst Bob Guccione und Kathy Keeton haben das Projekt dann einen großen Schritt vorangebracht, als sie meinen Vorschlag, einen Artikel über außerirdische Lebensformen für die Zeitschrift *Omni* zu schreiben, begeistert aufnahmen. Auf diese Weise kam ich in Kontakt mit Wayne McLoughlin, einem begabten jungen Künstler. Barry Lippman, Lektor bei Doubleday und eine mir verwandte Seele, sah die Chance für ein Buch, und meine Agentin, Diane Cleaver, war zur rechten Zeit zur Stelle, um zuzustimmen. Das Ergebnis wäre undenkbar ohne all die Wissenschaftler, die großzügig ihre Zeit zur Verfügung gestellt haben, Wayne McLoughlins Phantasie und Geschick bei der Illustration des Buches, Barry Lippmans genaue und einfühlsame Redaktion, und die Hilfe von Gwen und Carmela. Jackie McLoughlin gebührt Dank für ihre Hilfe beim ersten Entwurf des Schutzumschlags. Und nicht zuletzt danke ich Bill Rukeseyer und Dick Armstrong von der Zeitschrift *Fortune* für einen freundlich gewährten Urlaub, der mir ermöglichte, dieses Buch zu schreiben.

Inhalt

Einführung

Seit unerdenklichen Zeiten hat die Vorstellung von der Möglichkeit außerirdischen Lebens für den Menschen etwas Verwirrendes und Erregendes. Schon im Jahre 1200 gab der chinesische Philosoph Teng Mu dieser Idee dichterischen Ausdruck: „Wie unvernünftig wäre es doch anzunehmen, daß außer Himmel und Erde, die wir sehen, keine anderen Himmel und keine anderen Erden sind.«

Was die typischen Formen des Lebens anderswo betrifft, so stellte man sie sich gewöhnlich völlig verschieden von denen auf Erden vor. Science-Fiction-Autoren und die Filmemacher in Hollywood nahmen sich dieser Bilderwelt des Abartigen willig an und schufen eine ganze Menagerie von Weltraummonstern. Überdies war man der Meinung, daß außerirdisches Leben überaus selten sei.

Seit kurzem hat sich jedoch etwas Neues und viel Aufregenderes ereignet. Eine doppelte Erkenntnis setzte sich allmählich durch; erstens, daß Leben weit verbreitet ist, und zweitens, daß es dem unseren weit mehr ähnelt als es sich je ein Mensch vorgestellt hat – ohne dabei natürlich ein genaues Duplikat zu sein.

Unterstützt wurde die Überzeugung, daß Leben im ganzen Universum vorkommt, von neueren Entdeckungen der Radioastronomen, denen zufolge die Grundmoleküle, aus denen Leben entsteht, überall im samtschwarzen Dunkel des Kosmos verstreut sind wie Samen auf einem frisch gepflügten Feld. Als Ergebnis dieser überraschenden Beobachtungen wissen wir nun, daß das Universum ein einziges riesiges chemisches Laboratorium ist, in dem nicht nur die Materie, aus der die Gestirne sich zusammensetzen, überall dieselbe ist, sondern auch die Bausteine des Lebens selbst dieselben sind. Dies ist eine Entdeckung, deren Tragweite man gerade erst zu ahnen beginnt.

Die Einsicht, daß die Darwinsche Evolution im gesamten Kosmos vorherrscht, resultiert aus jüngsten Entdeckungen, die uns etwas näher sind: aus neuen Erkenntnissen über die Evolution des Lebens auf unserer Erde. Es ist diese Entwicklungsidee, die in unserem Buch im einzelnen ausgeführt werden soll, um in Wort und Bild zu zeigen, wie das Leben auf fremden Gestirnen aller Wahrscheinlichkeit nach aussieht.

Wollen wir zu einem solchen Bild von Leben im Kosmos gelangen, so müssen wir in großen Zügen das Mosaik der Grundlagen irdischen

Lebens skizzieren. Wie C. Owen Lovejoy, Professor für Anthropologie an der Kent State University, bündig in einem Vortrag formulierte, den er kürzlich auf einem NASA-Symposium gehalten hat: »Wenn wir die Wahrscheinlichkeit intelligenten Lebens auf dafür in Frage kommenden Planeten beurteilen wollen, müssen wir Klarheit gewinnen über die Vorgänge und Prozesse, in denen es sich auf unserem Planeten gezeigt hat. Dies ist – wollen wir nicht bloß phantasieren – die einzige Methode, die uns zur Verfügung steht.«

Deshalb beginnt dieses Buch mit den Anfängen der Erschaffung unseres Weltalls in jener ungeheuren Explosion, die man den Urknall – *the Big Bang* – genannt hat. Nachfolgende Kapitel zeichnen die chemische und biologische Evolution des Lebens auf der Erde nach und versetzen den Leser in andere Welten, um Einblick in die Möglichkeiten zu geben, die auf den Milliarden belebter Planeten existieren müssen, die vermutlich andere Sonnen umkreisen. Die Schlußkapitel untersuchen die Chancen, weitere belebte Planeten zu orten und mit ihren Bewohnern Kontakt aufzunehmen.

Die wachsende Erkenntnis, daß das Leben überall den universellen Gesetzen von Chemie und Physik unterworfen ist, erlaubt uns, zuversichtlich daran zu gehen, ein neues Bild des Darwinschen Weltalls zu entwerfen. Wissenschaftler, die das Leben auf der Erde erforschen, kommen immer mehr zu einer solchen Einsicht in die Natur des Lebens im ganzen Universum.

Wie Lovejoy gezeigt hat, ist es sinnvoll anzunehmen, daß die organische Evolution ein Prozeß ist, der denselben fundamentalen Regeln im gesamten Kosmos gehorcht wie auf der Erde; selbst wenn wir reale Lebensformen anderswo nicht beobachten können, so läßt sich doch zu vernünftigen Schlüssen über die möglichen Wege gelangen, die das Leben in seiner Entwicklung beschreiten könnte.

Dieses Buch ist also ein illustrierter Wegweiser zum Leben im Universum Darwins. Es beginnt, wie alle derartigen Unternehmungen, mit dem ersten Schritt auf unserer unermeßlichen Reise: mit den Grundlagen der Entstehung des Lebens.

G. B.

TEIL I

SO FING ES AN

ERSTES KAPITEL

Dem Leben eine Bühne

Das Universum wurde in einem grellen Lichtblitz geboren, der die Dunkelheit mit einem Schlag erhellte und von da ab nahezu eine Million Jahre lang leuchtete. „Im Anfang war das Wort . . ." sagt die Bibel, und das Wort, sagen die Kosmologen, war Licht.

Tatsächlich gab es einen Anfang vor dem Anfang. Noch vor jener Explosion, die sich vor 15 bis 20 Milliarden Jahren ereignete, dem Knall, der als *Big Bang* bekannt geworden ist, hatte sich die Materie – vielleicht Überreste eines früheren Universums, das in sich selbst zusammengefallen war – zu einem uranfänglichen Superatom verdichtet. Die Explosion war ganz anders als irgendeine, die wir auf Erden kennen. Anstatt von einem Zentrum auszugehen, ereignete sie sich überall zugleich und bewirkte ein Auseinanderschießen der Partikel, ein Fortrasen eines jeden Teilchens vom anderen.

So heiß war dieser Feuerball, daß die Materie, die sich in dieser Explosion bildete, nicht aus gewöhnlichen Molekülen und Atomen bestand, sondern aus verschiedenen Arten von Elementarpartikeln – jenen Bruchstücken der Materie, die heute von Hochenergie-Physikern in riesigen Teilchenbeschleunigern untersucht werden. Unter den Teilchen, die in großer Zahl vorkamen, waren die Elektronen, die die Außenschalen der Atome bilden. Elektronen sind negativ geladen. Ein anderes häufig auftretendes Teilchen war das positiv geladene Gegenstück zum Elektron, das Positron. Außerdem produzierte der Feuerball noch viele Arten von Neutrinos, jene gespenstischen Teilchen mit geringer oder gar keiner Masse oder elektrischen Ladung, die imstande sind, die Erde (in Wahrheit das ganze Universum) zu durchschneiden – und es auch tun – als sei es nicht vorhanden.

Auch einige schwerere Teilchen traten auf – Neutronen und Protonen. Als die Temperatur nach den ersten Minuten sank, begannen Neutronen und Protonen sich zu komplexen Kernen zu formieren. Zuerst entstand der Kern des schweren Wasserstoffs (Deuterium); er setzt sich aus einem Proton und einem Neutron zusammen. Dann verbanden sich einige dieser Kerne zu einem Heliumkern, der aus zwei Protonen und zwei Neutronen besteht. Es ergab sich ein Verhältnis von ungefähr 73%

schwerem Wasserstoff gegenüber 27% Heliumkernen. Wasserstoff- oder Helium*atome* im eigentlichen Sinne gab es noch nicht. Es brauchte an die 700000 Jahre – für kosmische Verhältnisse eine kurze Zeit – ehe die Materie sich soweit abgekühlt hatte, daß Elektronen sich mit den Kernen verbinden und nun tatsächlich stabile Wasserstoff- und Heliumatome bilden konnten.

Schwerere Atome konnten noch immer nicht in nennenswertem Umfang entstehen, da die im All herrschende Strahlung solche schwereren Kerne ebenso schnell auseinandersprengte wie sie sich bildeten. Auf dieser Entwicklungsstufe bestand das Universum hauptsächlich aus Wasserstoff- und Heliumkernen, und die anhaltende Strahlung erhellte das Weltall wie ein sonniger Tag die Erde. Allmählich begannen sich Wasserstoff- und Heliumgase unter dem Einfluß der Schwerkraft zu einer dichten Masse zusammenzuballen, die sich schließlich zu Galaxien und Sternen verdichtete. Sterne bildeten sich durch Schwankungen innerhalb der Gravitationsfelder. Dies ist ein einfacher physikalischer Vorgang, der zuerst von Isaac Newton im 17. Jahrhundert erkannt wurde. Solche Schwankungen entstehen, wenn eine gleichförmige stabile Gaswolke im Raum in irgendeiner Weise störend beeinflußt wird – etwa durch Stoßwellen von Explosionen anderer Sterne. Infolge dieser Störung wird ein kleiner, kugelförmiger Bereich innerhalb der Gaswolke dichter als das Gas, das ihn umgibt. Zugleich verstärkt sich das Schwerefeld der dichteren Region. Sie bindet allmählich immer mehr Materie an sich und zieht sich zusammen, bis die innere Temperatur der sich verdichtenden Materie Sternenbrände auslöst – thermonukleare Reaktionen. So wird ein Stern geboren. Tief im Inneren solcher Sonnenschmelzöfen werden schwerere Elemente gekocht, vor allem Kohlenstoff und Eisen. Die ersten Sterne erstrahlten ungefähr 200 Millionen Jahre nach dem Urknall, dem *Big Bang*. Unsere Sonne war nicht unter ihnen. Tatsächlich gehört sie, an kosmischen Verhältnissen gemessen, noch zum Jungvolk; sie ist erst annähernd 5 Milliarden Jahre alt.

Was ihre Masse betrifft, so schwanken die Sterne in unserem Milchstraßensystem zwischen einem Hundertstel der Masse der Sonne und der hundertfachen Sonnenmasse. Die kleinen Sterne sind die langlebigsten. Sie leuchten zehn und mehr Milliarden Jahre lang, erlöschen dann langsam und werden zu „weißen Zwergen“ oder noch dichteren kleinen Sternen, deren Licht schließlich ganz erlischt, und von denen nur noch kalte Schlacke übrigbleibt. Die großen und schweren Sterne dagegen leben nur für eine Zeit, die zwischen wenigen Millionen und mehr als 10

Millionen Jahren liegt. Sie beenden ihr Leben in spektakulären Explosionen: den Supernovae.

Die ungeheure Gewalt einer Supernova-Explosion schmiedet Elemente, die schwerer sind als Eisen und sprengt bis zu 90% des großen Sterns ins All hinaus. Es ist heutzutage bekannt, daß aus diesem „Sternenstaub“ neue Sterne geboren werden, so z. B. unsere Sonne, und auch Planeten wie die Erde. Tatsächlich verdanken wir und das übrige Leben auf Erden unsere Existenz der Tatsache, daß riesige Sterne lebten und starben. Hätte es keine Supernova-Explosion gegeben, wäre der Kohlenstoff – Schlüssel zum Leben – im Sternenraum nicht so weit verbreitet wie es nach unseren Erkenntnissen tatsächlich der Fall ist.

Die Entstehung von Sonnensystemen wie dem unseren ist in groben Umrissen bekannt. Ein kugelförmiger Klumpen aus Wasserstoff und Helium verflachte zu einer Scheibe; im Mittelpunkt dieser Scheibe formte sich die Sonne, und um sie herum sowie an den äußeren Rändern der Scheibe entstanden die Planeten, wie die Abbildung auf der nächsten Seite zeigt.

Dies ist natürlich nur eine Skizze in Umrissen. Wissenschaftler tun sich immer noch schwer damit, zu erklären, warum sich die sogenannten terrestrischen (oder erdähnlichen) Planeten – Mars, Venus, Merkur – so auffällig von den Giganten der äußeren Sphären, bekannt als die „großen“ Planeten – Jupiter, Saturn, Uranus und Neptun – unterscheiden, die vorwiegend aus Wasserstoff, Kohlenstoff, Stickstoff und Sauerstoff bestehen. Vor gar nicht langer Zeit war eine Theorie weit verbreitet, nach der ein Stern, der der Sonne auf seiner Bahn sehr nahe gekommen war, die Erde und andere Planeten buchstäblich von der Sonne losgerissen habe. Angeblich wurde das abgesprengte Material in eine Umlaufbahn um die Sonne gewirbelt und verdichtete sich nach dem Erkalten zu Planeten. Diese Theorie ist allerdings aus verschiedenen Gründen aufgegeben worden. Einmal halten es Wissenschaftler mittlerweile für höchst unwahrscheinlich, daß ein Stern die Sonne in solcher Nähe passiert haben könnte, das heißt in einem Abstand von wenigen Sonnendurchmessern. Da der nächste Nachbarstern 38 Trillionen Kilometer entfernt ist und der Durchmesser der Sonne bloße 1,6 Millionen Kilometer beträgt, sind die Chancen für solche Zusammenstöße äußerst gering. Und außerdem zeigt sich bei genauerem Hinsehen, daß jedes in Frage kommende Stück Material, das von der Sonne losgerissen wird, zwangsläufig in eine hyperbolische, nicht in eine elliptische Umlaufbahn eintreten würde – das heißt, es würde einfach in den Raum hinausgeschleudert, weit entfernt von jedem denkbaren Sonnensystem.

Heutzutage neigt man dazu, eine Supernova-Explosion als Erklärung für die Entstehung des Planetensystems zu befürworten. Die Detonation eines sterbenden Riesensterns ist so gewaltig, daß ihre Stoßwellen das Gas im Weltall zusammenpressen und zu Sonnensystemen verdichten. Die Supernova-Theorie, in den 40er Jahren erstmalig von Fred Hoyle und Ernst Öpik vorgebracht, wurde seitdem durch eine Vielzahl von Experimenten und Beobachtungen gestützt. Die Bildung neuer Sterne konnte tatsächlich an den Rändern von Stoßwellen, durch Supernova-Explosionen bewirkt, beobachtet werden. Junge, sonnenähnliche Sterne, die in diesen Gegenden untersucht wurden, weisen in ihrer Zusammensetzung extrastellares Material auf – Stoffe, die von außerhalb stammen. Und neuerdings haben Wissenschaftler in den Meteoriten Beweise dafür gefunden, daß eine Supernova-ähnliche Explosion zur Zeit der Entstehung des Sonnensystems tatsächlich in unserer Nachbarschaft stattgefunden hat, vor ungefähr viereinhalb Milliarden Jahren.

Das Gros des Beweismaterials haben Dr. Gerald J. Wasserburg und seine Mitarbeiter am California Institute of Technology zusammengetragen. Nach ihren Untersuchungen vergingen zwischen der Explosion und der Geburt des Sonnensystems nicht mehr als fünf Millionen Jahre – eine an kosmischen Verhältnissen gemessen unbedeutende Zeitspanne.

Allem Anschein nach erzeugte der Riesenstern, der in seiner Größe die Sonne wahrscheinlich um ein Zwanzigfaches übertraf, bei seiner Explosion ein ganzes Spektrum radioaktiver Elemente. Einige dieser Elemente – genauer, ihre Isotope, d. h. geringfügig veränderte chemische Formen desselben Elements – fanden Wasserburg und andere Wissenschaftler in zwei verschiedenen Meteoriten, deren Trümmer beim Aufschlag über Mexiko verstreut wurden. Im ersten, dem sogenannten „Allende-Meteoriten", stießen die Wissenschaftler auf kleine Mengen radioaktiver Elemente, und zwar in solcher Konzentration, wie sie nie zuvor auf der Erde oder im Mondgestein, das rund eine Milliarde Jahre älter ist als das älteste auf Erden gefundene Gestein, entdeckt worden waren. (Das Fehlen natürlicher Umwelteinwirkungen, wodurch ein Auswaschen oder Abtragen des Gesteins [Erosion] unterblieb, sorgte dafür, daß auf der Mondoberfläche älteres Gestein als auf der Erde erhalten blieb.)

Der Allende-Meteorit enthielt seltsame Mischungen aus Barium, Kalzium, Strontium,Neodym und Samarium. In besonders großen Mengen kam ein Isotop vor, das als Magnesium 26 bekannt ist und nur durch den radioaktiven Zerfall eines anderes Isotops, dem Aluminium 26, entstehen kann. Dieser Fund war verblüffend, denn Aluminium 26 ist wegen seiner relativ kurzen Halbwertszeit von 700000 Jahren fast völlig aus dem Sonnensystem verschwunden. (Halbwertszeit bedeutet die Zerfallsrate radioaktiven Materials; die Zeit, in der die Hälfte einer gegebenen Anzahl von Atomen eines bestimmten Materials zerfällt, d. h. sich in andere Atome verwandelt.)

Diese Entdeckung bedeutete weiterhin, daß eine wasserstoffbombenähnliche Explosion, nur von ungleich gewaltigeren Ausmaßen, Aluminium 26 produziert hatte, und daß durch den Zerfall der radioaktiven Isotopen des Aluminiums und anderer Elemente im Inneren des Gesteins unbeschreibliche Hitze erzeugt wurde. Noch mehr Beweise lieferte der zweite Stein, der vom Himmel fiel, der sogenannte „Santa Clara Meteorit". Bei ihm wurde ein unerwartet hoher Anteil des Isotops Silber 107 entdeckt. Produziert wurde es durch den radioaktiven Zerfall von Palladium 107, dessen Entstehung vor ungefähr 4,6 Milliarden Jahren anzusetzen ist. Palladium kann nur in einem Kernreaktor hergestellt werden – oder im nuklearen Schmelzofen eines explodierenden Sterns.

Im Frühjahr 1980 stieß einer von Wasserburgs Mitarbeitern, Franz Niederer, auf eine ungewöhnliche Form von Titan in den „Sternstaub"-Teilchen, die ein U-2 Flugzeug der NASA hoch über der Atmosphäre „abgesaugt" hatte. Niederer datierte dieses Titan auf zwei bis drei Millionen Jahre früher als das älteste Material, von dem man bislang im Sonnensystem Kenntnis hatte, das viereinhalb Milliarden Jahre alte Mondgestein. Dieser Fund stützt ebenfalls die Supernova-Theorie: die besondere Form des Titans hatte sich offenbar in der Mutter-Supernova unseres Sonnensystems gebildet.

Bedeuten solche Supernova-Explosionen, daß Sonnensysteme wie das unsrige nur selten zustande kommen? Nicht unbedingt. Annähernd alle zwei Jahrhunderte werden eine oder zwei Supernova-Explosionen in Galaxien, unserer eigenen ähnlich, beobachtet. Bedenkt man Größe und Alter des Universums, so addieren sich diese Vorgänge immer noch zu einer astronomischen Zahl. Wir können daher sagen, daß die Bedingungen, die zur Bildung eines sonnenähnlichen Systems führen, zwar von besonderer Art sind, jedoch keineswegs Seltenheitswert besitzen.

Trotz allem gibt es noch immer keine allgemeine Übereinstimmung darüber, wie die Planeten unseres Sonnensystems entstanden sind. Der Großteil der Forschung auf diesem Gebiet läßt vermuten, daß ein Teil des Materials aufgrund von Schwankungen im Schwerefeld zu Proto-Planeten zusammenstürzte, den gigantischen Vorläufern unserer Planeten. Jedenfalls stellt man sich so die Entstehungsgeschichte von Gasriesen wie

Saturn und Jupiter vor. Erdähnliche Planeten dagegen verdanken ihre Existenz wahrscheinlich einem allmählichen Zusammenballen fester Körper von unterschiedlicher Größe, angefangen bei kosmischen Staubteilchen, die sich langsam zu Kleinstplaneten vereinigten – Körper mit einer Ausdehnung bis zu 900 Kilometern –, die sich dann ihrerseits zu den heutigen erdähnlichen Planeten verbanden. Möglicherweise dominierte der eine Prozeß im Frühstadium der Planetenbildung, während ein anderer zu einem späteren Zeitpunkt eine führende Rolle übernahm.

Eine weitere Möglichkeit gäbe es, um die unterschiedlichen Strukturen der erdähnlichen und der Großen Planeten zu erklären: ein plötzliches Aufflammen der Sonne, durch das Mengen von Wasserstoff und Helium weit von ihr fortgeschleudert worden wären. Ein solcher Sonnenwind würde nur die leichten Gaspartikel fortgeblasen haben, nicht aber die schwereren Staubteilchen.

Die Planetesimalhypothese – jene Theorie, nach der die Planeten aus kleineren Vorläufern entstanden sind – erklärt die Erschöpfung der chemisch nicht-reagierenden Edelgase Argon und Neon; diese hätten von kleineren Objekten mit geringer Schwerkraft nicht gehalten werden können. Außerdem wären diese Gase im Fall der Auflösung des restlichen Nebels, beziehungweise der Gaswolke, verlorengegangen.

Der Zusammenbruch der Schwerkraft in großem Maßstab erklärt andererseits, warum die Riesenplaneten Satelliten mit festen Oberflächen haben: die Riesenplaneten mit ihren Satelliten stellen Miniatur-Sonnensysteme dar, in denen sich jene beiden Prozesse genauso abgespielt haben wie im gesamten Sonnensystem.

Allerdings halten viele Wissenschaftler die Vorstellung von zwei grundverschiedenen Prozessen, die beide im Sonnennebel stattgefunden haben sollen, für unannehmbar. Es gibt daher noch keine einheitliche, allseits akzeptierte Theorie über die Entstehung der Planeten.

Indessen sollten Planeten und ihre Atmosphären – zumindest ihre ursprünglichen Atmosphären – die kosmischen Verhältnisse der Elemente widerspiegeln. Wohin wir auch sehen, erkennen wir Sterne, Galaxien, Gaswolken im Raum – und alle setzen sich aus denselben Grundelementen und im selben Verhältnis zusammen. Dem Umfang nach macht Wasserstoff 90 Prozent des sichtbaren Universums aus, Helium mehr als 9 Prozent und alle anderen Elemente zusammen weniger als 1 Prozent, wobei Sauerstoff, Kohlenstoff, Neon und Stickstoff am häufigsten vorkommen.

Daraus kann man schließen, daß auch die Atmosphären der Planeten zu

Urzeiten hauptsächlich Wasserstoff enthalten haben müssen, zusammen mit Helium, Sauerstoff, Kohlenstoff, Neon und Stickstoff. Helium und Neon sind chemisch inert, aber Kohlenstoff, Stickstoff und Sauerstoff reagieren leicht mit Wasserstoff zu Methan (CH_4), Ammoniak (NH_3) und Wasser (H_2O). Dieser Typ von Atmosphäre entspricht weitgehend dem der Sonne, und tatsächlich werden die Atmosphären des Jupiter wie auch der anderen Riesenplaneten weitgehend von Wasserstoff beherrscht, wobei Methan und Ammoniak nur spärlich auftreten. Man vermutet dort zusätzlich Helium und Wasser.

Von der Erde und den anderen terrestrischen Planeten hingegen nimmt man an, daß sie durch ihre schwächere Anziehungskraft ihre urzeitlichen, von Wasserstoff beherrschten Atmosphären verloren haben. Wasserstoff und Helium, die beiden leichtesten Elemente, verflüchtigten sich in den Raum, während die schwereren Elemente zurückblieben. Methan oxidierte zu CO_2 und Ammoniak zu molekularem Stickstoff. Heute besteht die Erdatmosphäre zu 78 Prozent aus Stickstoff, zu 21 Prozent aus Sauerstoff und zu 1 Prozent aus anderen Gasen, wobei Wasserstoff und Kohlendioxid nur spärlich auftreten.

Es gibt durchaus geologische Anzeichen dafür, daß die Zusammensetzung der Erdatmosphäre in ferner Vergangenheit gänzlich anders beschaffen war. Bestimmte seltene Minerale, die offensichtlich durch eine wasserstoffreiche Atmosphäre entstanden, ändern ihren chemischen Aufbau, wenn sie einer sauerstoffhaltigen Atmosphäre ausgesetzt werden. Beispielsweise verwandelt sich ein Mineral namens Uraninit, das vor zwei bis drei Milliarden Jahren entstanden ist, in eine Art Uranoxid, wenn es mit der frischen Luft in Berührung kommt.

Die Schöpfungsprozesse, durch die sich „die gegenwärtige wunderbare Ordnung unseres Sonnensystems entwickelt hat," wie T. J. J. See, ein amerikanischer Astronom der Jahrhundertwende, es formulierte, schlossen notwendigerweise Gewalt ein. So entstanden, um nur ein Beispiel zu nennen, durch gewaltige Einschläge kleinerer Himmelskörper die Erdkrater – so wie diese auch zu den uns bekannten auffälligen Kraterbildungen auf dem Mond beitrugen.

Jene häßlichen Pockennarben wurden allerdings auf der Erde durch das allmähliche Entstehen der Atmosphäre und Ozeane wieder eingeebnet. Sowohl die Atmosphäre wie die Ozeane verdanken wir gewaltsamen Umschichtungen im Inneren der Erde. Vulkane spien Gase aus, die in den Aufbau einer Atmosphäre eingingen. Eine Mischung aus Kohlendioxid, Methan, Kohlenmonoxid, Ammoniak, Wasser, Stickstoff und Wasser-

stoff drang bis zur Oberfläche vor und wurde zu einem Teil der urzeitlichen Atmosphäre. Diese Gase führten auch Wasser mit sich; es sammelte sich in den Vertiefungen der Erdkruste und bildete dort anfangs Teiche, dann Seen und schließlich ganze Ozeane, wie auf unserem Bild der urzeitlichen Erde dargestellt.

Ultraviolette Sonneneinstrahlung konnte auf die Oberflächen der Ozeane niederbrennen, da sie von keiner schützenden Ozonschicht daran gehindert wurde und die irdische Atmosphäre sich zum größten Teil aus den ursprünglichen Bestandteilen des Universums zusammensetzte: aus Wasserstoff und Helium. Bei reichlich vorhandenem Wassser und einer Strahlung, die als Katalysator, als Auslöser chemischer Reaktionen wirkte, waren die Grundlagen für die Entstehung des Lebens geschaffen.

ZWEITES KAPITEL

Der Vorhang geht auf

Die urzeitliche Erde, auf der sich das Leben entwickelte, wäre uns kaum sehr einladend vorgekommen, noch viel weniger hätten wir auf ihr leben wollen. Unheildrohende Blitze zuckten über den Himmel, und Vulkane spien giftige Gase in die Atmosphäre – eine wasserstoffreiche, chemisch „reduzierende" Atmosphäre, in der weder der Mensch noch irgendein anderes sauerstoffatmendes Lebewesen überlebt hätte.

Trotzdem war die Erde offenbar genau die Art eines Planeten, den das Leben zu seiner Entstehung benötigte – oder jedenfalls für ein Leben, wie wir es kennen, so schränken die Wissenschaftler ihre Erklärungen gern ein. Primitive Lebensformen – so glauben mittlerweile die meisten Wissenschaftler – haben nur in einer reduzierenden Atmosphäre entstehen können. Reaktionen, die zur Bildung solcher „präbiologischer" Moleküle führen, die als Vorstufe lebendiger Materie betrachtet werden dürfen – d. h. die Bildung von Nucleotiden und Aminosäuren, den Bausteinen des Lebenden – können sich nur in einer reduzierenden Atmosphäre entwikkeln. Molekularer Sauerstoff ist Gift für organische, auf Kohlenstoff basierende Moleküle; er zersetzt sie. Ein Beispiel für diese Art von Zersetzung ist etwa Butter, die ranzig wird, wenn man sie offen der warmen Luft aussetzt.

So widersprüchlich dies auch klingen mag, begann das Leben, das schließlich den Menschen hervorbrachte, seine explosive Entwicklung in einer sauerstoffreichen, „oxidierenden" Atmosphäre. Die Organismen mußten sich dem „giftigen" Sauerstoff anpassen und lernen, mit ihm zu leben. Soll das Leben über die Stufe von Organismen mit nur wenigen Zellen hinausgelangen, sollen vielzellige Organismen entstehen und auch gedeihen, dann müssen sie Sauerstoff einatmen können. Der Grund hierfür liegt in den tatsächlichen Gegebenheiten jeder Energieproduktion.

So ist zum Beispiel die Energieproduktion durch Oxidation von Glukose zu CO_2 (Kohlendioxid) und Wasser in einem solchen Maße wirksam, daß 36 Adenosintriphosphat-Moleküle (ATP) produziert werden können – im Vergleich mit nur zwei ATP-Molekülen, die – bei Abwesenheit von Sauerstoff – durch reine Gärung zustande kommen. ATP ist für den Energiehaushalt der Zelle unentbehrlich. Es wird für alle möglichen Funktionen benötigt – für die Bewegung unserer Muskeln bis zum Anzünden der „Laterne“ des Leuchtkäfers. (ATP erzeugt Licht, indem es einen Teil seiner Energie auf ein Protein überträgt, das seine Gestalt ändert und durch diese Veränderung Licht ausstrahlt.)

Diese Besonderheit biologischer Energieproduktion hat direkte Auswirkungen auf jene Arten von Lebewesen, die aller Wahrscheinlichkeit nach auf anderen Planeten existieren. Wenn jene Lebensformen über das Stadium von Bakterien hinausgelangt sind, dann müssen sie Sauerstoff einatmen und haben damit – zumindest in dieser Hinsicht – Ähnlichkeit mit uns.

Als das Leben auf der Erde begann, gab es allerdings keinen Sauerstoff in der Atmosphäre. Die ersten Organismen, wahrscheinlich fermentierende Bakterien, beuteten organische oder kohlenstoffhaltige Moleküle aus, die in ihrer Umgebung vorhanden waren. Sie fraßen die „organische Suppe“ vollständig auf. Dies ist neben der fehlenden reduzierenden Atmosphäre ein weiterer Grund dafür, daß Leben in einer heutigen Umwelt nicht entstehen könnte; derartige primitive Organismen würden von den entwickelteren rasch verzehrt werden.

Im allgemeinen ist man sich darüber einig, daß die urzeitliche Atmosphäre „reduzierend“ war, obwohl Wissenschaftler über ihre genaue Zusammensetzung noch unterschiedlicher Auffassung sind. Diejenigen unter ihnen, die sich mehr an der Geologie orientieren, neigen zu einer Kohlenmonoxid-Kohlendioxid-beherrschten Atmosphäre. Chemiker dagegen nehmen an, daß die Atmosphäre überwiegend Wasserstoff enthalten habe, da die Bausteine des Lebens, die ja auf Kohlenstoff basieren, in einer solchen Atmosphäre leichter entstehen können. Die geologischen und paläontologischen Befunde bieten indessen nicht genug Material, um diese Frage entscheiden zu können.

Fest steht jedoch, daß die Bausteine des Lebens ohne Schwierigkeiten aus unbelebter Materie produziert werden können. Dies hat Stanley Miller im Jahre 1953 vorgeführt, als er noch Doktorand an der University of Chicago war. Miller und andere Wissenschaftler brachten es fertig, die urzeitliche Erdatmosphäre, bestehend aus Methan, Ammoniak und Wasserdampf, im Labor zu rekonstruieren und mit Hilfe von elektrischen Funken und anderen Energiequellen einen Großteil der elementaren Moleküle herzustellen, die das Leben ausmachen: Nucleotide und Aminosäuren.

Diese beiden Moleküle sind grundlegend für den Aufbau der informationsspeichernden DNS (Desoxyribonucleinsäure) wie auch der informationsübertragenden RNS (Ribonucleinsäure) und bilden Proteine, die sowohl funktionale wie strukturelle Aufgaben übernehmen. Nucleinsäuren und Proteine sind am Aufbau aller Lebewesen beteiligt – vom Elefanten bis zum Kolibakterium. Das Nucleinsäuremolekül besteht aus Nucleotiden, die wie Perlen auf einer Halskette aneinandergereiht sind. Die Nucleotiden wiederum sind auf Purin- und Pyrimidin-Basis aufgebaut, d. h. auf Zucker und Phosphat. Das Proteinmolekül dagegen besteht aus 20 Aminosäuren, die miteinander in den verschiedensten Kombinationen verbunden sind und auf diese Weise größere Moleküle bilden.

Stanley Miller ist mittlerweile Professor an der University of California in San Diego, wo er seine Forschungen weiter verfolgt. Seine Überzeugung: „Wir haben eine ganze Menge Arbeiten, die beweisen, daß organische Bausteine leicht herzustellen sind, und daß wir – mehr oder weniger – genau die bekommen, die auch in lebenden Organismen eine Rolle spielen. Man darf sich nur nicht verzetteln. Man muß sich auf diejenigen Verbindungen konzentrieren, die in den lebenden Organismen die maßgeblichsten sind."

In jenen ersten Experimenten wurden insgesamt vier Aminosäuren synthetisiert. Was noch wichtiger ist: spätere Arbeiten zeigten, daß die Aminosäuren in der urzeitlichen Suppe bereits Ketten von Molekülen gebildet hatten (sog. Polymere); dies legte die Vermutung nahe, daß die chemische Evolution der ersten Proteine nur relativ kurze Zeit benötigt hatte. Eine der Zufallsketten hätte als Katalysator wirken und die Erzeugung von Nucleinsäuren vorantreiben können. Die Strukturbestandteile von Nucleinsäuren (die Purine Adenin und Guanin) lassen sich leicht aus Wasserstoff-Cyanid gewinnen, dem häufigsten Produkt bei Experimenten mit urzeitlichen Atmosphären und verschiedenen Strahlungs- und Hitzequellen. Die Zucker ihrerseits können aus Formaldehyd gewonnen werden, was ebenfalls experimentell leicht herzustellen ist. So kommt es also dazu, daß jene abschreckenden Substanzen – Wasserstoff-Cyanid in unserer Atmosphäre wäre für jedes Leben tödlich, und auch Formaldehyd wird eher mit toter als lebender Materie in Verbindung gebracht – in ihrem Zusammenwirken genau die Kraftquellen ergeben, die für jedes Leben grundlegende Bedeutung haben.

Darüber hinaus bringt das Aufheizen jener Bausteine mit anorganischen Phosphaten Nucleotide hervor, die komplizierteren Bauteile der Nucleinsäuren. Es handelt sich dabei um einfache Reaktionen, die ohne Schwierigkeiten auf der noch unbelebten Erde hätten ablaufen können.

Seit dem ersten Experiment von Miller hat Dr. Cyril Ponnamperuma, ein anerkannter Erforscher der Ursprünge des Lebens und Professor an der University of Maryland, seine Untersuchungen bis zu dem Punkt vorangetrieben, an dem er bestimmte Muster wahrnahm, mit deren Hilfe verschiedene Elementarmoleküle sich gegenseitig erkennen. Dies ist der grundlegende Schritt, sich selbst verdoppelnde Moleküle im Labor herzustellen, denn auf diese Weise bildeten sich auch die ersten Organismen aus den Ur-Molekülen.

„Wir sind also in der Lage, die für das Leben notwendigen Moleküle herzustellen – das ist erreicht," so Dr. Ponnamperuma. „Wenn es mir gelingt, ein Molekül zu erzeugen, das sich selbst verdoppelt, sterbe ich als ein glücklicher Mensch."

Ein solcher Erfolg würde nach den Worten des ceylonesischen Wissenschaftlers zugegebenermaßen bedeuten: „Wenn ich es in meiner Retorte zustandebringe, dann könnte es Tausende solcher natürlicher Retorten im ganzen Weltall geben."

Das Zusammenkommen jener Baustoffe war der entscheidende Augenblick, ein Wunder der chemischen Schöpfung. Es erzeugte das erste sich selbst reproduzierende Molekül auf der Erde; ein entsprechendes Beispiel ist auf der folgenden Seite zu sehen.

Dies ist eine Möglichkeit, wie Leben entstanden sein könnte. Eine andere hätte das Entstehen einer Prototyp-Zelle sein können, und zwar durch Ausbildung einer provisorischen Schutzmembrane gegen zerstörerische Einwirkungen von außen. In diesem Fall hätten sich genetischer Apparat und strukturelle Bestandteile gleichzeitig entwickelt.

Was aber kam zuerst – die Zelle oder das Gen?

Über eine Antwort sind sich Wissenschaftler bis heute nicht einig. Der große russische Biochemiker Alexander I. Oparin, der im Jahre 1925 als erster die Theorie von der chemischen Entstehung des Lebens vertrat, hat stets der Zelle den Vorrang eingeräumt – und damit einer stoffwechseltreibenden Einheit mit einem einfachen Häutchen zum Schutz gegen Aufweichung und Beschädigung durch äußere Einflüsse. Oparin war der Meinung, daß die Zelle die von ihr aufgenommenen Atome zu genau den Molekülen umgruppierte, die zur Aufrechterhaltung der Zellstruktur und -funktion nötig waren. Die Zelle überlebte, indem sie sich selbst reproduzierte. Für Oparin bilden der Reproduktionsapparat und die DNS die Feinbestandteile des Zellmechanismus. Sie machten die unbelebten Vorläufer der Zellen, die sog. Protobionten, zu lebenden Zellen.

Der bedeutende englische Biochemiker J. B. S. Haldane, der 1929 ähnliche Thesen wie Oparin veröffentlichte, plädierte dagegen mehr für das „nackte Gen" – ein großes DNS-Molekül, das Duplikate von sich selbst herstellte, indem es Material aus seiner Umgebung benutzte.

Bislang jedenfalls war Oparins Theorie bis zu einem gewissen Grad durch Laborexperimente leichter zu erhärten. Die Tests bewiesen, daß einfache chemische Reaktionen in Proteintröpfchen ablaufen können, wenn diese mit einem geeigneten Medium in Verbindung gebracht werden.

Oparin hat sich jahrelang mit einem interessanten Phänomen beschäftigt, das Aufschlüsse darüber geben könnte, wie sich die ersten Zellen bildeten. Es handelt sich um die Neigung von Polymeren, Langkettenmolekülen, sich in gallertartige Tröpfchen – genannt Koazervate – zu teilen, wenn sie sich in einem wasserreichen Medium befinden.

Nicht nur das – viele dieser Tröpfchen zeigen auch eine Art Membran, und gerade diese erweist sich als ein lebenswichtiges Element jeder Zelle.

Interessanterweise fanden Oparin und seine Mitarbeiter heraus, daß man die Tröpfchen für Stunden, ja für Tage und Wochen erhalten konnte, wenn man ihnen einen bestimmten eingeschränkten Stoffwechsel auferlegte. Oparin entdeckte z. B., daß wenn man ein besonderes Enzym (Phosphorylase) einer Lösung hinzufügte, die ein Protein (Histon) und ein Kohlehydrat (Gummiarabikum) enthielt, eine Konzentration des Enzyms in den traubenförmigen Tröpfchen auftrat.

Weiterhin wurde beobachtet, daß in Wasser aufgelöstes Glukosephosphat sich mit den Tröpfchen verband und von den Enzymen in Stärke verwandelt wurde. Dies vergrößerte den Umfang der Tröpfchen und bewirkte eine Teilung in mehrere Tochter-Tröpfchen, von denen diejenigen mit einem ausreichenden Enzymanteil weiterwuchsen, wenn auch langsamer als ihre „Mutter-Tröpfchen". Könnten diese Tröpfchen mehr Enzyme herstellen – was ihnen allerdings nicht möglich ist – dann würden sie zu einem Beispiel für Zell-Prototypen der einfachen Art von sich selbst fortsetzendem Stoffwechsel. Auf diese Weise kommen natürlich keine lebenden Systeme zustande, aber es ist ein Hinweis darauf, wie sie sich entwickelt haben könnten.

Dagegen hat bisher noch niemand im Labor zeigen können, wie die DNS aus vorhandenen chemischen Kleinbausteinen entstehen kann.

Tatsächlich nehmen Wissenschaftler gegenwärtig an, daß alle Zellbestandteile sich parallel entwickelten. Da die Zellaktivitäten so eng miteinander verwoben sind, können Forscher sich kaum ein einfacheres System vorstellen. Nucleinsäuren benötigen Enzyme, jene emsigen Auslöser von Zellreaktionen, um sich zu reproduzieren, und Enzyme können nicht ohne Nucleinsäuren entstehen.

Möglicherweise entwickelten sich DNS und Proteine in engem Zusammenwirken. Die Nucleinsäure könnte als Matritze, als ordnende Instanz für Langkettenmoleküle gedient haben, und die Proteinmoleküle wiederum hätten die DNS geschützt, indem sie den Zell-Prototypen als Membrane dienten. Die biochemischen Anlagen der Mutterzelle wurden auf die Tochterzellen übertragen. Dieser Mechanismus war anfällig gegenüber internen Fehlern und von außen bewirkten Änderungen des genetischen Codes – wie beispielsweise Mutationen aufgrund von Strahlung und anderen Umwelteinflüssen. Diejenigen Organismen, deren Gene derart verändert waren, daß sie am besten mit den Umwelteinflüssen fertig werden konnten, überlebten; sie waren es denn auch, die den langen Entwicklungsweg der natürlichen Auslese eröffneten, die von Charles Darwin definierte Evolution.

Es hat allerdings den Anschein, als wäre das Leben schon damals, vor Jahrmilliarden, von Energiekrisen bedroht gewesen. Die ersten Mikroorganismen entstanden gleichzeitig mit der Atmosphäre. Sie beeinflußten deren Zusammensetzung durch ihre eigene Stoffwechselentwicklung, und die atmosphärischen Veränderungen ihrerseits regten die Entstehung neuer Verfahren des Stoffwechsels an. Jene ersten Organismen ernährten sich höchstwahrscheinlich durch Gärung von kohlenstoffhaltigen Molekülen. Diese Mikroorganismen vermehrten sich zwar, doch setzte ihre beschränkte Fermentationsenergie ihrem Wachstum eine Grenze. Das war die erste Energiekrise.

Um neue Energiequellen auszubeuten – so beispielsweise die chemische Energie, die in Form einer Mischung aus Kohlendioxid und Wasserstoff in der urzeitlichen Atmosphäre enthalten war – entwickelten sich neue Arten von Bakterien. Hinzu kam jedoch, daß die Mikroorganismen den atmosphärischen Gehalt an Wasserstoff so weit erschöpften, daß es für sie schwierig wurde, weitere chemische Energie zu gewinnen. Eine zweite Energiekrise drohte.

Sie wurde durch das Entstehen der Photosynthese abgewendet, jenen verwickelten Prozeß, der es Bakterien (und grünen Pflanzen) ermöglicht, ein Photon, d. h. ein Lichtpartikel der Sonne aufzunehmen und die Energie des Photons für eine andere Reaktion auszunützen: die Umwandlung von Sonnenlicht, Kohlendioxid und Wasser in chemische Energie, die in Form von Stärken und einfachen Zuckern gespeichert wird.

Dieser Prozeß läßt durch eine Spaltung von Wassermolekülen ebenfalls Sauerstoff frei werden. Die Photosynthese kann daher zu Recht als der wichtigste biochemische Vorgang bezeichnet werden, der sich je auf der Erde entwickelt hat, denn sie führte letztlich zur Ausbildung sauerstoffabhängiger Zellen, den Vorläufern tierischen Lebens auf Erden.

Die Frage, wann die ersten lebenden Organismen auftraten, hängt natürlich davon ab, wie man „Leben" definiert. Ein Virus-Partikel etwa ist nichts anderes als eine Ansammlung unbelebter Chemikalien, solange er sich außerhalb einer Zelle befindet. Doch wenn Leben als die Fähigkeit definiert wird, chemische Bausteine für eine organische Reproduktion nutzbar zu machen, dann wird der Virus belebt, sobald er in die Zelle eines höheren Organismus eintritt – gleichgültig ob dieser Organismus nun eine Bakterie oder ein Elefant ist. Die meisten Wissenschaftler definieren „Leben" heute als ein sich selbst reproduzierendes System, das ursprünglich aus einigen wenigen Molekülen bestanden haben könnte, die Duplikate von sich selbst herstellten.

Unzweifelhaft ist jedoch, daß nach wenig mehr als einer Milliarde Jahre nach der Entstehung der Erde bereits mikroskopisch kleine, einzellige Organismen existierten, die den Bakterien ähnelten. Die Entdeckung von Mikrofossilien im Gestein von Südafrika und Australien bestätigt dies.

Der nächste Sprung allerdings, zu Zellen mit Zellkernen, den sog. eukaryotischen Zellen, und dann weiter zu vielzelligen Organismen, benötigte doppelt soviel Zeit, nämlich an die zwei Milliarden Jahre. Daraus haben Wissenschaftler gefolgert, daß der Übergang von nichtbiologisch-organischer, also kohlenstoffhaltiger Materie, zu einfachem Leben problemloser vonstatten ging als der Schritt von einzelligen Bakterien zu vielzelligen Organismen.

Selbstverständlich könnte sich diese aufregende Idee als bloße Illusion herausstellen, denn die geschichtlichen Zeugnisse der ersten Jahrmilliarden irdischen Lebens sind durch die geologischen Umschichtungen beinahe völlig ausgelöscht worden. Außerdem waren die ersten Lebensformen wahrscheinlich weichzellige Bakterien, die keine fossilen Spuren zurückgelassen haben. Aus der ersten Zelle entwickelten sich vielzellige Lebewesen; dann folgten Krebstiere im weitesten Sinn; dann Fische – die ersten Tiere, die mit einer Wirbelsäule ausgestattet waren – und schließlich der Mensch. Unser frühester Vorfahre indessen war keine Mikrobe oder pflanzenartige Zelle, die durch Photosynthese Sauerstoff freisetzt, sondern ein anderer Zelltyp, der gelernt hatte, Sauerstoff statt Sonnenlicht für die Energieproduktion nutzbar zu machen.

Die entscheidende Frage ist, ob eine ähnliche biologische Entwicklung, wie sie auf unserer Abbildung dargestellt ist, sich auch auf anderen Planeten hätte ereignen können, und ob sie vergleichbare Ergebnisse gezeitigt hätte. Zuerst einmal wäre es extrem menschlich gedacht, wollte man annehmen, das Sonnensystem sei einzigartig im Weltall und es

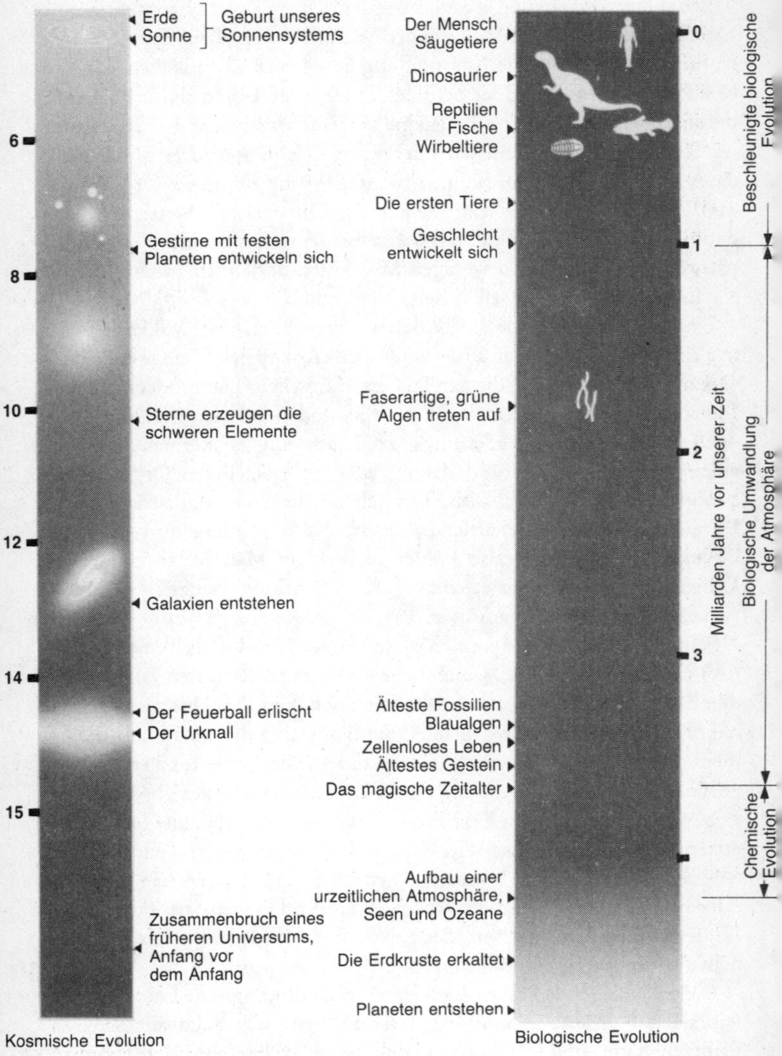

Der lange Entwicklungsweg zum Menschen

existiere kein anderes vergleichbares System. In Anbetracht unserer gegenwärtigen Kenntnisse über das Universum kann man dem nicht zustimmen.

Doch die Wissenschaft fordert Beweise. Es werden noch einige Jahre vergehen, möglicherweise ein ganzes Jahrzehnt, bis Planeten außerhalb unseres Sonnensystems zweifelsfrei geortet werden können. (Vgl. Kapitel 9). Messungen ihrer atmosphärischen Zusammensetzung wie auch andere Faktoren würden erweisen, ob für die Entwicklung von Leben geeignete Umweltbedingungen auf diesen Planeten existieren.

Wir besitzen aber schon vielversprechende Hinweise darauf, daß es derartige Planeten in großer Anzahl gibt. Ungefähr die Hälfte aller Sterne, die wir durch auf der Erde stationierte Teleskope erkennen können, sind Teile verzweigter Systeme. Kleinere Sonnen umkreisen größere Sonnen in nur geringer Entfernung. (Jupiter etwa in unserem Sonnensystem ist so groß, daß er ohne weiteres ein kleinerer Stern hätte sein können, wenn seine inneren Temperaturen etwas höher gewesen wären.) Die Existenz so vieler mehrsterniger Systeme legt die Vermutung nahe, daß sich Gaswolken häufig in einzelne Wolken unterschiedlicher Größe teilen, wobei einige dieser Wolken Sterne, andere dagegen Planeten bilden.

Man hat die Sterne in verschiedene Kategorien unterteilt, und nur einige von ihnen verfügen über Planeten mit Bedingungen, die der Entwicklung von Leben förderlich sind. Das berühmteste Klassifikationsschema für Sterne ist das Hertzsprung-Russell-Diagramm (auf der nächsten Seite dargestellt), in dem die Sterne nach den Koordinaten ihrer Lichtstärke und absoluten Größe oder auch Temperatur eingetragen sind.

Das Diagramm zeigt eine „Hauptreihe“, auf der die Sterne die meiste Zeit ihres Lebens verbringen, eine „Riesenreihe“ und eine der weißen „Zwerge“. Die Sterne auf der Hauptreihe reichen von winzigen roten Zwergen bis zu blauen und roten Riesen, von denen einige fast so groß sind wie unser ganzes Sonnensystem und über das Vierzigfache der Sonnenmasse ausmachen. Diese Riesensterne verbrennen ihren „Treibstoff“ zu schnell, als daß sich auf einem ihrer Planeten Leben entwickeln könnte; die großen Sterne verschwinden folglich nach ein paar Millionen Jahren von der Hauptreihe.

Die Zwerge dagegen bleiben Jahrmilliarden lang auf der Hauptreihe, doch kaum einer von ihnen ist in der Lage, belebten Planeten die notwendige Wärme zu spenden. So glühen beispielsweise viele der kleinen roten Zwerge in oft unberechenbarer Weise auf – was für jegliches Leben in unmittelbarer Nähe tödlich wäre. Hinzu kommt, daß durch die

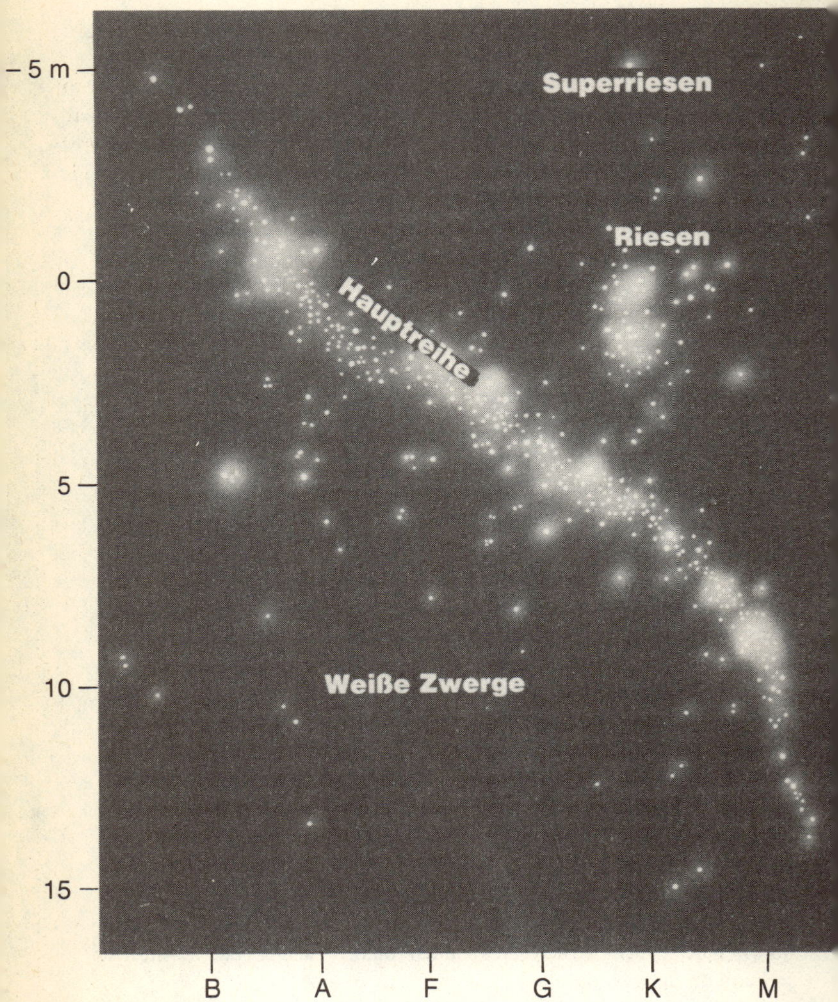

Hertzsprung-Russel-Diagramm
der Spektraltypen

geringe Größe der Zwerge die eigentliche Lebenszone extrem schmal wäre, so schmal, daß ein Planet in der Nähe eines roten Zwergs für immer in einer Position eingeklemmt wäre, in der er stets dieselbe Seite seiner Sonne zuwenden müßte oder von ihr abwechselnd ausgedörrt oder der starrenden Kälte des Alls ausgesetzt würde – wie es etwa beim Merkur der Fall ist.

Damit bleiben als aussichtsreichste Kandidaten die sonnenähnlichen Sterne übrig.

Solche Sterne können, was ihre Masse betrifft, etwas größer als die Sonne sein, bis herunter zu etwa zwei Dritteln von ihr, und ihre Helligkeit kann zwischen der doppelten Sonnenhelle und einem Fünftel betragen. Die Lebenserwartung derartiger Sterne reicht von 10 Milliarden Jahren unserer Sonne bis zu 30 Milliarden Jahren für die kleineren Sterne. Wenn langlebige Sterne über bewohnte Planeten verfügten, so würde das Leben dort unvorstellbar fortgeschrittener sein als das unsrige.

Die Antwort auf die Frage, wieviele Sterne Planeten haben können, ist überraschend, selbst wenn wir sie strikt auf sonnenähnliche Sterne beschränken: Unsere Sonne ist ein gelber Zwerg vom Spektraltyp G. Von den 100 Milliarden Sternen in unserem Milchstraßensystem sind rund 8% – das sind 8 Milliarden – vom Typ G. Wissenschaftler schätzen, daß vielleicht ein Fünftel der Sterne vom Typ G Planeten besitzen; das bedeutet 1,6 *Milliarden* Sterne mit Planeten allein in unserem Milchstraßensystem. Und es existieren 100 *Milliarden* erkennbare Galaxien im Universum!

Um allerdings als Schauplatz für das Entstehen von Leben in Betracht zu kommen, muß ein Planet in einer relativ engen Lebenszone angesiedelt sein, in einer Art Oase mitten zwischen der Sahara und der Antarktis des Weltalls – zwischen sengender Hitze in Sonnennähe und eisiger Kälte in den Außenregionen des Sonnensystems.

In unserem Sonnensystem umschließt diese Zone Mars an ihrer äußeren Grenze, während Venus sich in der Nähe des inneren Grenzbezirks befindet. Die Erde scheint in der Mitte der Zone einen idealen Platz gefunden zu haben.

Doch selbst wenn ein Planet innerhalb des Lebensgürtels angesiedelt ist, gibt es dennoch keine Garantie dafür, daß auf ihm Leben entstehen wird. Dank der Untersuchungen, die von Weltraumsatelliten aus vorgenommen werden konnten, wissen wir inzwischen, daß offensichtlich weder Venus noch Mars Leben beherbergen – obwohl einige Wissenschaftler nach wie vor behaupten, daß sich in der Vergangenheit auf dem

Mars Leben entwickelt haben könnte und sogar jetzt noch in Form von Mikroorganismen ebendort existieren könnte.

Der Astrophysiker Robert Jastrow, Begründer und Direktor des Goddard Instituts für Raumforschung der NASA, und Professor an den Universitäten Columbia und Dartmouth, hat z. B. mit Nachdruck die Überzeugung vertreten, daß die Daten, die 1976 bei der Marslandung des Viking-Raumschiffs gesammelt worden sind, Beweise für die Existenz von Mikroorganismen liefern.

Die biologischen Marsexperimente waren Tests, die auf irdische Lebensformen zugeschnitten waren. Der erste Versuch konzentrierte sich auf Gase, die von lebendigen Organismen abgegeben werden: auf Sauerstoff von Pflanzen (oder pflanzenähnlichen Bakterien) und Kohlendioxid von Tieren (oder fortgeschrittenen Mirkoorganismen). Als man eine Bodenprobe vom Mars mit einem Nährbrei befeuchtete, entwickelte sich eine ansehnliche Menge Sauerstoff. Doch die Sauerstoffabgabe geschah derart jäh und unvermittelt, daß mit großer Wahrscheinlichkeit eine chemische Reaktion zu vermuten war.

Der zweite Test schien ermutigender. Er zeigte eine kontinuierliche Freigabe von Kohlendioxid und ließ daher die Annahme zu, daß eine Art Mikrobe die Nahrung verarbeitete. Der Kohlenstoff in der Nährsubstanz wurde radioaktiv markiert, um ihn leichter auffindbar zu machen, und die Abgabe radioaktiven Kohlendioxids ließ den Geigerzähler an Bord der Raumfähre viele tausend Male ticken.

Doch auch diese Reaktion ließ sich noch chemisch erklären. Deshalb wurden die Experimente 7000 Kilometer entfernt an der Landungsstelle von Viking II wiederholt. Diesmal grub man die Bodenprobe unter einem Felsen hervor. Sie war folglich gegen ultraviolette Sonnenstrahlung abgeschirmt gewesen und hätte dementsprechend weniger Oxide enthalten müssen. Die erste Untersuchung erbrachte tatsächlich nur ungefähr ein Zehntel so viel Sauerstoff wie die Probe vom ersten Landeplatz. Aber sie signalisierte eine ebenso starke „Mikrobentätigkeit" wie die erste Probe.

Eine Erhitzung der Bodenprobe auf 43 °C ließ die Sauerstoffabgabe unverändert, schwächte aber deutlich das „Mikrobensignal" – wodurch sich ein einhelliger Verdacht auf Mikroorganismen ergab, von denen einige durch die Hitze in ihrer Tätigkeit eingeschränkt worden waren. Schließlich wurden Bodenproben an Bord der Raumsonde gelagert und die Experimente einige Wochen später wiederholt. Die chemischen Resultate blieben unverändert, aber das „Mikrobensignal" war jetzt verschwunden. Ohne Nahrung waren die „Mikroben" offensichtlich eingegangen.

Jastrow vertritt die These, daß all diese aufregenden Daten mit einer Wahrscheinlichkeit von 70 bis 80 Prozent dafür sprechen, daß auf dem Mars Leben existiert. Zwar sind in den Bodenproben vom Mars keine kohlenstoffhaltigen Moleküle entdeckt worden, die die Existenz von Mikroorganismen direkt erwiesen hätten, doch würde dies das Vorhandensein von Mikroben auf dem Mars nicht völlig ausschließen. Denn der Test auf organische Moleküle war nicht sehr empfindlich; wenn es beispielsweise auf dem Boden des Mars ebenso wenige Mikroben gäbe wie auf dem der Antarktis, dann wären sie nicht entdeckt worden.

Jastrows Annahme wird von einer Vielzahl von Wissenschaftlern unterstützt, unter ihnen auch Gilbert Levin, der führende Kopf jener Forschergruppe, die das Viking-Experiment ausgewertet hat. Die meisten anderen Wissenschaftler jedoch, die sich mit den Viking-Proben beschäftigten, sind vorsichtiger – nach Jastrows Ansicht zu vorsichtig. Sie halten eine chemische Erklärung der Ergebnisse für plausibler.

„Zugleich allerdings", so räumt Richard S. Young, Direktor des Forschungsprogramms Planetarische Biologie der Raumfahrtbehörde ein, „sind viele Wissenschaftler der Meinung, daß die bisherigen Ergebnisse die Möglichkeit von Leben auf dem Mars nicht ein für alle Mal ausschließen. Man sollte andere Gegenden, die reicher an Wasser sind, suchen und erforschen, bevor man eine solche Frage eindeutig beantwortet."

Es ist natürlich möglich, daß es einst auf dem Mars Wasserläufe gegeben hat; denn die jetzt trockenen Kanäle, die von Raumsonden aus photographiert wurden, die den Planeten umkreisten, ähneln sehr stark Flußbetten. Bei reichlich fließendem Wasser hätte das Leben zweifellos eine bessere Chance gehabt, sich zu entwickeln.

Der Fall der Venus, einst als „Schwesternplanet" der Erde angesehen, liegt noch merkwürdiger. Die Venus steht der Sonne näher, wenn auch nur um etwa ein Viertel der Entfernung näher, die der Mars zur Sonne hat. Sie ist fast genauso groß wie die Erde, kaum ein Fünftel kleiner. Und im Gegensatz zum Mars ist die Venus von einer schwereren Atmosphäre umgeben.

Oberflächlich betrachtet bietet sich die Venus als ein Musterkandidat für das Entstehen von Leben im Sonnensystem an; und geraume Zeit haben Wissenschaftler und Science-Fiction-Autoren gleichermaßen darüber spekuliert, wie die Venus-Welt wohl aussehen möge. Das eine Mal wurde sie als Dschungel gesehen, das andere Mal als Planet, der von einem Ozean aus Öl oder kohlensäurehaltigem Wasser bedeckt sei.

Erst als entsprechende Untersuchungen von Proben den Schleier des

Geheimnisses lüfteten, entpuppte sich die Venus als eine himmlische Hölle mit derart hohen Temperaturen, daß diese Blei zum Schmelzen bringen können, und einer ätzenden Atmosphäre aus kleinen Tropfen schwefliger Säure; also wohl kaum ein einladender Ort für das Entstehen von Leben.

Merkur, der Planet in größter Nähe zur Sonne, ist noch unwirtlicher. Es gibt auf ihm weder Luft noch Wasser, er ähnelt in seinem pockennarbigen Aussehen deutlich dem Mond und wird gnadenlos von der Sonne geröstet.

Sein extremes Gegenbeispiel, Pluto, der sonnenfernste Planet, ist eine gefrorene Welt. Die vier Gasriesen – Jupiter, Saturn, Uranus und Neptun – enthalten zwar die Grundmoleküle des Lebens und beherbergen möglicherweise sogar rudimentäre Lebensformen, aber es fehlen ihnen alle Bedingungen für die Entstehung höheren Lebens.

Die Entdeckung selbst der einfachsten Arten von Leben auf einem anderen Planeten – oder von Lebensüberresten – würde naturgemäß dem Akt der Schöpfung den Hauch des Wunderbaren nehmen und uns davon überzeugen, daß Leben allerorten unvermeidlich ein Resultat der chemischen Evolution der Materie darstellt.

Dafür, daß dies tatsächlich der Fall ist, gibt es bereits überzeugende Beweise.

Diese Beweise lieferten uns während des letzten Jahrzehnts Entdeckungen der Radioastronomen, denen zufolge die grundlegenden Bestandteile des Lebens fortwährend, ja in jedem Augenblick, im Weltraum hergestellt werden.

Es ist zwar seit langem bekannt, daß viele der entferntesten Sterne genau dieselben Elemente wie die Sonne enthalten, doch war die Entdekkung komplexer Moleküle im Weltraum, die Vorboten des Lebens sind, eine große Überraschung. Wissenschaftler hatten bis dahin angenommen, daß die Energie des Sternenlichts groß genug sei, um alle im Weltraum vorhandenen komplexen Moleküle vernichten zu können. Niemand war auf die Idee gekommen, daß Ansammlungen derartiger Moleküle unter Umständen von interstellaren Staubwolken verdeckt würden.

Unter jenen Molekülen, die man in dichten Molekül-Wolken entdeckte, fand man auch so alltägliche chemische Verbindungen wie Wasser, Kohlenmonoxid, Methan und Äthylalkohol. Außerdem traten Vorläufer der einfachen Aminosäure Glycin auf, daneben jedoch auch komplexere Moleküle. Wissenschaftler wären wohl kaum überrascht, wenn sie demnächst auch noch einfache Aminosäuren im Weltall entdeckten: die Bausteine der Proteine.

Begreiflicherweise sahen viele Wissenschaftler in ihrer Entdeckung, daß die Grundstoffe des Lebens überall vorhanden sind, einen triumphalen Erfolg. „Wohin wir unsere Radioteleskope auch richten – was erkennen wir?“ fragte Dr. Ponnamperuma, „genau jene Verbindungen, die wir auch bei unseren Mischungen im Labor herausbekommen.

Sehen wir uns die Moleküle im Weltraum an, so erkennen wir Cyanid und Formaldehyd. Und diese beiden bereiten den Weg für alles übrige. Das System ist von solcher Einfachheit, daß man geradezu meinen könnte, das ganze Universum arbeite darauf hin, Leben zu schaffen.“

Diese äußerst aufregenden Entdeckungen haben einige Wissenschaftler dazu veranlaßt, die alte „Panspermien“-Lehre in neuem Gewande wieder aufleben zu lassen; jene Vorstellung also, daß die Samenkörner des Lebens von irgendwoher, aus den Tiefen des Weltraums, auf die Erde getrieben worden seien. In dieser neuen Version freilich entstammen die Keime des Lebens nicht einem x-beliebigen Planeten, wie es noch die alte Theorie lehrte.

Die Urheber dieser Vorstellung von einer „Lebenswolke“ sind die englischen Astrophysiker Fred Hoyle und sein Mitarbeiter Chandra Wickramasinghe. Nach dem von ihnen entworfenen Schema entstehen Ansammlungen von Keimen, aus organischen, lebensnotwendigen Molekülen zusammengesetzt, in prästellaren Molekülwolken – dort, wo sich die Sterne bilden. „Entzünden“ sich die Sterne, so werden die Keime ausgestoßen und verbreiten sich im Weltraum. Einige von ihnen erreichten nach dieser Theorie die Erde vor Jahrmilliarden in Form von Meteoriten, die eben jene Moleküle enthielten, die erforderlich sind, damit Leben entstehen kann.

Wie indessen alle Laborexperimente beweisen, ist es durchaus nicht notwendig, eine Hypothese des Panspermien-Typus für die Geburt des Lebens auf dem Planeten Erde zu beschwören.

Denn in Anbetracht des unglaublich aktiven Lebensapparats im Weltall, der all jene lebenswichtigen Grundmoleküle hervorbringt, die Radioastronomen in den vergangenen Jahren entdeckt haben, wäre Leben ohnehin ganz von selbst in allen Winkeln und Ecken des Kosmos entstanden. Angesichts der überwältigenden und reichhaltigen Lebensschauplätze, die uns bekannt sind, kann die Vielfalt kosmischer Lebensformen im Grunde niemandem mehr überraschen. Allein auf der Erde war dieser Formenreichtum des Lebens – wie wir im nächsten Kapitel sehen werden – weitaus größer als wir ihn uns vorstellen; damit deutet er gleichzeitig Richtungen an, in denen sich Leben auf anderen Planeten möglicherweise entwickelt.

DRITTES KAPITEL

Das Land wird erobert

Eine weitere Milliarde von Jahren verging seit der Bildung der ersten Zellen, die Sauerstoff zur Energieproduktion nutzten, bis zum Auftauchen der ersten mehrzelligen Organismen. Die Meere füllten sich mit zunehmend komplexeren, sauerstoffatmenden mehrzelligen Lebewesen: krebsähnlichen Trilobiten, Meereswürmern, Quallen, Schalentieren und Schwämmen. Urweltliche Pflanzen übersäten den Meeresboden.

Der Ozean wimmelte von Leben, aber der große Erdkontinent, Pangaia, und die wenigen kleineren Landmassen, waren noch immer wüst und leer.

Dann aber, vor 400 Millionen Jahren, begannen nach und nach Blaualgen den Ufern des Riesenkontinents zuzutreiben. Sie waren die ersten, die auf dem Kontinent Fuß faßten, indem sie zäh um eine dürftige Existenz in den Schlammebenen der Bäche und Flüsse kämpften.

Tang und andere Meeresgräser folgten den Algen ans Ufer. Das Leben hatte die geschützte Meeresumwelt verlassen. Eine Invasion des Landes war im Gange, und sie eröffnete unerhörte Entwicklungsmöglichkeiten.

Fast 3 Milliarden Jahre waren zwischen dem Erscheinen der ersten lebenden Moleküle und der beginnenden Landeroberung verstrichen.

Warum hat es so lang gedauert?

Zunächst einmal begann die sengende Hitze, von der die urweltliche Erde förmlich eingehüllt war, sich erst vor ungefähr 1,3 Milliarden Jahren von ca. 70 °C auf 52 °C abzukühlen. Die hohen Temperaturen auf der vorzeitlichen Erde verhinderten die Bildung von Zellen, die komplizierter gebaut waren als einfache Bakterien. Der Ozean brauchte 1 Milliarde Jahre, ehe er sich soweit abgekühlt und mit Sauerstoff gestättigt hatte, daß die weitaus komplexeren Zellen mit Kern entstehen konnten, nicht nur die primitiven Zellen mit einem einzigen schleifenförmigen Chromosom.

Diese niedrigere Temperatur bezeichnet genau die Grenze, oberhalb derer komplexe Proteine zerstört werden; sie ermöglichte den höheren Zellen ein Überleben.

2,7 Milliarden Jahre lang waren die einfachen anaerobischen Bakterien – d. h. solche, die ohne Sauerstoff lebten – das einzige Leben auf der Erde.

Jetzt aber, da die Atmosphäre dank der Erfindung der Photosynthese erstmals Sauerstoff zugeführt bekam, erwiesen sich die eukaryotischen Zellen (komplexere Zellen mit Zellkern) den Bakterien überlegen; sie waren für die Nutzung des freien Sauerstoffs besser ausgestattet. Anstelle der Glukose-Gärung, mit deren Hilfe die Bakterien Energie erzeugten, brachten einige eukaryotische Zellen vor 600 Millionen Jahren eine Art des Stoffwechsels zustande, die es ihnen ermöglichte, Sauerstoff zur Energieproduktion zu nutzen; damit steigerten sie ihre Energieproduktion um das 18fache.

Der immense Fortschritt in der Energieherstellung begünstigte die Entwicklung höherer Lebewesen, einschließlich der Trilobiten und anderer bewegungsarmer Organismen, wie zum Beispiel die Brachiopoden (Armfüßler).

Dies geschah während des Kambriums – dem ältesten Zeitabschnitt des Paläozoikums –, der vor 570 Millionen Jahren begann und 70 Millionen Jahre lang andauerte. Ihm folgte das Ordovizium, eine Zeit, in der sich wirbellose Lebewesen stark verbreiteten: Meerestiere mit mineralisierten Skeletten und Schalen; Cephalopoden (Kopffüßler) und Mollusken (Weichtiere) wie Tintenfische und Kraken; ebenso Seesterne und Korallen. Auch die ersten Vorfahren der Fische tauchten auf.

Diese Lebewesen blieben solange in den Meeren, bis der Sauerstoffgehalt der Atmosphäre dicht genug war, um sie wirksam gegen die tödliche Sonneneinstrahlung zu schützen.

Vor rund 400 Millionen Jahren war schließlich ein hinreichender Sauerstoffschutz vorhanden, so daß in seichten Meeren, die einen Großteil der Landes bedeckten, primitive Pflanzen daran gingen, einen ersten Brückenkopf auf den Rändern des Kontinents zu errichten.

Um mit der neuen Umgebung zurechtzukommen, waren diese ersten Pflanzen gezwungen, eine beträchtliche Anzahl neuer Eigenschaften auszubilden.

Sie entwickelten eine Schutzschicht, genannt Epidermis, die in regelmäßigen Abständen von Poren durchsetzt war, den sogenannten Stomata; ferner einen zentralen Gewebestrang, das Xylem, und Phloemgewebe zum Transport von Zucker und anderen Substanzen, die von der Pflanze hergestellt wurden.

Außerdem entwickelten jene primitiven Pflanzen endständige und laterale Organe, die Sporen; dies sind Zellen mit einer dicken widerstandsfähigen Schutzschicht.

Die Pflanzen entwickelten überdies Blätter, die ihnen außerordentliche Fähigkeiten der Nahrungsproduktion verliehen. Allmählich brachten sie es auch so weit, daß sie den Durchmesser ihrer Stiele immer mehr vergrößerten. Landpflanzen wuchsen somit bis auf Baumgröße, und Wälder begannen sich über die Ebenen der Erde auszubreiten.

Zu Anfang gab es nur kleine Bäumchen, etwa einen Meter groß. Doch dann erreichten die Nadelbäume eine entscheidende Verbesserung ihrer Sporen: den Samen. Diesem kommt eine Schlüsselrolle für das Leben der Pflanzen auf dem trockenen Kontinent zu. Damit war der Durchbruch erreicht: der weite Kontinent war für eine Ausbreitung der Pflanzen geöffnet. Riesige tropische Wälder fingen nun an, das Land zu überziehen.

Fast gleichzeitig mit der pflanzlichen Entwicklung begann auch die Wanderung der Tiere an die Strände des Kontinents Pangaia. Die Pflanzen hatten sie aufs Trockene gelockt, denn jetzt gab es Nahrung auf dem vormals unfruchtbaren Land. Die Ausbreitung der Wälder schuf die ideale Umgebung für die Entwicklung der Neuankömmlinge.

Die ersten tierischen Siedler waren höchstwahrscheinlich Skorpione, Angehörige der Gliederfüßler (Arthropoden), zu denen auch Krebse und Insekten gehören. Mit Beinen und festen Außenskeletten ausgerüstet, hatten sich diese Gliederflüßler dem Leben auf dem Lande schon teilweise angepaßt.

Mittlerweile flitzten auch in unzähligen Tümpeln die ersten Süßwasser-Fische umher.

Offensichtlich entwickelten sich zwei Unterklassen von Fischen ungefähr zur selben Zeit und unabhängig voneinander, die mit zwei Bedingungen des Lebens im Wasser fertig werden mußten. Die Knochenfische in Süßwasserflüssen, wo sie auf ihren Wanderungen stromaufwärts mit schnellen Strömungen zu kämpfen hatten – eine Fähigkeit, die sich Süßwasserfische bis heute erhalten haben. Das erforderte eine ausgeprägte Wirbelsäule; diese Fische waren die ersten Wirbeltiere.

Die zweite Untergruppe bestand aus den Knorpelfischen, die im Meer lebten. Einige von ihnen haben bis heute überlebt – so das Neunauge und der Hai. Die meisten gegenwärtig existierenden Fische sind jedoch Knochenfische – diejenige Klasse, die sich als erfolgreichste erwies und schließlich Flüsse und Meere beherrschte. Ihre Schnelligkeit bewahrte sie in den Ozeanen vor dem Zugriff der mit Zangen bewehrten großen Wasserskorpione, den sogen. Eurypteriden, die zu einer anderen Gliederfüßlerart gehören.

Der Vorfahre der Landwirbeltiere war ein Fisch mit zwei Flossenpaaren. Ursprünglich besaßen die Fische ein Paar durchgehender Flossen, und zwar eine Flosse auf jeder Körperseite, die als Schlingerkiel diente.

Der mittlere Teil dieser Flossen verschwand schließlich, da die typischen schlängelnden Körperbewegungen zwangsläufig die Entwicklung der Vorder- und Hinterteile der Flossen einseitig förderten. Diese beiden Flossenpaare sind entscheidend für die Kontrolle der Ab- und Auftauchmanöver, sie ermöglichen eine stabile Gleichgewichtslage im Wasser sowie rollende, seitliche und andere Bewegungen – ähnlich der Überwachung eines Flugzeugs.

Die Natur legt Wert auf Einfachheit; daher sind die beiden Flossenpaare gleichermaßen ein wirksames Mittel der Fortbewegung im Wasser.

Entsprechendes gilt für die Landbewohner: je weniger Füße sie besitzen, desto müheloser können große Tiere sich fortbewegen und laufen. Selbst Landlebewesen, die sich aus wurmähnlichen, hundertfüßigen Vorläufern mit einer großen Anzahl kleiner Füße entwickelt haben, verringerten die Zahl ihrer Füße, als sie größer wurden. Die Gesetze der Fortbewegung erforderten weniger Beine, zudem stärkere und längere, um den Körper aufzurichten und den Schritt zu vergrößern. Die Insekten, die aus tausendfüßlerartigen Lebewesen hervorgingen, begnügten sich à la longue mit drei Beinpaaren. Und Spinnen, die sich aus dem Pfeilschwanz (Limulus) verwandten Meerestieren entwickelten, reduzierten ihre Extremitäten auf vier Beinpaare.

Süßwasserfische haben in ihrer frühesten Vergangenheit mehrfach die Meere aufgesucht – von ihnen stammen die Knochenfische ab, die wir noch heute im Meer finden. Andere blieben, wo sie waren; aus ihnen wurden die uns bekannten Süßwasserfische.

Im Verlauf der Devon/Karbon-Zeit wurden die Süßwassergebiete seicht und sauerstoffarm. Die Knochenfische entwickelten Lungen; die anderen, die ins Meer zurückkehrten, veränderten ihre Lungen in hydrostatisch nutzbare Schwimmblasen.

Diejenigen Fische, die in den Süßwassergebieten zurückblieben, arbeiteten sich auf den Böden der seichten Tümpel von einem Wasserplatz zum nächsten voran, wobei sie auf ihrem Weg Luft schlucken mußten. Folglich entwickelten diese Fische notgedrungen eine immer größere Fertigkeit im Atmen und im Gebrauch ihrer Flossen zur Fortbewegung. Speziell im Robben von einem Teich zum anderen entwickelten die Quastenflosser ein besonderes Geschick; der Bau ihrer Flossenknochen erleichterte ihnen bereits die Fortbewegung zu Lande. „Sie haben sich nicht ‚entschlossen', an Land zu gehen," meint N. John Berrill, der bekannte englische Biologe, „sie sahen sich eines Tages dort ausgesetzt und machten dann das Beste aus ihrer Lage."

Diese Fische entwickelten sich schrittweise zu Amphibien, die äußerlich kurzschwänzigen Alligatoren ähnelten. Solche Amphibien ruhten in träge fließenden Gewässern und warteten auf Beute. Sie verbrachten zumindest als ausgewachsene Tiere einen Teil ihres Lebens auf dem Lande, wo sie Luft atmeten. Aber sie blieben weiterhin mit dem Meer verbunden, denn ihre weichen, fischartigen Eier legten sie noch immer ins Wasser, und ihre Larven mußten im Wasser leben. Das Wort „Amphibie" bedeutet im Griechischen „Doppel-Leben" (von *amphi* – doppelt, und *bios* – Leben), und bezeichnet damit die beiden Phasen im Leben der Amphibien.

Die urweltlichen Amphibien entwickelten allmählich eine Vielzahl unterschiedlicher Erscheinungsformen, von der Schlange bis zur gedrungenen, vierfüßigen Schildkröte. Frösche sind Nachkommen der ersten Amphibien und leben in ihrer uns bekannten Form bereits seit 180 Millionen Jahren. Sie haben ihr amphibisches „Doppelleben" bis heute fortgesetzt.

Der große und endgültige Abschied vom Meer ereignete sich für die meisten damals lebenden Amphibien erst später, im Karbon-Zeitalter, vor 275 Millionen Jahren. In ihm vollzog sich der Übergang vom vierfüßigen Amphib zum Reptil; die Ausbildung kräftigerer Beine war nunmehr erforderlich, um den Körper vom Boden aufzurichten, ebenso wie stärkere Herzen und Lungen, und – vor allem – die Entwicklung von Eiern mit einer härteren Schale, also abgeschlossenen Kapseln, die Nahrung in Form von Dotter und Eiweiß als Ersatz für das fehlende Wasser enthielten.

Anders als die weichen schalenlosen Eier der Amphibien wurden die Reptilieneier im Körper des Weibchens befruchtet. Der im Ei heranreifende Embryo war vom Amnion, einer Fruchtblase, umgeben – woher auch der Name Amnion-Ei stammt. Im Inneren der Fruchtblase enthielt ein getrennter Teil die Nährsubstanz, ein anderer diente als Abfallbehälter. Das ganze wurde von einer festen Schale umschlossen.

Die menschliche Fortpflanzung beruht bekanntlicherweise gleichfalls auf dem Prinzip des befruchteten Eis; sie veranschaulicht damit die direkte Entwicklungslinie, die vom Reptil zum Menschen führt. Natürlich unterscheidet sich das System der Säugetiere von dem der Reptilien, doch gibt es grundlegende Gemeinsamkeiten. Auch das menschliche Ei wird im Körper der Mutter befruchtet und ist dann von einer Nährflüssigkeit umgeben, wie das Ei der Reptilien. Die salzige Flüssigkeit erinnert an jenes Meer, aus dem die Vorfahren der Reptilien und Menschen, die

Fische, stammen. Das menschliche Ei enthält sogar einen kleinen Dottersack, obwohl der Embryo durch die Plazenta über den mütterlichen Blutkreislauf mit Nahrung versorgt wird. Ausscheidungen werden ebenfalls durch die Plazenta abgeführt, die durchaus als neukonstruierter Abfallbehälter des Reptilieneis angesehen werden könnte.

Auf jeden Fall bedeutete die Entstehung des Amnion-Eis für die Reptilien, daß sie sich nun ins Innere des Kontinents vorwagen durften, da sie zur Fortpflanzung nicht mehr vom Wasser abhängig waren. Die Reptilien nahmen den Ozean gewissermaßen als Gepäck mit aufs Land und verstauten ihn in einem Ei. Sie entwickelten damit gewissermaßen das tierische Gegenstück zur Entwicklung der Pflanzen. Nun konnte die Miniaturausgabe eines erwachsenen Lebewesens heranwachsen und vollständig entwickelt das Land betreten, statt als kleine Wasserlarve aus dem Ei zu schlüpfen.

Als das Klima vor rund 200 Millionen Jahren langsam wüstenähnlich wurde, tauchten die ersten Dinosaurier auf. Es war gleichzeitig eine Epoche großer geologischer Umwälzungen; viele verschiedene eigenständige Lebensbereiche entstanden auf der Erde, die jetzt von erstaunlich verschiedenen wie auch einander verblüffend ähnlichen Tieren bevölkert wurde. Die Tatsache, daß sich unter verschiedenartigen Bedingungen dennoch Ähnlichkeiten herausbildeten, und sich umgekehrt auch Gegensätze unter gleichen Bedingungen entwickelten, läßt etwas vom Reichtum der Möglichkeiten ahnen, die dem Leben in seiner Evolution zu Gebote stehen.

Im nächsten Kapitel werden wir uns ansehen, welche anderen Richtungen die Entwicklung intelligenten Lebens auf der Erde hätte einschlagen können – und auf anderen Planeten möglicherweise einschlägt.

Teil II

DAS UNIVERSUM DARWINS

VIERTES KAPITEL

Der Zickzackkurs der Evolution auf Erden

Im Dunkel ferner Vorzeit umkreisten drei Planeten mit Namen ‚Erde' die Sonne – so könnte man tatsächlich sagen. Und auf jedem dieser irdischen Miniplaneten entfalteten sich verschiedene Lebensformen, die auf Entwicklungen hinweisen, die das Leben auch anderen Orts einschlagen kann. Die Geschichte jener drei Planeten mit Namen Erde hört sich so an, als wäre sie den wilden Phantastereien eines Immanuel Velikovsky entsprungen. Sie ist es hingegen nicht. Die Existenz der drei Miniplaneten ist vielmehr eine historische und wissenschaftliche Tatsache, und überdies spannender als ein Roman.

Zu diesen drei Welten kam es folgendermaßen: Vor 200 Millionen Jahren gab der große Weltkontinent, Pangaia, unsere ursprüngliche »Erde«, den Spannungen und dem gewaltigen Druck im Inneren des Planeten nach und brach ziemlich unsanft auseinander, wie unser Bild zeigt. Im Norden kamen Laurentia, das spätere Nordamerika, Grönland, Europa und Asien zum Vorschein. Die große Landmasse im Süden war Gondwanaland; sie umfaßte alles, was späterhin zu Südamerika, Afrika, Australien und der Antarktis werden sollte.

Das Auseinanderbrechen der urzeitlichen Landmasse machte an diesem Punkt nicht halt. Später trennten sich noch weitere Teile von den beiden Hauptkontinenten ab. Zunächst lösten sich vor rund 180 Millionen Jahren Australien und die Antarktis in einem Stück von Gondwanaland ab und trieben südwärts. Sodann, vor ungefähr 130 Millionen Jahren, trennten sich allmählich Nord- und Südamerika von ihren jeweiligen Mutterkontinenten, wie die Abbildung auf Seite 48 zeigt.

Diese dahintreibenden Kontinente kann man nur bedingt mit der Arche Noah vergleichen, denn sie hatten nicht zwei Exemplare von jeder Tierart an Bord. De facto war der zusammenhängende Kontinent Australien-Antarktis wie ein riesiges Floß und ohne Säugetiere fortgesegelt – nur Insekten, Dinosaurier und jene seltsamen Lebewesen, die Kloakentiere – halb Reptil, halb Säugetier – gab es auf ihm, von denen das Schnabeltier stellvertretend für alle übrigen bis heute überlebt hat. Die ersten Säugetiere traten auf Laurentia und Gondwanaland erst 25 Millionen Jahre nach der Abtrennung von Australien und der Antarktis in Erscheinung.

In der Zwischenzeit waren Laurentia und Gondwanaland erneut zusammengedriftet; daher konnten sich die Säugetiere auf beiden Landmassen ausbreiten. Als sodann Nord- und Südamerika langsam auseinanderbrachen, gab es auf beiden Kontinenten bereits Säugetiere und Dinosaurier. Die Absonderung Nordamerikas von Südamerika war eine verzwickte Angelegenheit. Nordamerika hatte sich nie richtig von Laurentia losgelöst, es blieb vielmehr mit dem Kontinent über eine Landbrücke verbunden, die bis vor etwa 40000 Jahren an der Stelle der heutigen Beringstraße existierte. Südamerika wiederum war anfangs mit dem nördlichen Kontinent durch die Panama-Landbrücke verbunden, löste jedoch später diese Verbindung, um sich dann vor rund 10 Millionen Jahren erneut mit Nordamerika zu vereinigen.

Über diese Landbrücken strömten mittlerweile ganze Horden von Tieren. Auf der Bering-Brücke war der Verkehr besonders rege, denn die Tiere wanderten in beide Richtungen. Pferde und Kamele beispielsweise kamen ursprünglich aus Nordamerika, breiteten sich aber dann in Europa und Asien aus.

Trotz der Bering-Landverbindung entwickelten sich jedoch die Tiere in Nord- und Südamerika und in Laurentia-Gondwanaland mit der Zeit verschieden. Diese Unterschiede traten deutlicher hervor, als sich Südamerika von seinem nördlichen Nachbarn löste und zu einem eigenen Kontinent wie Australien-Antarktis wurde.

Als schließlich dieser ganze Wirrwarr von kontinentalen Zusammenschlüssen und Trennungen, Entstehen und Vergehen von Landbrükken allmählich zur Ruhe kam, hatte die Kontinentalverschiebung drei isolierte Miniplaneten auf der Erde hervorgebracht, drei Schauspielhäuser mit animalischen Schauspielern und in unterschiedlicher Rollenbesetzung, die darauf warteten, das Drama der Evolution auf verschiedenen Schauplätzen und unter wechselnden Bedingungen in Szene zu setzen. Da gab es die nordamerikanisch-europäisch-afrikanisch-asiatische Arena als einen Miniplaneten, immerhin der größte der drei; und neben ihm die beiden anderen Miniplaneten Südamerika und Australien-Antarktis.

Zu diesem Zeitpunkt waren seit dem ersten Auseinanderbrechen des Urkontinents Pangaia mehrere 10 Millionen Jahre vergangen. Da viele Tiere lange Zeit über in einer fast vollständigen Isolation gelebt hatten, entwickelten sie sich allmählich dermaßen verschieden von ihren Artgenossen anderen Orts, daß sie ebensogut auf anderen Welten hätten existieren können. Ihre gemeinsamen urweltlichen Vorfahren waren nichts anderes als Klumpen lebender Materie, den Endprodukten kaum noch ähnlich. Diese Tiere standen nun für ganz neue Entwicklungswege zur Verfügung.

Es sah so aus, als hätten drei Dramatiker sich drei verschiedene Stücke über dasselbe Thema einfallen lassen und drei Bühnenbildner die entsprechenden Szenarien entworfen. Die Vorhänge gingen in jenen drei Theatern fast gleichzeitig auf.

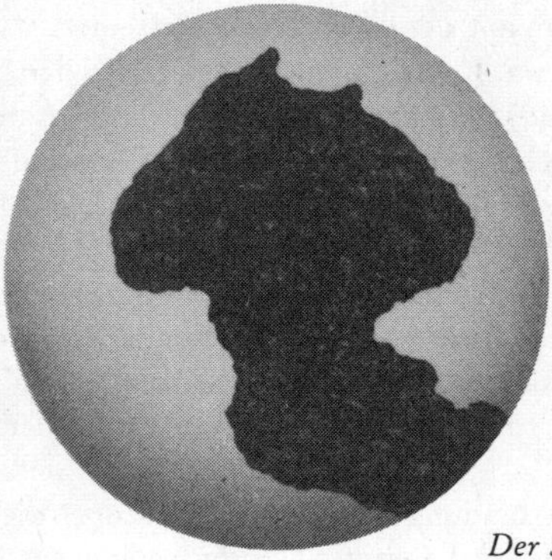

Der Superkontinent Pangaia.

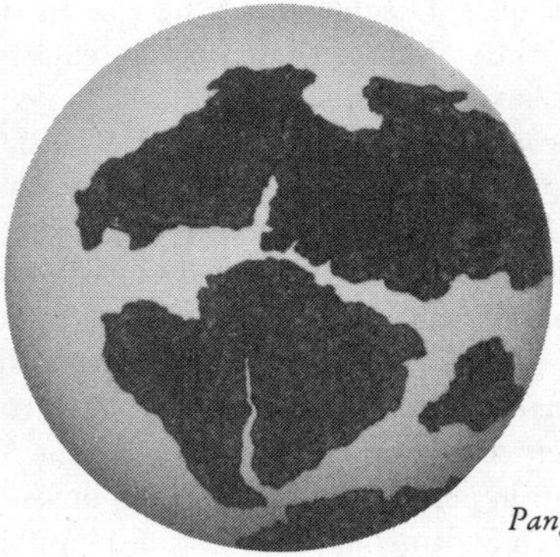

Pangaia bricht auseinander.

Unsere heutige Welt.

Was sich auf den Bühnen jener Miniplaneten an evolutionärer Vielfalt und Ähnlichkeit der Tierarten abspielte, wird sich mit großer Wahrscheinlichkeit auch auf belebten Planeten anderswo ereignen. Wie wir im nächsten Kapitel sehen werden, scheinen die Gesetze des Lebens im ganzen Weltall so einheitlich zu sein wie die universalen Gesetze der Chemie und Physik, auf denen alles Leben beruht. Was das Leben angeht, so ist es das Weltall Darwins – mit einigen bezeichnenden, doch nicht besonders denkwürdigen Varianten zum Thema Leben – das wir alle kennen.

Vom Standpunkt des Lebens aus könnte folglich jeder dieser irdischen Miniplaneten der Spiegel eines anderen Planeten irgendwo im All sein, während unsere Ozeane einen zusätzlichen Schauplatz darstellen, auf dem sich eine andere Art von Lebewesen entwickeln könnte. (Vgl. Kapitel 6, »Ozeanreiche und Insektenwelten«.)

Erforschen wir eingehend die Geschichte jener irdischen Miniplaneten, so erhalten wir eine erste Vorstellung davon, wie sich Leben auf anderen Welten möglicherweise entwickelt hat. Doch bevor wir uns gemütlich zurücklehnen und dieses Drama auf den drei Theatern der Erde vor uns Revue passieren lassen, müssen wir uns zunächst in Kürze mit dem überragenden Beitrag Charles Darwins beschäftigen, den dieser für unser Verständnis des Lebens auf Erden geleistet hat. Dann werden wir rascher begreifen, was auf jenen Miniplaneten geschah, und welche Pfade der Evolution das Leben möglicherweise noch auf anderen Welten beschreitet.

Darwins Erkenntnisse setzten mit der Erforschung eines noch kleineren Miniplaneten, den Galapagos-Inseln, ein; diese Studien verhalfen ihm dazu, seine Evolutionstheorie vor mehr als 120 Jahren auszuarbeiten.

Auf einer fünfjährigen Weltreise als unbezahlter Naturwissenschaftler an Bord des britischen Forschungsschiffes *Beagle* interessierte sich der junge Darwin immer brennender für das Problem der Entstehung und Verschiedenheit der Arten.

Auf den Galapagos-Inseln, die fast 1000 Kilometer westlich von Südamerika liegen, beobachtete Darwin, daß jede Insel eine eigene und besondere Form von Schildkröten, Drosseln und Finken beherbergte. Die verschiedenen Arten waren offensichtlich miteinander verwandt, und doch unterschieden sie sich deutlich voneinander.

Darwins Studie über die Galapagos-Finken ist mittlerweile zum Klassiker geworden, obwohl er sich zunächst nur mit Seeschildkröten befaßt hatte.

Er entdeckte, daß sich die Schildkröten der einen Insel deutlich von denen der anderen unterschieden; mit dem Gedanken, daß sie unabhängig voneinander auf jenen zwei Inseln entstanden sein sollten, oder aber zwei verschiedene Schildkrötenarten vom Festland herüber auf die jeweils eine bzw. andere Insel gelangt wären, konnte er sich nicht befreunden. Folglich kam Darwin zu dem Schluß, daß die ersten wandernden Schildkröten sich einfach über alle Inseln verbreitet hätten.

Denn: auf jeder einzelnen Insel lebten sie nicht in Rivalität mit denen auf anderen Inseln; und so entwickelten sie sich allmählich auseinander, nahmen leicht unterschiedliche Lebensweisen an, und wichen schließlich offenkundig voneinander ab. Schildkrötenjäger, denen Darwin begegnete, erzählten ihm, sie könnten genau bestimmen, von welcher Insel eine Schildkröte stamme.

Darwins zündende Erkenntnis lag darin, daß alle Galapagos-Schildkröten von ein und derselben Art abstammten, und diese Einsicht wandte er unmittelbar auch auf die Finken an. Er fand heraus, daß anstelle der gewöhnlichen Finken, die wir kennen, vierzehn verschiedene Finkenarten die Inseln bevölkerten. Da sie sich von verschiedenen Samen und unterschiedlichen Früchten ernährten, hatten sie auch jeweils eigene Arten von Schnäbeln entwickelt; einer der Finken ahmte gar den Specht nach, indem er einen Kaktusstachel als Werkzeug benutzte, um Insekten unter der Baumrinde hervorpicken zu können.

In seinem Buch *Die Fahrt der Beagle* schrieb Darwin:

„Die Naturgeschichte dieser Inseln ist höchst merkwürdig, und verdient zweifellos unsere Aufmerksamkeit. Die meisten hier vorhandenen Organismen sind einheimische Entwicklungen, die sonst nirgendwo aufzufinden sind: zwischen den Bewohnern verschiedener Inseln bestehen sogar Unterschiede; doch zeigen alle eine deutliche Verwandtschaft mit denen aus Amerika, obwohl sie von jenem Kontinent durch einen offenen Meeresraum mit einer Ausdehnung zwischen 900 und 1000 Kilometern getrennt sind. Der Archipel ist eine kleine Welt für sich, oder eher ein Satellit Amerikas, von dem aus einige streunende Kolonisatoren sich hierher verirrten; Amerika hat auch weitgehend den Charakter seiner einheimischen Bevölkerung geprägt. In Anbetracht der geringen Größe dieser Inselgruppe verwundert umso mehr die Anzahl endemischer Lebewesen auf einem so begrenzten Raum. Da hier jeder Berg von einem Krater gekrönt und der Verlauf der meisten Lavaflüsse noch immer deutlich erkennbar ist, müssen wir wohl annehmen, daß sich hier in einem geologisch jungen Zeitabschnitt der Ozean ungehindert ausgebreitet hat. Im Hinblick auf Zeit und Raum nähern wir uns an dieser Stelle offenbar jenem bedeutsamen Ereignis, dem Geheimnis aller Geheimnisse – dem ersten Auftreten neuer Lebewesen auf der Erde.“

Als Darwin nach England zurückgekehrt war, dachte er über seine Beobachtungen weiter nach. Seine Schlußfolgerung, daß es sich um ein und dieselbe Art von Organismen gehandelt habe, die die Inseln erreicht und sich dann mit nur geringen Varianten entwickelt hatten, wurde durch langjährige Erfahrungen von Tier- und Pflanzenzüchtern unterstützt, die eindeutig belegten, daß die Evolution das Ergebnis einer künstlichen Auslese (Zuchtprinzip) darstellte. Über mehr als 20 Jahre beschäftigte sich Darwin im Stillen mit diesen Gedankengängen. Im Jahre 1858 schließlich kündigte er seine brisante Erklärung evolutionärer Veränderungen an: den Grundsatz einer natürlichen Auslese. Im Jahr darauf veröffentlichte er sein Buch *Über die Entstehung der Arten durch natürliche Auslese.*

Darwins Annahmen basierten u. a. auf dem Gedanken, daß sich die Arten kontinuierlich verändern, wobei neue auftreten und andere aussterben; und daß der Prozeß der Evolution stufenweise und ununterbrochen vonstatten geht. Die natürliche Auslese war für Darwin der Schlüssel zum System der Evolution. Er definierte die natürliche Auslese als einen zweistufigen Prozeß. Zuerst einmal erfolgt die Produktion erblicher Varianten durch vorteilhafte Mutationen, d. h. durch Veränderungen der Gene bei ihren Trägern, sowie auch durch neue Genkombinationen. An zweiter Stelle folgt dann eine Auslese der Organismen durch Überleben oder Nichtüberleben im Existenzkampf. Das Ergebnis jener Selektion war, daß sich die einzelnen Individuen besser ihren Umweltbedingungen anpaßten, indem sie sich stufenweise veränderten.

Darwin hatte behauptet, daß die natürliche Auslese nicht Sache reinen Zufalls sei; denn jene zufälligen Varianten der Evolution würden ebenfalls mittels Selektion für ein weiteres Überleben aussortiert; demnach ein »Anti-Zufallsfaktor«. Doch schloß Darwin letztendlich das Element des Zufalls im Prozeß der Evolution nicht völlig aus.

Übereinstimmend mit dieser Idee vertrat Darwin die Auffassung, daß die Evolution keineswegs direkt und gradlinig verlaufe, sondern vielmehr wie ein lebendiger, überaus empfindlicher Baum aufblühe und dabei komplizierte, immer wieder andere Äste und Seitenzweige hervortreibe. Ein Überleben dieser Zweige sei keineswegs im voraus garantiert. Tatsächlich würden die meisten von ihnen verwelken und schließlich absterben.

Jenes Bild der Baumentwicklung läßt sich am Beispiel der Evolution des Pferdes verdeutlichen. Lehrbücher stellen diese gewöhnlich anhand von Bildern immer größerer Pferde dar, angefangen mit einem Begründer der Sippe von der Größe einer Katze.

Doch das entspricht nicht exakt ihrer tatsächlichen Entwicklung. Zunächst existierten viele Nebenlinien pferdeähnlicher Tiere, die an verschiedensten Orten und zu verschiedensten Zeiten heranwuchsen. Einige von ihnen wurden größer, andere blieben kleiner – jedenfalls gab es keinen pfeilgeraden Galopp in Richtung auf unser heutiges Pferd. Vielmehr geschah so etwas wie eine Explosion, ein plötzliches Hervortreiben kaum unterschiedener Arten an einem einzigen Ast des „Evolutionsbaums". Eine von ihnen enthielt jene genetischen Eigenschaften, aus denen sich die heutigen Pferde entwickelten. Mit anderen Worten: aus einer Menge untereinander ähnlicher Tiere überlebte nur eines.

George Gaylord Simpson, der bekannte amerikanische Paläontologe, hat diese Idee gewissenhaft weiterverfolgt; er vergleicht die Evolution mit einer Lotterie, bei der die meisten Losbesitzer Verlierer sind – d. h. aussterben – während einige kleine Preise ziehen, und nur wenige zu den großen Gewinnern gehören. „Der Mensch verdankt seine Herkunft schlicht einer langen Entwicklungsreihe von Organismen, die bei jedem einzelnen Adaptionsschritt den Hauptgewinn gezogen haben," heißt es in seinem Buch *Leben*. „Die entscheidenden Anpassungen, die seine Vorfahren geleistet haben, beweisen im Rückblick, daß sich weitere Entwicklungen für die Zukunft nicht ausschließen lassen."

Simpson hat immer wieder betont, daß die Evolution in unverantwortlicher Weise opportunistisch verfahre. Sie zeichne jene Arten mit dem Preis des Überlebens aus, die sich durch Mutationen einen Wettbewerbsvorteil erkämpften, sei es über Angehörige der eigenen Spezies oder über Vertreter anderer Arten.

Dies ist im wesentlichen der Prozeß, der den evolutionären Fortschritt seit der Entstehung des Lebens in Gang gehalten hat. Er wird keineswegs von einem vorgeschriebenen Programm bestimmt; vielmehr ist er das Ergebnis augenblicklicher, spontaner Entscheidungen innerhalb der natürlichen Auslese und im Rahmen konstanter Wechselwirkungen zwischen genetischen Faktoren und Umwelteinflüssen.

Innerhalb dieses Systems der Entwicklung gehörten die Dinosaurier offensichtlich zu den Verlierern, obwohl sie fast 100 Millionen Jahre lang die Erde beherrschten. Unfähig, sich den jeweiligen drastischen Umweltveränderungen anzupassen, denen sie ausgesetzt waren, starben sie vor

75 Millionen Jahren allmählich aus – und etwa binnen 10 Millionen Jahren – an geologischen Zeitspannen gemessen ein bloßer Augenblick – waren die Riesenreptilien verschwunden.

Als die Dinosaurier Herrscher der Erde waren, lauerten bereits die ersten Säugetiere hinter den Kulissen, winzige, spitzmausähnliche Wesen, die ihrerseits von einer besonderen Reptilienart abstammten.

Nach dem Verschwinden der Saurier schließlich besetzten Säugetiere und Abkömmlinge der Dinosaurier, wie die Vögel, jene Freiräume, die von den gigantischen Reptilien geräumt worden waren. Ein schlagender Beweis einer Ausbreitung mittels Anpassung. Wo einst finster aussehende Flugsaurier, die Pterosaurier, ihre Kreise gezogen hatten, bevölkerten jetzt Vögel den Himmel. Wo früher die Ichthyosaurier ihre Fanggründe hatten, trieben nun Delphine ihr Spiel – Säugetiere, die wieder ins Meer zurückkehrten. Und wo einst der Tyrannosaurus über das Gras gestampft war, zogen nun nashornähnliche Tiere umher.

Geographisch gesehen waren jene drei kontinentalen Theater zu Beginn des Säugetierzeitalters darauf vorbereitet, dasselbe Stück in verschiedener Besetzung aufzuführen.

Die ursprüngliche Szenerie bestand aus kleinen, primitiven Plazenta-Säugetieren (Säugern mit einer Plazenta, einem Mutterkuchen) und kleinen, primitiven Beuteltieren, die Frühgeburten zur Welt bringen, die dann im Beutel der Mutter heranwachsen.

In Südamerika, zu jener Zeit bereits ein von Nordamerika getrennter Inselkontinent, existierte eine seltsame Gruppe von Säugetieren, die als Xenarthra (eine spezielle Gruppe der Zahnarmen) bekannt sind. Obwohl diese Wesen zur Spielart der Plazenta-Säuger gehörten, ihre Weibchen also mit einem Mutterkuchen ausgestattet waren, fanden sich unter ihnen doch so ungewöhnliche Kreaturen wie das Gürteltier, das Faultier, und der Ameisenbär – alle ziemlich eng miteinander verwandt.

Im „Hauptheater" – bestehend aus Europa, Afrika, Asien und Nordamerika (angeschlossen über die Bering-Brücke) – verloren die Beuteltiere fast ausnahmslos das Rennen; Plazenta-Säuger beherrschten an ihrer Stelle die Szene. Nur das Opossum überlebte als einziger Vertreter der Beuteltiere in Nordamerika.

In Südamerika hingegen blühte die Gruppe der Beuteltiere – neben einigen Arten echter Säugetiere (Placentalia). Ein Ausläufer der Antarktis stieß damals an Südamerika. Offensichtlich gelangte ein Opossum-ähnliches Beuteltier auf das antarktische Festland und wanderte von dort die ganze Strecke bis nach Australien.

ZEBRA GORILLA NASHORN

KÄNGURUH KURZSCHNÄUZIGE BANDIKUT-RATTE SCHNABELTIER

Es waren jetzt folglich alle drei Bühnen besetzt: Europa-Afrika-Asien-Nordamerika als der eine Miniplanet, mit einem – bis auf das nordamerikanische Opossum – ausschließlich durch Säugetiere besetzten Ensemble von Spielern; Südamerika, ein Miniplanet mit einer Besetzung gemischt aus primitiven Säugern, Beuteltieren, und sogar einigen kleinen Halbaffen – Primaten, die offenbar von Afrika über den Ozean herübergekommen waren; und als dritte Bühne Australien, ein Miniplanet mit einem einzigen eingewanderten Beuteltier und einer kleinen einheimischen Bevölkerung, aus jenen seltsamen Wesen bestehend, die als Kloakentiere bekannt sind; die Weibchen dieser Tiere legen zwar Eier, ernähren aber gleichzeitig ihre Jungen auch mit Milch, ebenso wie die Schnabeltier-Weibchen.

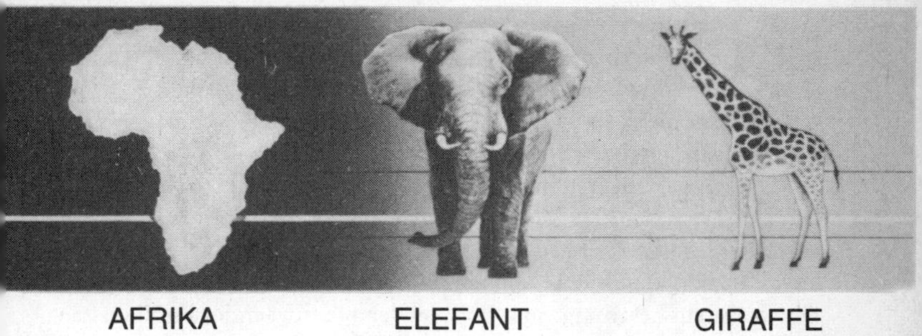

Große Tiere entstehen auf großen Kontinenten

Kleinere Tiere bewohnen kleinere Kontinente

In dieser afrikanisch-asiatisch-europäisch-nordamerikanischen Arena spielten sich die folgenschwersten Ereignisse ab. Die Populationen primitiver Plazenta-Tiere veränderten sich in mannigfacher Weise und wurden zum Königreich der Säugetiere, wie wir es kennen. In ihm entwickelten sich Wale, Fledermäuse, und möglicherweise auch der Mensch, und zwar aus einer Untergruppe spitzmausähnlicher Kreaturen.

Auf diesem größten Kontinent wuchsen gemeinhin die größten und intelligentesten Lebewesen heran. Auf den kleineren Kontinenten dagegen entstanden etwas kleinere Tiere, oder zumindest überlebten diese über längere Zeiträume. Tatsächlich läßt sich eine überraschende Beziehung zwischen der Größe einer Insel und der Anzahl dort lebender

Tierarten feststellen; je größer die Insel, desto mehr Arten trifft man auf ihr. Und nicht nur das: sie entwickeln sich auf größeren Kontinenten auch zu stattlicheren Körpergrößen, wie unsere Abbildung zeigt.

Australien bietet dagegen ein etwas beschränkteres, wenn auch nicht weniger faszinierendes Beispiel der Evolution.

Das urzeitliche beuteltragende Opossum, das nach Australien herüberwanderte, veranschaulicht, wie ein einzelnes Lebewesen geradezu einen ganzen Zoo hervorbringen kann – vorausgesetzt, es verfügt über genügend Zeit und eine Bühne, die ihm hinreichend Entwicklungsspielraum läßt. Es ist ein herausragendes Beispiel der außerordentlichen Vielfältigkeit eines einzelnen Lebewesens, das sowohl den Reichtum seiner genetischen Möglichkeiten wie seine Umwelt dazu nutzte, sich in allen Richtungen zu entwickeln.

Von diesem Urahn, einem einzelnen Beuteltier, stammt eine ganze Reihe von Tieren ab: das Känguruh, der Koalabär, der Kletterbeutler (einem fliegenden Eichhörnchen ähnlich), die einheimische Maus, Katze, Maulwurf, Faultier, der Murmeltier-ähnliche Wombat, der Beutelwolf, und sogar der Ameisenbär. All diese Tiere kletterten wie Affen auf Bäumen umher, schwirrten durch die Lüfte und wühlten die Erde auf. Einige wurden zu Fleischfressern, andere zu Vegetariern. Einige waren winzig klein, andere groß. Alle verfügbaren Möglichkeiten wurden ausgekundschaftet. Obwohl all diese Tiere, mit Ausnahme des Känguruhs und des Koalabären, ihren „Säugetier-Ebenbildern“ auf anderen Kontinenten ähneln, sind sie doch nur entfernt mit ihnen verwandt.

In anderen Gegenden verbreiteten sich die echten Säugetiere (Placentalia) und besetzten alle verfügbaren ökologischen Nischen. Entsprechend taten dies in Australien die Beuteltiere, weil es dort für sie keinen Konkurrenzkampf mit echten Säugetieren gab. Australien besaß nur wenige Ratten und Fledermäuse als Vertreter der Legionen von Plazenta-Säugetieren, und auch diese tauchten erst viel später auf. Vermutlich hatten sie sich aus dem fernen Indonesien von Insel zu Insel bis auf den Kontinent vorgearbeitet.

Dank seiner Lage, die es vom Rest der Welt isolierte, wurde Australien mit seinen vorgelagerten Inseln zur biologisch interessantesten Gegend der Welt. Was sich in Australien abspielte, könnte ebenso in größerem Maßstab auf einem anderen Planeten geschehen.

Unser empirisches Wissen über Australien liefert uns mehr Einsichten in die Grundprozesse der Evolution als irgendein anderer Kontinent.

Die isolierte Lage Australiens beschränkte alle äußeren Einwirkungen auf ein Minimum, so daß sich die Beuteltiere und Vögel – die letzteren Abkömmlinge der Dinosaurier –, ungestört auf den abwechslungsreichen Schauplätzen verbreiten konnten. Durch das Fehlen natürlicher Räuber sowie durch die Freiräume, die ihnen die Umwelt bot, ermutigt, entwikkelten jene Kreaturen eine Vielfalt an Lebensweisen, die nirgendwo sonst entdeckt wurde. In Neuseeland beispielsweise kommen lediglich zwei „alte" Säuger vor, und beide sind Fledermäuse. Also besetzten die neuseeländischen Vögel zahlreiche Nischen, die im Grunde Säugetieren vorbehalten waren.

Da sie von Raubtieren nicht bedroht wurden, gaben einige Vogelarten in Australien und Neuseeland das Fliegen als Mittel der Fortbewegung auf; Kiwi und Waldhuhn etwa bevorzugten ein Leben zu ebener Erde.

Der berühmteste unter diesen sekundär flugunfähigen Vögeln war der Moa aus Neuseeland. Er ragte fast vier Meter in die Höhe und stand auf Beinen, die so kräftig waren wie die eines Ochsen. Darwin äußerte als erster die Vermutung, jene Moas hätten sich deshalb entwickelt, um eine – durch das Fehlen der Säugetiere leergebliebene – Nische zu füllen. In den dichten Wäldern Neuseelands jedoch führte die Entwicklung spezieller Moa-Arten in eine andere Richtung: sie wurden zu kleinen Kiwis, die sich in unterirdischen Erdlöchern verstecken und nur nachts zum Fressen hervorkommen. In Australien wurde aus dem Moa der anderthalb Meter große Emu, der bis auf den heutigen Tag überlebt hat. Er kann 60 Stundenkilometer schnell laufen und ist eine Plage für Farmer, weil er stark genug ist, ihre Koppelzäune zu durchbrechen.

Die Entwicklungsgeschichte in der australischen Region zeigt, wie sich die Entstehung eines reichhaltigen tierischen und pflanzlichen Lebens innerhalb einer abgeschlossenen Umgebung vollzieht. Jenes Leben verdankt seine Vielfalt in erster Linie günstigen Umweltbedingungen. Auf anderen Kontinenten kam jener Reichtum an Formen durch Artenmischung, Eindringlinge und verschiedene andere Umwälzungen zustande. Aufgrund der isolierten Lage Australiens ließen die Entwicklungen in der übrigen Welt diesen Kontinent weitgehend unberührt. Um ein anderes Beispiel anzuführen: In den Flüssen des nordöstlichen Australien haust noch immer ein Vetter luftatmender Fische, der mit einer Lunge ausgerüstet ist.

Alles in allem verfügt der australische Kontinent über 100000 Pflanzen- und Tierarten; im Vergleich zur Größe des Landes eine beträchtliche Zahl.

Zweifellos hat das ausgewogene Klima Australiens in der Vergangenheit wesentlich zu seinem Reichtum an Lebewesen beigetragen.

Gleichermaßen faszinierend ist das pflanzliche Leben in Australien und Neuseeland. Australiens Reise gen Norden im Zeitlupentempo – man nimmt an, daß sich der Kontinent in den letzten 100 Millionen Jahren viereinhalbtausend Kilometer nach Norden verschoben hat – brachte dramatische, vegetative Veränderungen mit sich. Anfangs schlug das gemäßigte Klima in äußerste Trockenheit um. Fossilien beweisen, daß das gesamte südliche Australien einst von Buchen-Regenwäldern bedeckt war. Breite Ströme durchschnitten die Wälder. Heute sind nur noch trockene Flußbetten übriggeblieben, und Gräser und Büsche bedecken das Land; ein Bild, das an die ausgetrockneten Flußbetten erinnert, die man auf dem Mars photographiert hat.

Akazien und Eukalyptusbäume traten an die Stelle der Buchen. Der Eukalyptus allein differenzierte sich in über 600 Arten. Die größte unter ihnen wächst bis zu 100 Meter hoch, und ihr Stamm kann einen Durchmesser von zwei bis drei Metern erreichen. Sie wird nur noch von den Mammutbäumen in Kalifornien übertroffen.

Im Zuge der Austrocknung des südlichen Kontinents verschwanden allmählich die üppigen Wälder. Man nimmt jedoch an, daß es in Australien schon immer trockene, unfruchtbare Landstriche gegeben hat, was auch erklären würde, warum der Großteil seiner Fauna und Flora dem äußerst trockenen Klima so gut angepaßt ist.

Noch immer sind Teile Australiens von Regenwäldern und dichten Eukalyptus-Forsten bedeckt; die Bäume auf diesem Kontinent sehen indessen heutzutage völlig anders aus. Bei einigen Arten gibt es sowohl männliche wie weibliche Bäume. Der Grasbaum etwa besteht aus einem Fransenbüschel, das an die Perücke von Harpo Marx denken läßt, mit weißen Blüten an langen Stengeln. Der Flaschenbaum hat tatsächlich das Aussehen einer Flasche, und die australische Akazie bringt wie die Erbse Hülsen hervor.

Ebenso ungewöhnlich sind die australischen Blumen, zudem von außerordentlicher Schönheit. Da findet man beispielsweise die Känguruh-Klaue, die sich weich wie ein Pelz anfühlt; und obwohl die Telopea nur ein Strauch ist, bringt sie doch Blumen von der Größe einer Pampelmuse hervor. Außerdem findet man in den meisten Gegenden Australiens überwältigend schöne Orchideen.

Ähnlich wie Australien trennte sich auch Neuseeland vor ungefähr 160 Millionen Jahren vom größten Teil des südlichen Festlands. Nur

Farne und Brückenechsen – eine frühe Gruppe der Reptilien – bevölkerten das mangelhaft ausgestattete Lebensfloß. Die rezente Brückenechse Tuatara lebt als biologische Besonderheit noch heute auf einigen Neuseeland vorgelagerten Inseln; ein seltsames Wesen mit einem dritten Auge, das übriggeblieben ist und zyklopenhaft auf der Mitte ihres Kopfes sitzt. Dieses „Auge" ist mittlerweile tief unter den Hautfalten der Echse verborgen und allem Anschein nach nicht mehr tätig. Ursprünglich hatte es vermutlich nicht die Funktion eines wirklichen Auges, sondern eines Lichtfensters, das das Tier vor drohenden Gefahren warnen oder ihm den Beginn von Tag und Nacht ankündigen sollte. Letzte Überreste eines solchen Auges befinden sich auch noch in unserem Kopf; dort hat es sich in die Zirbeldrüse umgewandelt.

In den Wäldern der Insel wuchern zudem urzeitliche Farne, und seltsame Insekten und Vögel schwirren umher; sie rufen uns ins Gedächtnis zurück, wie fremd und „außerirdisch" das Leben selbst heute noch auf der Erde sein kann!

Südamerika entwickelte sich zu einem überraschend andersartigen Miniplaneten.

Zunächst einmal war Südamerika gegen Ende der Kreidezeit und zu Beginn des Paläozäns, also vor mehr als 60 Millionen Jahren, mit Nordamerika verbunden. Dann trennten sich die beiden Kontinente, und Südamerika blieb fast 50 Millionen Jahre lang eine Insel. Erneut jedoch verband es sich vor ungefähr 10 Millionen Jahren über die Panama-Landenge mit dem nördlichen Kontinent, und seither ist es immer mit ihm verbunden geblieben.

Zu jener Zeit, als Südamerika abgeschnitten war, wanderten urweltliche Nagetiere und andere Lebewesen aus Nordamerika ein. Sie nahmen ihren Weg über die Inseln, die dort lagen, wo heute Mittelamerika die Brücke zwischen beiden Kontinenten bildet.

Daneben zogen in den verschiedensten Zeitabschnitten lemuren-ähnliche Halbaffen aus Afrika sowie Beuteltiere aus Nordamerika auf den südlichen Kontinent; später kam eine weitere Einwandererflut aus Nordamerika hinzu. Südamerika wurde so zum eigentlichen amerikanischen Schmelztiegel.

Aus all diesen Wanderungen entstand eine faszinierende Mischung der Tierwelt, aus der sogar bis auf den heutigen Tag einige seltsame Exemplare erhalten geblieben sind – wie etwa Gürteltiere, Wasserschweine, (die größten Nagetiere der Welt), Lamas, Tapire, Faultiere und viele andere mehr.

Die inzwischen ausgestorbenen südamerikanischen Säugetiere hatten ein noch fremdartigeres Aussehen: Da gab es beispielsweise den räuberischen Säbelzahntiger, mit einem känguruh-artigen Beutel ausgestattet; einen riesigen Ameisenbär von der Größe eines Pferdes; ein riesiges Faultier, und noch zahlreiche andere.

George Gaylord Simpson hat Südamerika „ein fast ideales Laboratorium der Natur" genannt, weil wir dort die Evolution „vor Ort" über 10 Millionen Jahre und länger verfolgen können.

Als Südamerika sich im Zeitalter der Säugetiere von Nordamerika trennte, entwickelten sich die Säuger des Südkontinents in fast völliger Isolation. Fast – aber nicht ganz, denn zwei fremde Säugetiergruppen, Primaten und Nagetiere, kamen während des „Laborversuchs" neu hinzu und machten es damit noch lehrreicher.

Die Geschichte Südamerikas ist ein Musterbeispiel für eine Art von Evolution, wie sie sich auch auf einem anderen Planeten mit ähnlichen Kontinenten abspielen könnte, und wo die Entwicklung des Lebens in ähnlichen Bahnen verlaufen ist wie auf dem Planeten Erde.

Zur gleichen Zeit aber unterschied sich die Entwicklung der südamerikanischen Tiere von der in Australien. Hier stammten alle Beuteltiere von einem gemeinsamen Vorfahren ab und besetzten nach und nach alle verfügbaren Umweltnischen. Die südamerikanischen Tiere dagegen haben unterschiedliche Stammbäume. Trotzdem differenzierten sie sich ohne gegenseitige Konkurrenz und verhielten sich insgesamt so, als gehörten sie zu ein und derselben Familie.

Kenner der südamerikanischen Tierwelt haben herausgefunden, daß fossile Säugetiere, die dort gefunden wurden, aus der Frühzeit der Säuger stammen, mithin ca. 60 Millionen Jahre alt sind. Sie entdeckten einige Fossilien aus der späten Kreidezeit, die dem Säugetierzeitalter unmittelbar vorausging. Diese versteinerten Bruchstücke sind vermutlich Überreste eines urweltlichen Opossums, das seinem nordamerikanischen Gegenstück erstaunlich ähnelte. Beide Lebewesen hätten durchaus ebenso Vorfahren der großen Familie der südamerikanischen Huftiere wie der zahlreichen Beuteltiere sein können.

Der nächste Fossilfund, der bis in die Zeit von vor 55 bis 60 Millionen Jahren zurückgeht, förderte eine immense Fülle an Arten von Säugetieren zutage, die sich in einem erstaunlichen Maße verschieden entwickelt und ausgebreitet hatten. Damals bereits existierten drei Familien der Beuteltiere, fünf Huftierfamilien und eine Familie der kuriosen sogenannten Zahnarmen, die jedoch zu jener Zeit überwiegend als Gürteltiere in Erscheinung traten.

Gleichzeitig gehörten alle diese Säuger nur zu folgenden drei Hauptgruppen: den Beuteltieren, den Zahnarmen und den pflanzenfressenden Huftieren. Eine solch geringe Mischung von Tierarten war einzigartig. Mit Ausnahme Australiens bestand die Fauna aller übrigen Kontinente aus wesentlich mehr als nur drei Hauptgruppen.

Nordamerika beispielsweise wies eine weitaus vielfältigere Tierwelt auf. Mindestens sieben der ortsansässigen Gruppen von Landsäugern stammten weder von Beuteltieren, pflanzenfressenden Huftieren noch den primitiven Zahnlosen (Xenarthra) ab.

In Südamerika dagegen entwickelten sich jene drei Hauptgruppen auf eigenständige Weise, in Abhängigkeit von ihrer spezifischen Umwelt. So kann es etwa in der gemischten Tierwelt Südamerikas vorkommen, daß ein Beutel-Fleischfresser Jagd auf einen Säugetier-Pflanzenfresser macht. Was noch bemerkenswerter ist: das gedrungene, hunde-ähnliche Beuteltier, das wie eine Kreuzung aus Hund und Katze aussah, besetzte nicht nur jene Nische, die auf anderen Kontinenten von hunde- oder wolfsähnlichen Tieren eingenommen wurde, sondern zusätzlich die Nische, die anderswo gemeinhin von Katzen besetzt wurde; ein weiterer Hinweis darauf, wie sich Tiere auf anderen Planeten möglicherweise von unseren unterscheiden.

Die Beuteltiere kamen anscheinend aus Nordamerika auf den südlichen Kontinent herüber; dabei haben die Zahnlosen (Xenarthra) ihre besonderen Merkmale offenbar erst in Südamerika entwickelt, auch wenn ihre Vorfahren anderswo lebten. Die pflanzenfressenden Huftiere Südamerikas, die Ungulaten, wie etwa das Lama, stammen wahrscheinlich von alttertiären Urhuftieren (Condylarthra) ab, von denen man fossile Funde auch in Nordamerika, Europa und Asien kennt.

Die Spuren jener Miniplaneten lassen sich auf unseren heutigen tiergeographischen Karten erkennen. Dabei kann man sechs Hauptregionen unterscheiden; da ist zunächst die paläarktische Region mit Europa, der Sowjetunion, Nordafrika, dem Mittleren Osten und dem größten Teil Chinas. In all diesen Gegenden kommen Wildschweine, Brachvögel und Rehe vor.

Auf der anderen Seite der Erdkugel erstreckt sich das nearktische Reich, mit Nordamerika und Grönland. Hier finden sich Tierformen, die man mit denen der paläarktischen Region vergleichen kann; hinzu kommen noch Karibus (Rentiere), Bergziegen und Moschusratten.

Nahe am Äquator liegt das orientalische Reich, das indische Elefanten, Nashörner, Meerkatzen (Hundsaffen, Makaken), den Gibbon, Orang-Utan und andere Tiere beherbergt.

Um den Äquator erstrecken sich die äthiopischen und neutropischen Regionen. Der afrikanische Elefant, der Löwe, das Zebra, das afrikanische Nashorn, der Strauß, die Giraffe, der Schimpanse und Gorilla sind Bewohner des äthiopischen Teils, während Gürteltiere, Ameisenbären, Lamas, Faultiere, Pfefferfresser (Tukane) und andere ausgefallene Wesen im neutropischen Gebiet leben, das Süd- und Mittelamerika miteinschließt.

Die australische Region schließlich kann für sich in Anspruch nehmen, einen wahrhaften Zoo von Beuteltieren zu besitzen, mit ungefähr 170 verschiedenen Arten, und zusätzlich noch Kloakentiere wie das Schnabeltier und den stacheligen Ameisenbär.

Was an Südamerika – und in diesem Fall auch Australien – verblüfft, ist die Tatsache, daß die meisten Tiere, die dort beheimatet sind, in Form und Verhaltensweisen ein genaues Ebenbild der Lebewesen anderer Kontinente waren, obwohl die Tiere in jenen drei Arenen ganz verschiedener stammesgeschichtlicher Herkunft sind und sich gänzlich unabhängig voneinander in Entfernungen von Tausenden von Kilometern entwickelt haben.

Daß sie ein genaues Spiegelbild voneinander darstellen, ist in der Tat so verblüffend, daß die Evolutionsforscher lange Zeit verwirrt waren. Und das ist auch nicht verwunderlich. Wenn man Stück für Stück die Bilder der Tiere von jenen drei Miniplaneten miteinander vergleicht, so zeigen sie verblüffende Ähnlichkeiten, wenngleich die Kontinente seit vielen Millionen Jahren voneinander getrennt waren.

Hätte eine südamerikanische Beutelspitzmaus in den nordamerikanischen Spiegel geblickt, wäre ihr eine Säuger-Spitzmaus erschienen; der südamerikanische Beutelwolf hätte einem echten Wolf, dem heutigen sehr ähnlich, in die Augen gestarrt; das in etwa dem Kamel gleichende Litopternum, dem allerdings der typische Kamelhöcker fehlte, hätte ein echtes Kamel erblickt; das kleinere pferdeartige Litopternum dagegen hätte im Spiegel ein richtiges Pferd gesehen; das tertiäre Huftier Toxodontum hätte auf das nur etwas kleinere Nashorn hinabgeblickt; und das äußerst merkwürdig aussehende Huftier Homalodotherium hätte erstaunt im nordamerikanischen Chalicotherium ein körperlich größeres Ebenbild seiner selbst entdeckt, ein Wesen, das wie eine Kreuzung aus Pferd und Kuh aussah.

Die Ähnlichkeiten waren dermaßen frappierend, daß sich ein argentinischer Paläontologe aufgrund der Gemeinsamkeiten zwischen den südamerikanischen und anderswo gefundenen fossilen Skeletten zu der Behauptung hinreißen ließ, alle Säugetiere stammten ursprünglich aus Argentinien und hätten sich von dort aus über den Rest der Welt verbreitet.

Was jener argentinische Paläontologe indessen wahrnahm, war nichts anderes als das überraschende Phänomen einer konvergenten Evolution, das zu Beginn des Jahrhunderts, als er Argentinien zur Geburtsstätte der Säugetiere ausrief, als solches noch nicht erkannt worden war.

Konvergenz bedeutet: getrennte Evolution nicht-verwandter Tierarten, deren Umweltbedingungen ähnlich sind. Sie kann dazu führen, daß einzelne Tierarten, die nicht miteinander verwandt sind und sogar auf verschiedenen Kontinenten leben, eine fast übereinstimmende Gestalt besitzen. Diese Entwicklungen können Jahrtausende oder auch Jahrmillionen auseinanderliegen. Dagegen spricht man von Parallel-Entwicklungen der Evolution, wenn ähnliche Formen bei *verwandten* Organismen auf unterschiedlichen geographischen Schauplätzen stattfinden. Obwohl der Ichthyosaurus und der Delphin durch unendliche Zeiträume getrennt sind, gleichen sie einander fast spiegelbildlich. Der Ichthyosaurus gehört zu den inzwischen ausgestorbenen Reptilien; er kehrte ins Meer zurück; der Delphin dagegen ist ein Säugetier, das vor ungefähr 20 Millionen Jahren zum »Rückkehrer« wurde – so bezeichnen einige Wissenschaftler dieses Phänomen –, und damit das Milieu der Vorfahren der Reptilien und Säugetiere erneut aufsuchte.

Obwohl beide nicht miteinander verwandt sind, springt doch ihr teilweise ähnlicher Körperbau ins Auge. Die Ichthyosaurier (Fischsaurier) waren zwar Reptilien, doch im Laufe ihrer Anpassung an das Leben im Meer brachten ihre Weibchen lebende Junge zur Welt; ebenso wie bekanntlich auch die Delphin-Weibchen.

Und dennoch weichen beide geringfügig voneinander ab. So war die Schnauze des Ichthyosaurus etwas länger als beim Delphin, und er trug eine hohe Rückenflosse im Gegensatz zur gebogenen Rückenfinne des Delphins. Trotz allem sind die äußeren Ähnlichkeiten zwischen beiden Tieren stärker ausgeprägt als die Unterschiede.

Ein weiteres faszinierendes Beispiel für Konvergenzerscheinungen ist der echte Wolf in Eurasien und Nordamerika und die Beutelwölfe in Südamerika und Australien, die beide gleichzeitig in Erscheinung traten (vgl. Abbildung auf Seite 66). Der Grund für eine solche Konvergenz liegt auf der Hand: Als Fleischfresser entwickelten sich beide zu Jägern, und die Wolfsgestalt war dieser Rolle bestens angepaßt.

Echter Wolf (Placentalia).

Großer Ameisenbär (Placentalia).

Beutelwolf (Marsupialia).

Ameisenbeutler (Marsupialia)

Dabei verwundert es keineswegs, daß die südamerikanischen fleischfressenden Beutelwölfe dem australischen Beutelwolf wesentlich mehr ähnelten als die fleischfressenden echten Wölfe (Placentalia) auf anderen Kontinenten.

Man nimmt an, daß sich die beiden Beutelwölfe Südamerikas und Australiens getrennt voneinander entwickelt haben, obwohl sie beide von einem urzeitlichen Opussum abstammen. Folglich läßt sich im Fall beider Beutelwolf-Arten nicht nur das Phänomen einer Konvergenz, sondern auch einer Parallelität der Evolution beobachten.

Ein anderes fesselndes Beispiel ist das folgende: Die Vorfahren des Kolibris und Nachtfalters sind nicht miteinander verwandt.

Gleichwohl sind sie in ihrer Gestalt, ihren Fluggewohnheiten und Ernährungsweisen (sie saugen Nektar aus Blüten) so auffallend einander angenähert, daß man sie bei Dämmerung und aus der Entfernung kaum noch zu unterscheiden vermag. Dies ist auf eine Verhaltens-Konvergenz zurückzuführen.

Andere Musterbeispiele einer konvergenten Entwicklung sind Stachelschwein, Igel und Ameisenigel; obwohl nur äußerst weitläufig miteinander verwandt, entwickelten sie völlig unabhängig voneinander Stacheln. Dasselbe trifft auf die nordamerikanischen Flughörnchen und das fliegende Opossum Australiens zu, auch bekannt als Kletterbeutler.

Konvergenz kann sich hingegen auch auf Organe der Fortbewegung beziehen. Zum Zweck des Fliegens bildeten zum Beispiel vier verschiedene Lebewesen auf der Erde Flügel aus: der Pterodactylus – er gehört zur Gattung der Flugsaurier –, Vögel, Fledermäuse und Insekten. Die drei erstgenannten entwickelten ihre Flügel aus den vorderen Extremitäten, die Insekten dagegen aus Hautausstülpungen des mittleren Körperabschnitts.

Evolutionsforscher haben Organe, die in Lage und Herkunft übereinstimmen, mit dem Begriff „homolog“ bezeichnet. Solche Organe aber, die sich in parallelen Evolutionsvorgängen bei Tieren und Pflanzen unabhängig voneinander herausbildeten und sich in gleicher Weise ihren jeweiligen Umweltbedingungen anpaßten, werden „homoplastisch“ genannt. Wenn homoplastische Organe aber in Bau und Funktion übereinstimmen, so spricht man von „Analogie“.

Nach diesem Begriffsschema sind all jene Vogelflügel homolog, die sich aus dem Flügel des Urvogels entwickelt haben, der seinerseits aus den vorderen Beinen einer bestimmten Reptilienart hervorgegangen ist. Die Flügel der Fledermäuse und Vögel hingegen, die sich in verschiedenen

Zeitperioden ausgebildet haben, sind homoplastisch und analog. Trotz ihrer homologen Knochen, die auf ihre Reptilien-Vorfahren zurückgehen, sind ihre Flügel nicht homolog.

Vergleicht man den Insektenflügel mit den drei erwähnten Arten, so ist er lediglich analog, weil er unabhängig und ohne mit ihnen überhaupt verwandt zu sein, direkt aus dem Körper herauswuchs, also nicht aus den vorderen Extremitäten um- und weitergebildet wurde.

Eine oberflächliche Ähnlichkeit kann unter Umständen wichtige anatomische Unterschiede verdecken. Ein Vergleich etwa zwischen Delphin und Hai, die beide stromlinienförmige Körper haben, zeigt, daß ihre inneren Organe trotz ihrer Ähnlichkeit im Äußeren, deutlich verschieden sind. Daß der Delphin auf den ersten Blick dem Hai ähnlich sieht, resultiert offensichtlich daraus, daß der Delphin sich den Lebensverhältnissen im Wasser angepaßt hat. Bei genauerer Betrachtung jedoch weisen die zahlreichen bedeutenden Unterschiede zwischen ihnen darauf hin, daß sie nicht eng miteinander verwandt sind. So atmet der Delphin beispielsweise mit Hilfe seiner Lungen, der Hai hingegen durch Kiemen. Während der Delphin, wie alle Säugetiere, vier Herzkammern besitzt, findet man beim Hai nur zwei Herzkammern. Zudem ist der Delphin mit einer knöchernen Wirbelsäule, der Hai nur mit einem Knorpelskelett ausgestattet, das seine Verwandtschaft mit Knorpelfischen anzeigt. Außerdem sind Milchdrüsen und eine leichte Behaarung für den Delphin charakteristisch: beides eindeutige Merkmale eines Säugetiers.

Wie diese Beispiele zeigen, ist es gleichermaßen faszinierend wie aufschlußreich, daß Ähnlichkeiten im Laufe vieler Jahrmillionen, über artspezifische Schranken und sogar Tausende von Kilometern hinweg, auftreten. Es gibt gute Gründe für solche konvergenten Entwicklungen: physikalische Kräfte und Umweltfaktoren formen Schritt für Schritt das ähnliche Aussehen der Tiere, insbesondere derjenigen, deren Lebensweise fast gleich ist.

All dies legt die Vermutung nahe, es werde sich bei manchen Kreaturen auf anderen Planeten herausstellen, daß sie den unsrigen frappierend ähnlich sind, oder es einst waren. In einem solchen Fall sind bei ihnen zwangsläufig Körper, Köpfe und Extremitäten, wie Beine und Arme zu erwarten. (Siehe Kapitel 5).

Doch das bedeutet keineswegs, das ganze Weltall sei von menschenähnlichen Lebewesen bevölkert, die Spiegelbilder irdischer Wesen sind. Konvergente Entwicklungen haben nicht unbedingt Ähnlichkeiten im Körperbau zur Folge. Wenn etwa ein Lebewesen auf einem Planeten eine ähnliche Umweltnische bewohnt wie ein anderes auf einem entfernten Planeten, so muß es seinem Artgenossen nicht zwangsläufig exakt gleichen. Das Känguruh zum Beispiel ist als australisches Gegenstück zum Rotwild und anderer pflanzenfressender Huftiere, wie Kuh und Pferd anzusehen. Doch außer der Tatsache, daß all diese Tiere Grasfresser sind, gibt es zwischen ihnen nicht allzuviel Gemeinsames.

Ein Pflanzenfresser wie die Impala-Antilope Afrikas ergreift vor Raubwild auf langen, schlanken Läufen die Flucht, während das Känguruh sich mittels seiner enorm starken Hinterbeine sprunghaft in Sicherheit bringt. Antilope und Kuh verteidigen sich mit ihren Hörnern, das Känguruh dagegen, indem es sich auf seinen Schwanz gestützt aufbäumt und der Angreifer so die scharfen Klauen seiner Hinterfüße zu spüren bekommt.

Am Beispiel des Känguruhs läßt sich infolgedessen erahnen, worin Lebewesen auf anderen Welten, die fast ähnliche ökologische Arenen besetzt halten, sich in etwa von unseren Artgenossen auf der Erde unterscheiden – selbst wenn sie ungefähr derselben Ahnenreihe entstammen.

Diese irdischen Beispiele zeigen in beeindruckender Weise, was uns auf anderen Planeten erwarten mag. Mit allergrößter Wahrscheinlichkeit wird das Leben anderenorts unter geeigneten Bedingungen versuchen, ähnliche ökologische Nischen wie auf der Erde zu besiedeln und dabei einerseits Tiere hervorbringen, die den unsrigen ähneln, andererseits solche, die sich von diesen in krasser Weise unterscheiden.

Genaue Duplikate des Menschen oder anderer irdischer Lebewesen werden wir allerdings nicht erwarten können, denn „die Evolution ist weder umkehrbar noch wiederholbar", wie Dr. Simpson und andere Evolutionsexperten überzeugend dargelegt haben.

Allerdings empfiehlt Simpson in seinem bewundernswerten Buch *Life of the Past* (Yale University Press, 1976) mit Nachdruck, bei der Auslegung des Satzes von der Nichtumkehrbarkeit der Evolution „etwas gesunden Menschenverstand" walten zu lassen. So weist er z. B. darauf hin, daß es eben *kein* Zeichen gesunden Menschenverstandes sei, wenn man – wie einst einige Übereifrige – zu dem Ergebnis kommt, daß ein großes Tier nicht der Vorfahre eines kleinen sein könne, oder daß ein besonders großer Zahn im Verlauf der Evolution nicht wieder kleiner werden könne, oder ein festsitzendes Tier sich nicht wieder zu einem freibeweglichen entwickeln könne. Im Gegenteil: All diese Entwicklungen können in der Evolution stattfinden und haben auch stattgefunden.

Die Evolution ist jedoch unwiederholbar in dem Sinne, daß Organismen nie wieder zu der Beschaffenheit ihrer Vorfahren zurückkehren können. Pferde, die im Verlauf ihrer Evolution kleiner wurden (und später erneut in die Höhe wuchsen), unterschieden sich in ihren Merkmalen von ihren kleinwüchsigen stammesgeschichtlichen Vorfahren! Wale und Delphine wanderten zwar zurück ins Meer, doch wurden sie nicht zu Fischen, trotz ihrer fischähnlichen Gestalt.

Die Nichtumkehrbarkeit der Evolution bedeutet außerdem folgendes: Würde Leben auf einer urzeitlichen Erde noch einmal von vorn beginnen, so würden weder der Mensch noch andere Lebewesen abermals genau in ihrer heutigen Gestalt entstehen. Zuviele nichtvorhersagbare Ereignisse trugen entscheidend zum Aufstieg des Menschen und anderer heutiger Säugetiere bei. Wenn bereits ein Planet – wie Robert Jastrow ausgeführt hat – sich durch ein äußerst „enges Tor" hindurchzwängen muß, damit auf ihm Leben entstehen kann (d. h. er muß genau die richtige Entfernung zum richtigen Stern haben), dann hat sich auch der Mensch gerade noch durch einen Türspalt der Evolution hindurchgezwängt.

Im Paläozoikum entwickelten einige Fische durch Zufall Lungen – nicht, um zu Landbewohnern zu werden, sondern um mit den Problemen ihrer Umwelt besser fertigwerden zu können; namentlich damit, daß sie bei ihren Wanderungen durch flache Tümpel oft Luft zu schlucken bekamen. Klimatische Veränderungen, kosmische Strahlung und Sonnenlichteinfall sowie zahlreiche andere Faktoren nahmen Einfluß auf jene Mutationen, aus denen schließlich höhere Lebewesen hervorgingen. Alles in allem gab es in der Geschichte der Evolution einfach zuviele rein zufällige Ereignisse, als daß sie auf einem anderen Planeten exakt wiederholbar wären (vgl. Kapitel 5).

„Würde z. B. der Mensch heutzutage überhaupt existieren, wenn einige Fische während des Paläozoikums zufällig nach Norden statt nach Süden gewandert wären?" fragte Dr. Simpson. „Oder wenn es jene besondere Spezies von Fischen überhaupt nicht gegeben hätte? Oder aber wenn sie eine Million Jahre früher oder später aufgetaucht wäre?"

Antworten auf diese Fragen sind von entscheidender Bedeutung für das umfassendere Problem, ob Evolutionsprozesse de facto im ganzen Kosmos stattfinden oder sich nur auf den Planeten Erde beschränken. In jedem Fall aber sind sie von großem Gewicht, wenn es um die Evolution von Säugetieren im allgemeinen und die menschenähnlicher, intelligenter Wesen im besonderen geht.

Doch muß man bei diesem faszinierenden Thema noch einiges mehr berücksichtigen. Wenn Leben erst einmal durch die treibende Kraft der

Energiezufuhr entsteht, so kann es gar nicht umhin, sich zu immer höheren Formen der Intelligenz zu entwickeln, wenn auch nicht unbedingt bis zur Stufe menschlicher Intelligenz (vgl. Kapitel 8, „Der zukünftige Mensch"). Wenn auch die Evolution nicht wiederholbar ist in dem Sinn, daß genau dasselbe Lebewesen – wie wir gesehen haben – ein zweites Mal geschaffen werden kann, so können doch aus der Wirkung physikalischer Kräfte und bestimmter Umweltbedingungen überraschend ähnliche Wesen resultieren, die sich an verschiedenen Orten und zu verschiedenen Zeiten konvergent entwickeln.

Wenn drei verschiedene Typen von Wölfen auf völlig getrennten Kontinenten der Erde entstanden sind, alle drei einander in Aussehen und Lebensweise verblüffend ähnlich, warum sollten dann nicht auch nur geringfügig von einander abweichende menschenähnliche Kreaturen gleichzeitig auf verschiedenen Schauplätzen der Erde auftreten? Und warum sollten sich schließlich nicht auch Organismen auf anderen Planeten zu menschenähnlichen Wesen entwickeln, natürlich unter der Voraussetzung einer ähnlichen Abfolge von Ereignissen? Wahrscheinlich ist ungefähr eben dies auf jenen drei voneinander getrennten Miniplaneten der Erde – den Kontinenten – geschehen.

Es sieht so aus, als wären z. B. die Halbaffen Südamerikas unter anderen derartige Kandidaten gewesen. Kleinen Lemuren nicht unähnlich und schon auf Bäumen lebend, entwickelten sich diese Halbaffen zu immer unterschiedlicheren Arten bis hin zu den späteren Affen Südamerikas, die mit Greifschwänzen ausgestattet sind. Unter den Bedingungen einer genügend langen Entwicklungsspanne und einer ununterbrochenen Isolation hätten sie durchaus den Weg zu mehr oder minder menschenähnlichen Lebewesen beschreiten können. Es ist so gut wie sichergestellt, daß allein das Erscheinen des Menschen auf der südamerikanischen Bühne eine solche Chance endgültig vereitelt hat.

Es ist durchaus denkbar, daß der südamerikanische Kontinent für die Entwicklung eines weiteren menschenähnlichen Lebewesens nicht groß genug war. Das kleinere Australien zum Beispiel ließ mögliche Kandidaten überhaupt nicht zu. Der heutige Koalabär kann kaum als potentieller Bewerber angesehen werden, obwohl letztlich nichts unmöglich ist, wenn man die Millionen und Abermillionen von Jahren bedenkt, die für die Evolution zur Verfügung stehen, um aus einfachen Lebewesen höhere Lebewesen zustandezubringen. Auch wäre es möglich, daß zur Entstehung menschenähnlicher Affen größere Dimensionen und eine größere Zahl verschiedener Lebensräume erforderlich sind, wie sie etwa der afroasiatische Schauplatz bot. Vermutlich gab es hier mehr Möglichkeiten für Anpassungsprozesse, zusätzlich in einem größeren Aktionsradius. So wissen wir, daß vor rund 20 Millionen Jahren zahlreiche Affenarten in den Wäldern Asiens und Afrikas verbreitet waren.

Aus diesen Affen entwickelten sich nach und nach eine Anzahl vormenschlicher Arten. Lange Zeit durchstreiften sie den Kontinent, bis schließlich vor einer Million Jahren eine besondere Spezies, unsere unmittelbaren Vorfahren, die Oberhand gewann. „Wir sind die Überlebenden", wie Dr. Berrill feststellte, „in jeder Gruppe überleben von all den vielen Arten immer nur einige wenige."

Doch erst während der letzten Million von Jahren wurden jene Affen menschenähnlicher, und erst in den letzten hunderttausend Jahren hat der Mensch zu seiner heutigen Gestalt gefunden.

Der Mensch war indessen nicht der einzige Anwärter für die Position eines hochintelligenten Lebewesens auf der Erde. Ganz offensichtlich führen verschiedene Wege zu hoher Intelligenz. Nehmen wir einmal an, jene Fische im Paläozoikum wären niemals gezwungen gewesen, Landbewohner zu werden, jene seichten Teiche nie entstanden, und alle Fische wären in Flüssen oder Ozeanen geblieben und hätten sich nicht aufs trockene Land gewagt. Das hätte bedeutet:

Legionen anderer Kandidaten hätten dann bereitgestanden, um aus den Meeren aufzutauchen: Insekten, Krebse, sogar der Krake. All diese hätten durchaus zu weit intelligenteren Wesen heranreifen können.

Was die besondere Form von Intelligenz betrifft, die wir mit Affen, Delphinen und Walen gemeinsam haben, so wird sie durch eine in hohem Maße ausgeprägte Mobilität ermöglicht. Die Entwicklung eines gut funktionierenden Gehirns scheint eng mit einer besonders aktiven und „explorativen" Lebensweise verbunden zu sein – gleichgültig ob es sich um Säugetiere, Insekten oder Weichtiere handelt.

Unter solchen Lebensbedingungen erreichen unzählige Sinneseindrükke zu gleicher Zeit das Gehirn und erzeugen dabei einen Zustand der Erregung; der Reihe nach geben die Sinneseindrücke ihrerseits Impulse für die Entwicklung kleiner Nervenzentren zu großen Gehirnen und entsprechenden Aktivitäten.

Auf welche Weise Kreaturen wie Insekten und Weichtiere sich zu intelligenten Lebewesen hätten entwickeln können, wird im 6. Kapitel genauer erforscht werden. Im jetzigen Zusammenhang wollen wir nur erwägen, was auf der Erde hätte geschehen können – *nachdem* aus jenen Fischen des Paläozoikums Amphibien und später Reptilien und Säugetiere geworden waren. Dabei gehen wir einmal davon aus, daß die Fische ihren Weg aufs Land gefunden hätten, sei es durch Zufall oder gezwungenermaßen.

Normalerweise bringen wir die menschliche Intelligenz und den zweibeinigen aufrechten Gang des Menschen mit seinem Abstieg von den Bäumen in Verbindung. Die gesamte stammesgeschichtliche Entwicklung zum Menschen fing indessen, wie man vermutet, damit an, daß ein spitzmausähnliches Säugetier an einen Baumstamm gelangte. Dieser Säuger kletterte allmählich auf Bäume, wurde im Laufe der Evolution immer größer, entwickelte geschickte Hände, räumliches Sehen, Wahrnehmung von Farben sowie nach und nach ein großes Gehirn.

Da die weite, offene Steppe mit ihrem Nahrungsreichtum äußerst verlockend war, richtete sich der Vorfahre des Menschen von seinen vier Beinen in die Höhe und befreite sich so allmählich von der totalen Abhängigkeit des Geruchssinns, die so viele Tiere an den Boden fesselt.

In Gruppen von Jägern und Nahrungssammlern machten sich die Vorfahren des Menschen auf ihren Weg, und damit begann über Jahrmillionen ihr Treck zu Wolkenkratzer-Städten und Atombomben. Jetzt winken die Sterne.

Der Mensch mag glauben, daß er für diese Rolle ausersehen war, doch ein Blick auf jenen Zweig des Säugetier-Stammbaums, von dem aus der Mensch sich entwickelte, zeigt, daß ebensogut ein anderer Kandidat für den Zweig des hochintelligenten Wesens zur Disposition stand: die Fledermaus.

Obwohl Mensch wie Fledermaus vom selben spitzmausähnlichen Säugetier abstammen, entwickelte die Fledermaus Flügel aus Flughäuten zum Zweck des Fliegens anstelle von Armen und Händen, die geeignet wären, um von Ast zu Ast zu springen.

Die Fledermaus hätte die Spitze der Evolution erklimmen können, wenn durch geologische und klimatische Veränderungen auf der Erde ein Flügelwesen begünstigt worden wäre, anstelle eines aufrecht gehenden Affen. Hätte es zum Beispiel niemals die offenen Regionen der Savannen gegeben, wäre unter Umständen mittels natürlicher Auslese die Fledermaus dem Affen vorgezogen worden. (Vgl. Abbildung auf S. 75)

Es besteht kein Grund zur Annahme, daß die Fledermaus nicht beträchtlich größer hätte werden können als sie heute ist, und daß sie keine höhere Intelligenz hätte entwickeln können, mit deren Hilfe sie in der Lage gewesen wäre, in kolonialer Form zu leben, einfache Wohnstätten zu errichten und vielleicht sogar Musikinstrumente zu erfinden.

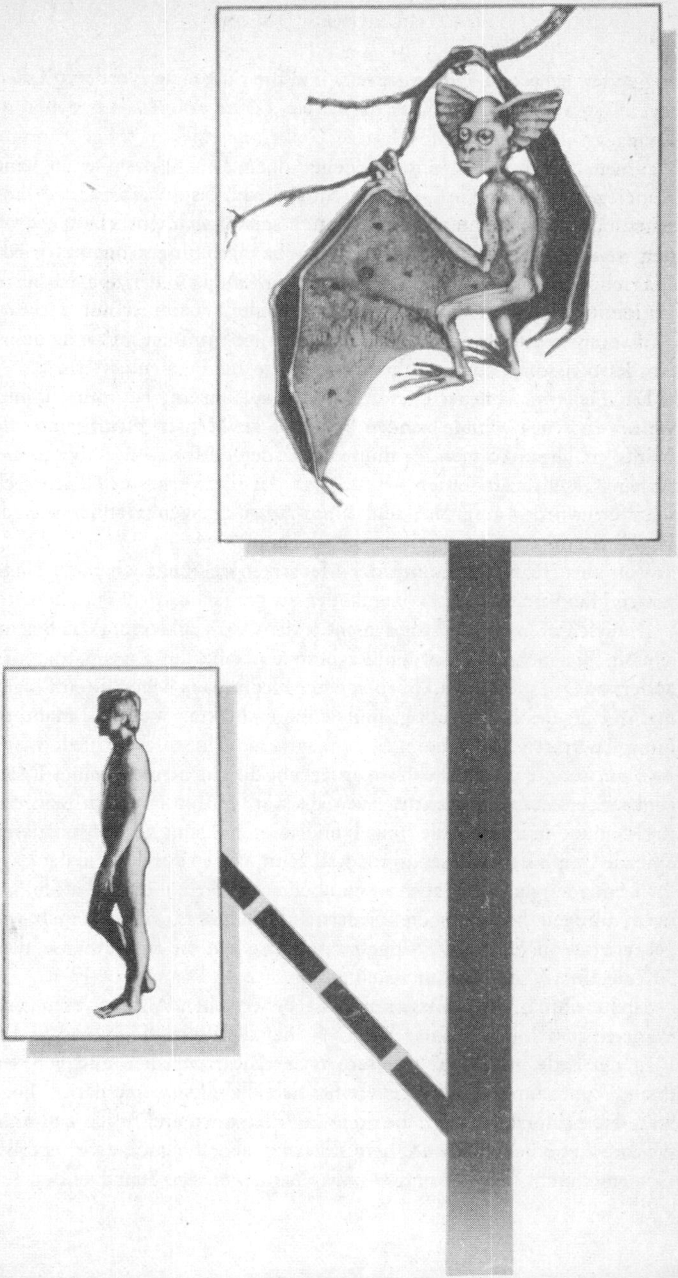

Bei den irdischen Fledermäusen, sind die Finger der vorderen Gliedmaßen so verlängert, daß sie die zarten Häute stützen, aus denen die Flügel gebildet sind. Zum Greifen bleibt nur ein kurzer, gekrümmter Daumen, während die hinteren Zehen dazu dienen, das Tier in seiner Ruhelage, mit dem Kopf nach unten hängend, festzuhalten. Auch zwischen den beiden hinteren Extremitäten spannt sich eine Haut, die von den weiblichen Fledermäusen zum Tragen ihrer Jungen benutzt wird.

Doch trotz ihrer begrenzten Nutzungsfähigkeit der spezialisierten Extremitäten bauen sich einige kleine Fledermäuse hier auf der Erde höchst ungewöhnliche Zufluchtsstätten; einige tropische Arten modellieren beispielsweise zeltähnliche Unterkünfte aus Palmenblättern.

Ein Fledermausmensch etwa, wie der auf unserer Farbtafel, könnte vieles von dem zustande bringen, was auch ein Mensch vermag; überdies würde er fliegen können. Er müßte nicht den Aufbau einer hochtechnisierten Gesellschaft leisten – was er in der Tat vermutlich auch nicht schaffen würde, aufgrund seiner nur zweifingrigen Hände, was die Handhabung von Gegenständen erschwert.

Von allen Primaten ist nur der Mensch in der Lage, einzelne Finger seiner Hand unabhängig voneinander zu gebrauchen – Menschenaffen und auch Affen können dies nicht. Auf einem anderen Planeten mit Wesen, die mehr als fünf Finger besitzen, sähe die Lage naturgemäß anders aus. In diesem Fall blieben einer Fledermaus neben ihren Flügeln noch genügend Finger übrig, um sie in geschickter Weise als Hand bei komplizierteren Verrichtungen einzusetzen. Ein solcher Fledermausmensch könnte durch die Nase sprechen, die die Struktur eines Rundfunksenders entwickelt hätte. Ebenfalls wäre es ihm möglich, Körbe zu flechten und in ihnen seine Jungen und seine Nahrung zu transportieren. Wie die Delphine beweisen, sind intelligente Wesen durchaus in der Lage, ihr Leben zu genießen, auch ohne hochtechnisierte Gesellschaften.

Im übrigen haben es die Fledermäuse auf der Erde ziemlich weit gebracht: Von rund 4300 Säugetierarten machen die Fledermäuse allein 900 aus, in 17 Familien unterteilt.

Nicht einmal Vögel lassen sich als beherrschende Lebewesen eines Planeten ausschließen. Tatsächlich scheinen die Vögel die Bühne auf dem Planeten Erde nach dem Aussterben der Riesenreptilien und vor dem ersten Aufkommen der Säugetiere für sich allein gehabt zu haben. Folge war, daß zahlreiche Vögel, die ursprünglich Samen und Früchte pickten, weithin zu bodenlebenden Organismen wurden, die infolge ihres großen Gewichts nicht fliegen konnten und überdies riesige Schnäbel besaßen, möglicherweise, um sich von kleineren Reptilien, Fischen und größeren Insekten ernähren zu können. Wären sie nicht durch beutegierige Säugetiere bedroht und zum Kampf herausgefordert worden, hätten die Vögel Herrscher der Erde werden können.

Sie hätten sich überdies noch weiter differenzieren können, als sie es tatsächlich getan haben; läßt man einmal die Raubvögel außer acht, hätten sie ihre Eier überall frei in Nester zu ebener Erde legen können. Ebenso hätte eine den Placentaliern ähnliche Fortpflanzungsart zweifellos das Ausbrüten von Eiern verdrängt.

Insekten ließen sich auf einem Planeten mit Vögeln nicht ausschließen, vielleicht gäbe es sie nur in geringerer Zahl und in weniger Arten; denn sie würden von Vögeln erbarmungslos gejagt werden. Es ließe sich zweifellos eine Situation vorstellen, zur Zeit des erdgeschichtlichen Erscheinens der Vögel, in der die Insekten mit ihnen um die Vormachtstellung auf dem Planeten stritten; um dann jedoch bald von ihren größeren Rivalen besiegt und zu einem Schattendasein verurteilt zu werden.

Wenn Vögel zu den Herrschern der Erde aufstiegen, würde auch ihr Wachstum in die Höhe schnellen. Doch selbst ohne eine solche Vorherrschaft haben es einige Vögel zu eindrucksvoller Größe gebracht. Im Jahr 1980 entdeckten Wissenschaftler in Argentinien Fossilien des größten, bisher bekannten Flugvogels. Es war das Teraton (griech.: „Wunder“) mit einer Körperlänge von über 1,80 Meter, wog 148 Pfund und hatte eine Flügelspannweite von 8 Metern. Man nimmt an, daß das Teraton erst vor 10000 Jahren ausgestorben ist. Zum Vergleich: Der größte, heute existierende Vogel, der Kondor der Anden, wiegt rund 31 Pfund und hat eine Flügelspannweite von über 3 Metern.

Zu den beeindruckendsten und längst ausgestorbenen sekundär flugunfähigen Vögeln gehört der Elefantenvogel aus Madagaskar, der wie eine riesenhafte Gans aussah, eine Körperlänge von 4 Metern erreichte und dessen Weibchen 8 Kilogramm schwere Eier legte. Der neuseeländische Moa ragte ebenfalls bis zu 4 Metern in die Höhe, glich aber eher einem Strauß.

Wie man am Beispiel der Papageien sieht, besitzen Vögel auch die Fähigkeit zum Sprechen. Würden sie Gehirne entwickeln, die es ihnen ermöglichten, verbale Kommunikation nutzbringend anzuwenden, würde daraus vermutlich ein hoher Grad von Intelligenz resultieren. (Vgl. Farbtafel). Wenn sie es auch nicht zu geschickten Werkzeugfabrikanten und Technikern bringen könnten – es sei denn, sie entwickelten ihre Flügel zu armähnlichen Extremitäten –, so zeigen die Vögel auf der Erde doch ein bemerkenswertes Geschick beim Bauen, indem sie ihre Schnäbel und Füße zu Hilfe nehmen.

Webervögel liefern hierfür ein Beispiel: Sie nehmen Grashalme und Teile von Palmwedeln, binden sie um Zweige, und verweben diese zusätzlich mit dünnen Teilstücken zu birnenförmigen Hängenetzen, die mit einer verlängerten Öffnung herabhängen. An Geschicklichkeit kann es der Webervogel mit jedem Korbflechter aufnehmen: Mit seinem Fuß hält er das Gewebe fest, zieht die losen Enden durch die Maschen und verknotet sie schließlich mit Hilfe seines Schnabels.

Einige Vögel besitzen einen hochentwickelten Schönheitssinn. Die männlichen Laubenvögel in Australien und Neu Guinea beispielsweise errichten kleine Heimstätten auf dem Waldboden, in die hinein sie die Weibchen zu locken versuchen, um sich mit ihnen zu paaren. Die „Laube" ist in der Art eines Nestes gebaut, mit einem Dach aus Zweigen und Gras, und das Männchen schmückt sie vortrefflich mit bunten Beeren, blau schillernden Käfern, gelben Blumen, Muschelstückchen und sogar Glasperlen und Flitterfäden, wenn es sie finden kann. Einige Laubenvögel Australiens malen sogar das Innere ihrer Balzlaube mit dem Saft von Blaubeeren aus, die sie mit ihrem Schnabel zerdrücken. Dann picken sie ein Stück Baumrinde heraus und benutzen dieses als Pinsel, um den Saft über die Wände zu verteilen.

Solche Tätigkeiten geben in etwa eine Vorstellung vom Ausmaß der speziellen Entwicklungsmöglichkeiten bei Vögeln. Trotz ihrer physischen Behinderungen könnten sie, wenn sie größer und geschickter würden, neugierig darauf werden, die Sterne kennenzulernen.

Eine andere Möglichkeit, die der Entwicklung des Menschen einen Riegel vorgeschoben hätte, wäre das Auftauchen eines intelligenten Reptils gewesen. Was wäre, wenn das Zeitalter der Reptilien, das vor 200 Millionen Jahren begann, nie geendet hätte? Warum es überhaupt dazu kam, wissen wir nicht, obwohl hierüber kein Mangel an Vermutungen besteht (vgl. Kapitel 5). Hätten die Reptilien sich weiterentwickelt, so wäre den Säugetieren kaum eine Chance geblieben, über das Stadium einer Spitzmaus hinauszugelangen.

Andererseits hätten die Reptilien zweifellos intelligenter werden können, als sie es tatsächlich wurden. Selbst die eher primitiven Reptilien, die die Erde bevölkerten, besaßen eine Veranlagung zu höherer Intelligenz. Einige bewegten sich bereits auf zwei Hinterbeinen und bewiesen damit schlagend, daß es auch – ohne die Vorstufe eines Affen zu passieren – möglich war, als Zweibeiner zu existieren. Ihre vorderen Extremitäten waren überdies mindestens ebenso gelenkig wie die des Eichhörnchens. In diesem Zusammenhang hat ein kanadischer Wissenschaftler die Meinung geäußert, einige jener urweltlichen Reptilien seien wendig genug gewesen, um auf ihre Feinde Steine schleudern zu können. (Vgl. Farbtafel).

Die noch weitgehend ergänzungsbedürftigen Fossilfunde aus unserer Erdgeschichte bieten schmerzliche Einblicke in die Art und Weise, wie sich Reptilien zu intelligenten Wesen mit aufrechtem Gang hätten entwikkeln können. Dr. Dale A. Russell, Direktor der paläobiologischen Abteilung des kanadischen Nationalmuseums für Naturwissenschaften in Ottawa, führt dazu aus:

„An einem bewölkten Augusttag führte mich ein Farmer aus dem Westen Kanadas zu den Knochenresten eines kleinen Dinosauriers, der vor 75 Millionen Jahren in Alberta gestorben war. Das Tier hatte offensichtlich einen aufrechten Gang und besaß Hände mit drei Fingern, wobei der äußere Finger die beiden anderen wie ein Daumen abschloß. Die Augen waren groß und lagen auf der Vorderseite des Schädels; sie wiesen auf die Fähigkeit zu räumlichem Sehen hin. Bezeichnenderweise waren die Gehirnhemisphären deutlich vergrößert; sie übertrafen vergleichsweise die aller lebenden Reptilien und glichen denen einiger Säugetiere. Dieser kleine Dinosaurier war ein offenkundiger Beweis für die weitverbreitete Tendenz lebender Organismen, im Laufe geologischer Zeiten eine immer höhere Intelligenz zu erreichen."

Interessanterweise kam kürzlich bei einer mit Hilfe eines sowjetischen Computers simulierten Evolution von Landtieren als beherrschendes Lebewesen ein in höchstem Maße aktives und intelligentes Reptil zum Vorschein, das sich ohne Schwanz auf Hinterbeinen fortbewegte und äußerst geschickte Hände besaß. Wie das Simulationsexperiment weiterhin zeigte, waren seine Abkömmlinge mittelgroße Reptilien mit aufrechtem Gang, die einen Pelz anstelle eines Schuppenpanzers trugen. Und tatsächlich lebte einst ein menschengroßes säugetierähnliches Reptil, der Cynognathus, auf der Erde – offensichtlich auf dem Weg zu einer höheren und intelligenteren Entwicklung; doch anders als beim Simulationsexperiment bewegte er sich auf allen Vieren. Unser Bild auf S. 80 zeigt ein intelligentes Reptil, das gerade dabei ist, den Platz des Menschen auf dem Baum der Evolution zu besetzen.

Als Kaltblüter wären die Reptilien gezwungen, sich neu zu organisieren, um ein größeres Gehirn ausbilden zu können. Ihre grobe, unempfindliche Haut müßten sie zwecks besserer Temperaturregulierung able-

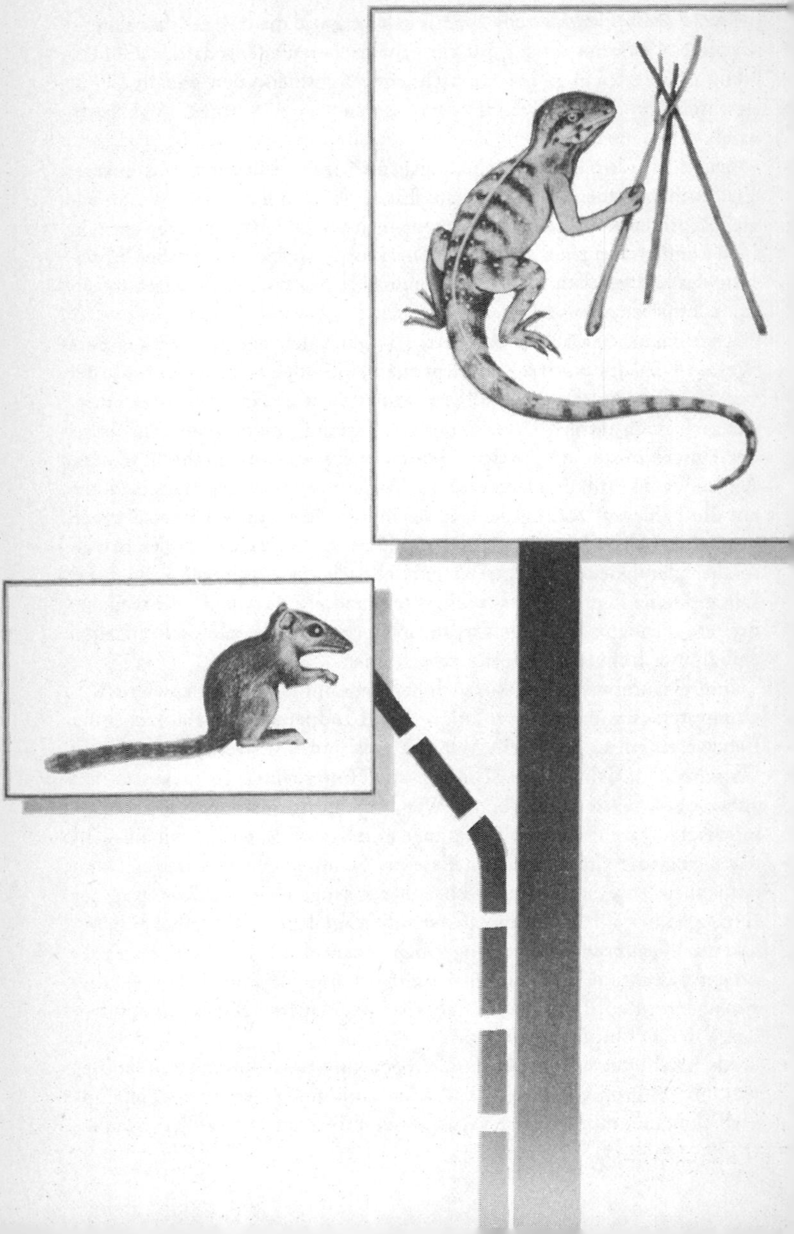

gen. Anders als Säugetiere besitzen Reptilien jedoch keine inneren Temperaturregler. Zur Kontrolle ihrer Körperwärme kriechen oder laufen sie vom Schatten in die Sonne. Ihr Schuppenpanzer erlaubt es ihnen nicht, daß sie sich durch Atmung abkühlen. Im Gegenteil: Ihre Schuppen dienen dazu, einen zu großen Wasserverlust durch Verdunstung zu vermeiden.

Die Eigenschaft der Kaltblütigkeit mag von Vorteil sein, wenn es um den Vorteil geht, mit relativ wenig Nahrung auszukommen. Einige Schlangen zum Beispiel ringeln sich um Baumäste und verharren wochenlang in dieser Lage. Aber wenn es um das Wachstum eines großen intelligenten Hirns geht, so ist kaltes Blut offenkundig von Nachteil, denn in diesem Fall bedarf es eines überaus lebhaften Stoffwechsels. Mit anderen Worten: Um den Sprung zum hochintelligenten Lebewesen zu schaffen, müßte der Stoffwechsel der Reptilien bei weitem reger sein. Man könnte auch sagen: Sie müßten menschenähnlicher, „homonoider", oder zumindest in ihrem Äußeren den Säugetieren ähnlicher werden. (Vgl. Farbtafel). Aus einem solchen neu organisierten Reptil könnte ein pseudo-menschliches Wesen entstehen, allerdings ohne das Privileg, auf Bäumen umhergeklettert zu sein.

Unzweifelhaft könnte eine solche Umorganisation eines Reptils auf anderen Planeten stattfinden. Neugestaltung gehört zu den Stärken der Evolution. Sie verwendet verfügbare Bauelemente mitsamt einer vorgegebenen Ausstattung, und durch unvorstellbare Zeiten arbeitet sie unentwegt an der Umformung einzelner Elemente und Strukturen, wobei sie ihnen Neues hinzufügt und alte Bausteine in neuer Weise verwendet.

Ein in dieser Hinsicht herausragendes Beispiel ist das menschliche Ohr; es enthält Bestandteile, die ursprünglich wenig oder nichts mit dem Hören zu tun hatten. Die einzelnen Teile dieses Mosaiks aus Membranen, Knochen und Gängen, das unser Ohr bildet, gehen u. a. auf ein bestimmtes Gleichgewichtsorgan bei kieferlosen Fischen zurück, die Kiemen, wie auch auf gewisse Knochen in Rachen und Kiefer der ersten Reptilien.

Als Endresultat – dabei ist noch einmal zu betonen, daß die Natur alle Entwicklungsmöglichkeiten nutzt und mit dem ihr verfügbaren Material arbeitet – entstand das Ohr der Säugetiere, mit einer zwar komplexen, doch funktionsfähigen Struktur.

Nicht nur einzelne Organe, sondern ganze Tiere wurden auf diese Weise in neue Formen gegossen, um ihre neuen Umwelten erobern zu können.

Delphine und andere Wale sind hier an erster Stelle zu nennen. Beide sind Säugetiere und vermutlich auf tollpatschige hundeähnliche Landtiere zurückzuführen, die Creodonta, die zu einer primitiven räuberischen Säugetier-Gruppe gehörten.

Zu der Zeit, als diese urweltlichen Säuger sich nach und nach in Fledermäuse, Maulwürfe und Menschenaffen differenzierten, bevorzugten Delphine und Wale den „Weg zurück", das heißt, sie wurden zu Säugetieren, die ins Meer zurückkehrten.

Wäre es denkbar, daß sie erneut aufs Land zögen und eine noch höhere Intelligenzstufe erreichten?

Würde man die Evolution zurückdrehen, nähme es unvorstellbare Zeiträume, vielleicht an die 100 Millionen Jahren, in Anspruch, ehe sich die Flossen der Delphine erneut zu Beinen umgebildet hätten, die sie einst waren.

Die Embryos der Delphine und Wale zeigen noch Ansätze von vier Extremitäten. Normalerweise bilden sich die beiden hinteren während des Wachstums im Mutterleib wieder zurück. Gelegentlich jedoch wird ein Delphin oder Wal mit verkümmerten Armen geboren; sie weisen darauf hin, daß ihre Vorfahren vier Beine besaßen.

Es wäre für den Seehund weitaus einfacher, wenn er sich wieder ganz aufs Land begäbe, um dort erneut in jenes hundeähnliche Wesen verwandelt zu werden, das er einst war, und dem er noch heute in auffallender Weise ähnelt. Der Seehund ist nicht so intelligent wie der Delphin; man hat oft beobachtet, wie Seehunde von Delphinen gefoppt wurden, wobei man nicht einen Augenblick an der Überlegenheit der Delphine zweifeln konnte.

Die Flossen des Delphins haben sich wahrscheinlich zu weit spezialisiert, als daß sie jemals wieder zu Beinen umgebildet werden könnten. Sollte der Delphin jedoch aufs Land zurückkehren, könnte er aufgrund seines riesigen Gehirns zum beherrschenden Lebewesen eines Planeten werden.

„Wenn man bedenkt, daß aus einer Fischflosse ein Bein wurde, das sich in der Zwischenzeit in eine Delphinflosse zurückverwandelt hat, wird man schwerlich behaupten können, daß nicht auch eine Delphinflosse im Verlauf einer sehr langen Zeit wieder die Form eines Beines annehmen könnte; vorausgesetzt, das Tier hätte die Chance, das Wasser zu verlassen", – so Dr. Berrills Auffassung.

Wie unsere Abbildung auf S. 83 zeigt, wären die Delphine gezwungen, ihren Körperbau bis zu einem gewissen Grad zu verändern, wenn sie eine solche Rückkehr anträten; ebenso mußten sich auch die Reptilien gegenüber ihren entfernten Vorfahren, den Fischen, verändern und ihre Kopfgestalt dem neuen Nahrungsangebot anpassen.

Einige Wissenschaftler sind der Meinung, daß der Delphin selbst in seinem heutigen Entwicklungsstadium an zweiter Stelle der Intelligenz steht und unter Umständen die menschliche Intelligenz sogar übertrifft. Gewiß, diese Auffassung ist bislang noch nicht zu jedermanns Zufriedenheit erhärtet worden; gleichwohl wimmelt es von Anekdoten über die außerordentliche Intelligenz der Delphine und ihre beinahe menschlichen Verhaltensweisen.

Da kursiert zum Beispiel die bemerkenswerte Geschichte über einen Delphin namens Donald, der sich in den frühen 70er Jahren in den Gewässern nahe der Isle of Man herumtrieb. Donald stellte nicht nur seinen Spieltrieb zur Schau, den man gewöhnlich mit Delphinen in Verbindung bringt, sondern gleichzeitig den lebhaftesten Übermut. Einmal machte er sich daran, eine Yacht aus dem Hafen der Insel wegzuziehen, indem er einfach den Anker ins Schlepptau nahm. Bei anderer Gelegenheit geriet Donald in ungewöhnlich heftige Aufregung, nachdem ein Wissenschaftler seiner weiblichen Mitarbeiterin einen schweren Stein auf den Schoß gelegt hatte, um sie auf dem Meeresgrund photographieren zu können. Donald dachte offensichtlich, die Frau sei in eine Falle geraten und versuchte unentwegt, den Stein mit seiner Schnauze von ihrem Schoß wegzustoßen. Erst als die Wissenschaftlerin selbst den Stein entfernte, an der Seite ihres Kollegen zu einem Boot schwamm, dann auf den Meeresboden zurückkehrte und sich eigenhändig den Stein auf die Knie legte, wurde Donald langsam ruhiger.

Donald zeigte noch weitere, überaus fesselnde Eigenschaften. Bisweilen pflegte er an abgelegene Küstenplätze zu schwimmen, wo er müßig herumlungerte, als wolle er dem rhythmischen Geflüster der Kiesel lauschen, die von den Wellen hin und her bewegt wurden.

Ein ähnliches Verhalten läßt sich häufig bei einer bestimmten Delphinart beobachten, die im Pazifik lebt. Ihr Spiel gleicht einem komplizierten Wassertanz, bei dem zwei Tiere in die Luft springen und im gleichen Rhythmus umeinander wirbeln, wobei sich ihre Flossen leicht berühren; diesen genau aufeinander abgestimmten Tanz vollführen sie offenbar aus reinem Spaß an der Sache.

Wenn Donald in seichten Gewässern unter anderen Schwimmern sein Spiel trieb, achtete er sorgsam darauf, die anderen nicht zu berühren oder gegen sie zu stoßen, als wisse er, daß seine 270 Pfund Gewicht Unheil anrichten könnten.

Jene Wissenschaftler, die Donald beobachteten, folgerten daraus, daß seine schnellen und scharfsinnigen Reaktionen sich nur mit Bewußtseinsvorgängen vergleichen ließen, die herkömmlicherweise ausschließlich dem Menschen zugesprochen werden.

Bei einem systematischeren Forschungsexperiment, in dessen Verlauf eine künstliche Sprache zur Verständigung zwischen Delphinen und Menschen entwickelt werden sollte, lehrten Wissenschaftler die Delphine, bestimmte Aufgaben zu erfüllen, wobei sie ihnen 25 verschiedene „Wörter“ in unterschiedlichen Satzkonstruktionen vorgaben. Bei einem an der Universität von Hawaii durchgeführten Experiment lernte ein Delphin mit Hilfe der künstlichen Sprache Gegenstände wie Bälle und Ringe deutlich zu benennen. Daraus haben jene Forscher geschlossen, Delphine seien fähig, die abstrakte Bedeutung von Wörtern zu verstehen; sie gaben nämlich selbst dann richtige Antworten, wenn die bekannten Wörter innerhalb neuer Sätze auftauchten.

Wenn es ihm befohlen wird, trägt ein Delphin einen Ball in ein Tor am anderen Ende des Wasserbeckens. Delphine sind in der Lage, zwischen rechts und links zu unterscheiden, und auf spontanen Befehl bewegen sie sich sofort in die neue Richtung.

Als einem Delphin auf Hawaii beigebracht wurde, einen Menschen anstelle eines Balls durch einen Reifen zu stoßen, tat er dies ohne Zögern; Wissenschaftler vermuteten daher, er habe die generelle Bedeutung von „durch“ sehr wohl begriffen.

Was viele Wissenschaftler fasziniert, ist das übermäßig große Gehirn der Delphine, das im Durchschnitt die Größe des menschlichen Gehirns übertrifft. Sie vermuten, daß es außer der Funktion eines Sonarsystems, mit dessen Hilfe die Delphine ihre Beute orten und sich vor Räubern wie dem Haifisch schützen, noch weiteren Zwecken dient. Sogar philosophische Eigenschaften werden dem Gehirn der Delphine von seiten einiger Wissenschaftler zugeschrieben.

Es ist nach den Worten Dr. Berrills immer noch rätselhaft, „wie der Tümmler*) – ohne ein Leben auf Bäumen hinter sich zu haben, ohne eine Vergangenheit als zweibeiniger Jäger auf den Ebenen eines Kontinents – es dennoch geschafft hat, ein Gehirn zu entwickeln, das in seiner Komplexität dem des Menschen gleicht. Das beweist, daß wir nicht nur von menschlichen Erfahrungen ausgehen dürfen. Es können folglich große und intelligente Hirne auch bei solchen Lebewesen entstehen, die eine andere Geschichte als wir durchlaufen haben.

Es fällt mir schwer einzusehen, wozu der Tümmler ein so großes Gehirn benötigt, angesichts seines eher begrenzten Lebensraums. *Wir* hingegen werden durch eine ungeheure Vielfalt von Sinneseindrücken in einem äußerst komplizierten Universum ständig angeregt. Im Wasser aber gibt es außer den eigenen Geräuschen und denen der Artgenossen

*) Die Bezeichnungen „Delphin“ und „Tümmler“ werden oft synonym verwendet, obwohl der Delphin den Tümmler an Körpergröße überragt. Beide gehören zur Familie der Delphinidae.

nicht viel zu hören. Und auch zu sehen bleibt wenig, denn die Sichtweite ist selbst bei guten Augen ziemlich begrenzt. Und trotzdem haben Tümmler ein so gewaltiges Gehirn entwickelt.

„Die Frage ist", wie Berrill hinzufügt, „warum der Tümmler ein solches Riesengehirn entwickelt hat, und wozu er es braucht. In *unserem* Fall haben wir es mit intellektuellen Leistungen zu tun, die der evolutionäre Prozeß in keinem seiner Stadien vorgesehen hatte; Beispiele sind etwa die Musik und Astrophysik. Sie fallen völlig aus dem Rahmen. Ich glaube nicht, daß es sich hierbei um gewöhnliche Zufälle handelt. Ich bin der Meinung, daß so etwas genau dann passiert, wenn die Evolution jener Substanz, die wir Gehirn nennen, über einen bestimmten Punkt hinausgeht. Das Universum, von dem wir und unsere Artgenossen ein Teil sind, fängt gerade erst an, seiner selbst und alles übrigen bewußt zu werden."

Interessanterweise sind die Gehirne von Delphinen und einigen anderen Walen aus der Ordnung der Cetacea an den Stellen vergrößert, die nichts mit dem Sonarsystem zu tun haben, sondern das Gedächtnis, gezieltes Handeln und zukünftige Eventualitäten betreffen. Ein Vergleich des menschlichen Gehirns mit dem des Delphins zeigt, daß die Großhirnrinde, die bei komplizierteren Denkprozessen aktiviert wird, bei ihm ausgeprägter ist. Kurz, die Delphine besitzen ein menschenähnliches, wenn auch größeres Gehirn.

Hinzu kommt, daß die Wale und Delphine mit ihren großen Hirnen schon weitaus länger existieren als wir, vielleicht bereits seit 50 Millionen Jahren, während das menschliche Gehirn erst 150000 Jahre alt ist. Daher hatten sie wesentlich mehr Zeit, ihr Gehirn zu trainieren.

Die Ansicht, der Delphin gebrauche seinen Kopf noch zu anderen Zwecken als dem, Echolaute zu orten, wird zusätzlich durch die Leistungen der Fledermäuse gestützt; obwohl diese kein schlechter ausgebildetes Sonarsystem besitzen als Delphine und Wale, funktioniert es auch bei einem relativ kleinen Gehirn.

Ein Grund für die großen und hoch entwickelten Gehirne der Delphine und anderer Wale könnte darin liegen, daß die Schallübermittlung ihnen unzählige verschiedene und bemerkenswerte Dienste leistet; sie ermöglicht ihnen nicht nur, Gegenstände und Aufenthaltsorte ihrer Nachbarn zu identifizieren; sie dient gleichermaßen dazu, Gefühle durch Laute statt Körperbewegungen auszudrücken.

Was die Sprache der Delphine, das „Delphinesische" betrifft, so halten es einige Wissenschaftler für erwiesen, daß ihr eine Zusammensetzung und Verarbeitung „akustischer Bilder" zugrunde liegt; sie damit eine

Struktur aufweist, die von menschlichen Sprachen grundlegend abweicht, denn diese operieren vorwiegend mit visuellen und gedanklichen Bildern.

Der Gehörsinn der Delphine ist so hoch entwickelt, daß sie buchstäblich durch Gegenstände hindurch „sehen“ können; sie nutzen den Schall beinahe ebenso, wie Radiologen Röntgenstrahlen verwenden, um durch den Körper sehen zu können.

Im Wasser übertragene Schallwellen dringen durch Haut, Muskeln und Fett und werden von Luftkammern und Knochen zurückgeworfen. Der „Sender“ eines Delphins erhält ein annähernd genaues Bild von den Körperkonturen eines anderen Delphins, indem der erste Laute ausstößt, die vom Körper seines Freundes abprallen. Besonders deutlich zeichnen sich dabei die Atemwege ab, Lungen und Luftkammern im Schädel, und ebenso Zähne und Knochen. Der Delphin kann sogar erkennen, ob der andere etwa an Luftblasen im Magen leidet. Dies vermittelt eine Vorstellung davon, in welcher Weise einzelne Sinnesorgane bei Lebewesen auf anderen Planeten entwickelt sein könnten, und zwar in Richtungen, die für uns unerreichbar sind.

Wenn sie ihren Gefühlen Ausdruck geben wollen, benutzen Delphine vermutlich einen bestimmten Kode der Lautübermittlung; sie verlassen sich weder auf Veränderungen des Gesichtsausdrucks, noch auf schrille Töne oder andere Mittel, die gewöhnlich vom Menschen angewandt werden. Das Lachen oder Weinen eines Delphins kann durch solche verschlüsselten Signale übertragen werden; ein derart befremdliches Kommunikationssystem also, wie wir es uns kaum vorstellen können – und doch eines, das wir entschlüsseln müssen, wenn wir Sprachen außerplanetarischer Lebewesen mit einiger Aussicht auf Erfolg dechiffrieren wollen.

Einige Wissenschaftler dagegen nehmen an, die Intelligenz der Delphine sei kaum höher zu veranschlagen als die von Hunden. Sie behaupten, menschliche Verhaltensweisen von Delphinen, wie etwa die Rettung Ertrinkender, bewiesen nichts anderes als den mütterlichen Instinkt weiblicher Delphine, die ihre neugeborenen Kälber zu ihrem ersten Atemzug an die Wasseroberfläche stoßen. Da die Delphine unter Wasser nicht atmen können, pflegen sie auch einen bewußtlosen Artgenossen so lange über Wasser zu halten, bis dessen Atmung wieder einsetzt.

Wenn die Delphine so einsichtig und klug sind, warum – so fragen jene Wissenschaftler – kehren sie dann jedes Jahr regelmäßig in dieselben japanischen Gewässer zurück, wo sie von Fischfängern abgeschlachtet werden?

Das Rätsel der Delphine wird sich erst dann lösen lassen, wenn man die komplizierte Sprache ihrer Schnalzlaute, Pfiffe und anderer Geräusche entschlüsselt hat.

Versuche, mit Primaten wie Schimpansen und Gorillas mittels einer Zeichensprache zu kommunizieren, haben bislang nicht zu einem in irgendeiner Weise aufschlußreichen Dialog geführt; einige Wissenschaftler melden seit kurzem berechtigte Zweifel an, ob jene Primaten tatsächlich sprachliche Fähigkeiten beweisen oder lediglich ihr Talent zur Nachahmung vorführen.

Delphine sind indessen weitaus intelligenter als Schimpansen oder Gorillas; unter anderem lernen sie bestimmte Tricks und Kniffe schneller als die lernfähigsten Affen oder Menschenaffen.

Zwar warten wir noch auf jenen entscheidenden Augenblick, die erste wirkliche Gelegenheit, mit einer anderen intelligenten Spezies Verbindung aufzunehmen – doch berechtigt uns die Tatsache, daß eine solche, uns an Intelligenz möglicherweise überlegene Spezies denselben Planeten bewohnt, zu weit gespannten Hoffnungen in bezug auf eine Evolution intelligenter Lebewesen im Weltall Darwins.

Nach allem, was wir über die Evolution des Lebens auf der Erde und die Entstehung von Molekülen im Weltraum wissen, die die Grundlage des Lebens sind, würde die Annahme, wir verkörperten das einzige Leben im Universum, einen Rückfall in den Egozentrismus finsterster Zeitalter bedeuten, in denen man die Erde für den Mittelpunkt des Kosmos hielt und den Menschen zur Krone der Schöpfung erklärte.

Der Artenreichtum tierischen Lebens auf der Erde mit über einer Million laufender, kriechender, springender, schwimmender, fliegender, wühlender, sich ringelnder oder unbeweglicher Arten, deren Größe vom Viertausendstel eines Zentimeters der Malaria-Parasiten bis zu den über 30 Metern der Wale reicht, stellt nur einen Teil des Lebensreichtums dar, der auf der Erde existiert hat oder existiert haben könnte.

Die Möglichkeiten, die von seiten der Evolution tatsächlich genutzt worden sind, machen nur einen winzigen Prozentsatz derjenigen aus, die hätten genutzt werden können. Rund 250000 Arten fossiler Pflanzen und Tiere sind in den Museen der Welt mit Namen versehen, beschrieben und gesammelt worden. Diese ungeheure Menge an Zeugnissen stellt jedoch nur einen Bruchteil der urweltlichen Lebensvielfalt dar.

„Der uns heute bekannte Umfang evolutionärer Veränderungen erlaubt Voraussagen darüber, wieviele Organismen tatsächlich in der Erdgeschichte überliefert sein *müßten*“, so David M. Raup vom Field Museum in Chikago. „Diese Zahl übersteigt mindestens um das Hundertfache diejenige der Zeugnisse, die wir tatsächlich gefunden haben." Das ergibt zusammengefaßt 25 Millionen Arten – allein auf der Erde.

Wenn wir diese Zahl mit den Milliarden belebter Planeten multiplizieren, die andere Sonnen umkreisen, so übersteigt die Gesamtzahl aller kosmischen Organismen jegliche Vorstellungskraft. Wie wir jedoch im nächsten Kapitel sehen werden, unterliegen all diese Lebewesen denselben universalen Gesetzen, die das Universum Darwins beherrschen; daher werden wir sie unschwer als das erkennen, was sie sind: als Leben.

FÜNFTES KAPITEL

Gesetze der Umwelt: Erscheinungsformen des Lebens

Wie können wir sicher sein, daß Lebewesen auf anderen Welten unseren Lebensformen gleichen? Wurde uns nicht oft genug erzählt, der Glaube an ein außerirdisches Leben, das unsrem eigenen ähnelt, sei eine neue Art kosmischer Chauvinismus?

Es sind nicht nur Laien, die von vornherein annehmen, außerirdisches Leben sei ganz anders als unser eigenes. Auch einige Wissenschaftler haben die These vertreten, daß Leben auf anderen Sternen kaum irgendeinem uns bekannten Organismus oder einer uns geläufigen Organisationsform gleicht. Mögliche Wege der Evolution hätten sich dort angeblich anderen Umweltbedingungen anzupassen als auf der Erde.

Laien und Experten sind ganz einfach im Irrtum.

Man betrachte nur einmal, was sich auf der Erde abgespielt hat. Auf Kontinenten, die Tausende von Meilen auseinander lagen und völlig unterschiedliche Umweltbedingungen hatten, entwickelten sich im Laufe der Evolution nicht weniger als drei Arten von Wölfen – zwei gehören zu den Beuteltieren, die andere Art zu den echten Säugetieren; ihre Vorfahren ähnelten zwar einer Spitzmaus, waren aber dennoch nur weitläufig miteinander verwandt. Die Evolution zwang sowohl einem Meeresreptil, dem Ichthyosaurus, als auch einem Meeressäugetier, dem Delphin – dessen Vorfahren einst Landbewohner waren –, auffallend ähnliche Gestalten auf. Zwischen diesen Ereignissen lagen viele Millionen Jahre, doch beide Male ging es darum, die neuen Umweltanforderungen im Meer bewältigen zu können. Beispiele solcher Konvergenzen in Gestalt, Form und Lebensweise gibt es in Hülle und Fülle.

Formen des Lebens

Form und Gestalt unterliegen den allgemeinen Gesetzen der Physik und der Mechanik. Um sich auf dem Land zurechtzufinden, muß ein Lebewesen – insbesondere ein intelligentes – in der Lage sein, seine Umgebung von einer einigermaßen hohen Warte aus zu betrachten; das heißt: es muß nicht nur sehen können, wohin es sich bewegt, sondern auch, wer sich ihm möglicherweise in den Weg stellt. Um zu fliegen, braucht ein Wesen den stromlinienförmigen Körper eines Vogels, in dünnerer Atmosphäre vielleicht den eines Zeppelins. Schwimmen kann es nur, wenn es eine in etwa fischähnliche Gestalt besitzt. Solche Gesetze der Umwelt werden überall im Weltall dieselben sein.

Wo immer sich auch Lebewesen befinden, sie werden mit Schwerkraft, Reibung und Luftwiderständen zu kämpfen haben. Je schneller sie sich fortbewegen, desto ausgeprägter ist auch ihre äußere Erscheinung. Es sind stets dieselben physikalischen Gesetze, die die äußere Gestalt von Fischen, Meeressäugetieren, Seevögeln wie den Pinguinen, Weichtieren wie den Tintenfischen (die übrigens rückwärts schwimmen), beeinflussen und auch den U-Booten, Flugzeugen und Raketenkörpern ihre typische Form geben. Raketen müssen ja bekanntlich durch die Atmosphäre hindurchfliegen. Dr. Berrill brachte diese Probleme für jedermann verständlich auf den Begriff: „Würde man ein Kamel durch ein Nadelöhr ziehen, käme es als Faden heraus – genauso wie alles andere auch. Diesen Aspekt der Evolution halte ich für allgemeingültig."

Aus diesen Gründen müssen alle Bewohner des Darwinschen Universums im großen und ganzen zwar aussehen wie wir, und dennoch anders; so wie etwa ein Känguruh anders aussieht als ein Hirsch oder eine Kuh, obwohl das Känguruh ebenfalls ein Grasfresser ist. Wie wir im Kapitel zuvor gesehen haben, entwickelte es sich isoliert unter anderen Umweltbedingungen und wählte eigene Mittel der Fortbewegung und Verteidigung, wodurch es verdeutlichte, daß es durchaus verschiedene Wege gibt, um dieselben biologischen Probleme im Verlauf der Evolution zu lösen.

Und dennoch erkennen wir auf einen Blick das Känguruh als einen Vertreter des Tierreichs, das sich von seinen Gegenstücken auf anderen Kontinenten – den Miniplaneten unserer eigenen Erde – unterscheidet, und ihnen doch auch in mancherlei Hinsicht ähnlich ist.

Chemische Grundlagen des Lebens

Die Ähnlichkeiten zwischen uns und unseren kosmischen Vettern beginnen bereits auf einer zwar weniger anschaulichen, so doch erheblich elementareren Stufe: derjenigen der Atome und Moleküle.

„Viele Leute haben das Gefühl, alles werde anders sein, sobald man die Erde verläßt“, meint Ralph E. Lapp, ein bekannter Kernphysiker und Wissenschaftsautor. „Aus persönlicher Erfahrung weiß ich, daß dies nicht zutrifft. Ich habe einmal eine bestimmte Strahlung aus dem All analysiert, und es war eines der faszinierendsten Erlebnisse für mich, das Spektrallinienbild eines Sterns zu fotografieren: Dabei sieht man, daß zum Beispiel die Wellenlänge der Alphalinie des Wasserstoffs immer dieselbe ist, gleichgültig ob es sich um den Wasserstoff eines Millionen Lichtjahre entfernten Sterns oder um einen hier im irdischen Labor künstlich hergestellten Wasserstoff handelt. Die Gesetze, die bei uns gelten, sind überall im Kosmos, auch bei Entfernungen von Millionen von Lichtjahren gültig – es sind dieselben Gesetze. Das elektromagnetische Spektrum im Andromeda-Nebel ist genau dasselbe wie bei uns auf der Erde.“

Wie alle Sterne aus chemischen Elementen bestehen, die überall im Weltall vorkommen, so ist auch der Stoff des Lebens aus chemischen Fasern gewoben, die im ganzen Universum in gleicher Zusammensetzung und annähernd gleicher Verteilung existieren. Die lebenspendenden Elemente Kohlenstoff, Wasserstoff, Sauerstoff, Stickstoff, Phosphor und einige andere gehören zu denjenigen chemischen Elementen, die im gesamten Kosmos am häufigsten vorkommen. Die uns vertrauten Lebewesen – von der Mikrobe bis zum Blauwal – bestehen zu einem wesentlichen Teil aus ihnen; da wir sie auch als Bausteine von Sternen und Planeten wiederfinden, sind wir im wahrsten Sinne des Wortes Kinder des Universums.

Dieses System kann schwerlich dem Zufall oder einem bloßen Versehen zu verdanken sein. Im Gegenteil: es beweist die umfassende Einheit von unbelebter und belebter Materie, die beide aus denselben Bausteinen zusammengesetzt sind. Demnach haben wir keinen Grund für die Annahme, daß außerirdisches Leben nicht aus denselben Atom- und Molekülverbindungen besteht wie das Leben auf der Erde.

Was sich auf der Erde abspielt, geschieht auch anderswo. Das Spiel der Natur im chemischen Laboratorium des Weltalls vollzieht sich nach vorgeschriebenen Regeln. Die Natur fügt überall Atome und Moleküle in der gleichen Weise zusammen. Deshalb war kein geringerer als Albert Einstein davon überzeugt, daß es keine Zufälle in der Natur geben könne und somit das Gesetz der Kausalität uneingeschränkt gültig sei. Eine der Lieblingsbemerkungen Einsteins lautete: „Das größte Wunder ist, daß es keine Wunder gibt.“

Wenn auch Verfasser von Science Fiction sowie manche Wissenschaftler hin und wieder über phantastische Wesen auf anderen Welten ausgiebig spekulieren, so steht doch aufgrund von astrophysikalischen und astrochemischen Beobachtungen eindeutig fest, daß die Grundelemente des Lebens überall die gleichen sein müssen.

Erstmalig können wir diese Behauptung direkt beweisen, da wir heute in der glücklichen Lage sind, das Weltall so erforschen zu können, als säßen wir mitten in einem chemischen Labor – und genau dies stellt das Universum dar.

Große Radioteleskope samt angeschlossenen Detektoren wurden auf den Himmel gerichtet, wobei man überall im Universum dieselben Moleküle entdeckt hat, aus denen auch irdisches Leben besteht. Mit den etwas poetischen Worten Dr. Ponnamperumas: „Das ganze Weltall ist unaufhörlich dabei, Leben hervorzubringen." Und es ist genau die Art Leben, die auch wir kennen.

Kohlenstoff, Mittelpunkt im Räderwerk des Lebens

Mittelpunkt des Lebens auf der Erde und anderswo ist das Kohlenstoffmolekül, soviel jedenfalls erscheint sicher. Der Grund dafür liegt in einer bestimmten Eigenschaft der Natur; sie sucht sich stets die für sie geeignetsten Materialien aus. Ebenso wie die biologische Evolution die beste genetische Kombination wählt, um einem Organismus das Überleben zu ermöglichen, so verwendet auch die Natur nur die geeignetsten Stoffe als Bausteine des Lebens.

Es hat keineswegs etwas mit Chauvinismus zu tun, wenn wir zu diesem Ergebnis gelangen, wir ziehen nur logische Schlüsse aus dem, was wir wissen und sehen.

Die uns bekannte Form von Leben basiert auf den vier im All am häufigsten vorhandenen chemischen Elementen: Wasserstoff, Sauerstoff, Kohlenstoff und Stickstoff; sie existieren im gesamten Weltall in reichlicher Fülle, nicht jedoch auf der Erde.

Bei uns bevorzugte die aufstrebende Natur offenbar diese vier Elemente, zahlreiche andere leicht verfügbare Materialien aber ließ sie außer acht.

Vergleicht man die Verteilung der Elemente im gesamten Universum mit ihrem Vorkommen auf der Erde, so zeigen sich beträchtliche Gegensätze. Das Weltall besteht fast zu hundert Prozent aus Wasserstoff und

Helium. In den Gesteinen der Erdkruste hingegen werden 98 Prozent der Atome aus folgenden Elementen gebildet: Sauerstoff (47%), Silicium (28%), Aluminium (8%), Eisen (5%) und kleineren Mengen Kalzium, Natrium, Kalium, Magnesium, Titan, Wasserstoff, Phosphor, Mangan, Fluor, Strontium und Schwefel. Daß alle diese Elemente am Aufbau belebter und unbelebter Materie mitwirken, beweist die überaus enge Wechselbeziehung zwischen Natur und Umwelt.

Es sieht allerdings so aus, als habe sich die Natur bei ihrem Bau der Lebewesen nicht vom jeweiligen Angebot bestimmter Elemente leiten lassen, sondern von etwas ganz anderem. Vergleichen wir etwa das Angebot an Kohlenstoff und Silicium in den Gesteinen der Erdoberfläche, dann stellen wir zu unserem Erstaunen fest, daß das Verhältnis von Silicium zu Kohlenstoff 135:1 beträgt! Im Periodensystem der Elemente steht Silicium genau unter dem Kohlenstoff, und wie dieser tendiert es dazu, vier Elektronen aufzunehmen und sogenannte „kovalente Verbindungen" einzugehen.

Wenn dem so ist, warum basiert dann aber das irdische Leben auf dem relativ seltenen Kohlenstoff und nicht auf Silicium, das doch in viel größeren Mengen zur Verfügung steht?

Die Wissenschaftler sind heutzutage endlich so weit, diese Frage beantworten zu können. Es hat sich nämlich herausgestellt, daß für die Konstruktion der kleinsten Bausteine lebender Materie zwei Bedingungen erfüllt sein müssen: eine minimale Größe sowie eine maximale Stabilität bei der Verbindung von ein bis vier Elektronen.

Kohlenstoff, Wasserstoff, Sauerstoff und Stickstoff haben diesen Test erfolgreich bestanden – Silicium hingegen nicht.

Was die Atome betrifft, so ist der Kohlenstoff die Nabe im Rad des Lebens, da er mehr „Speichen" besitzt, an die sich andere lebenswichtige Moleküle mit der notwendigen Festigkeit und Flexibilität anlagern können.

Der Kohlenstoff verfügt über vier Elektronen in seiner äußeren Schale, zu denen sich vier weitere hinzugesellen können. Dieser symmetrische Bau ist die Erklärung dafür, weshalb sich Kohlenstoffatome untereinander und mit anderen Molekülen so leicht verbinden. Diese Eigenschaft ist es auch, die dem Kohlenstoff in der Chemie des Lebens einen besonderen Platz einräumt; Kohlenstoff verbindet sich nämlich gern mit anderen Atomen zu polymeren Ketten. Zusammen mit den zwei Wasserstoffatomen und dem Sauerstoffatom des Wassermoleküls formt Kohlenstoff beispielsweise Kohlehydrate.

Die Vielseitigkeit des Kohlenstoffs ist in der Tat einzigartig. Er geht mehr Verbindungen ein als alle übrigen 102 Elemente zusammen. In der Verbindung etwa mit Wasserstoff bringt er derart unterschiedliche Stoffe wie Asphalt, Vaseline, Zucker und Fett hervor. Zusammen mit Wasserstoff, Sauerstoff, Stickstoff und Schwefel bildet er Proteine. Kohlenstoff gibt es zudem als Kohle, Bleistiftgraphit und sogar als Diamant. Kurz, seine Fähigkeit, sich mit anderen Kohlenstoffatomen sowie den Atomen anderer Elemente zu verbinden, kennt kaum irgendwelche Grenzen; und ohne die langen Molekülketten, die erst durch ihn ermöglicht werden, käme das Leben nicht aus.

Es gibt kein anderes Atom, das in diesen Eigenschaften an den Kohlenstoff heranreichen würde. Oberflächlich betrachtet erscheint das Silicium als aussichtsreicher Kandidat; so ließ eine ganze Generation älterer Science-Fiction-Autoren ein Volk von Siliciummonstern vor unseren Augen entstehen, in deren Adern meist Ammoniak anstelle von Wasser floß. Es ist jedoch – im Gegensatz zu solchen Beispielen – höchst unwahrscheinlich, wenn nicht gar unmöglich, daß Silicium den Grundbaustein eines außerirdischen chemischen Systems darstellt.

Siliciummoleküle verfügen gerade nicht über die Eigenschaften organischer Moleküle: sie reagieren langsam oder verbinden sich nur schwer, und es fehlen ihnen Doppel- und Dreifachverbindungsmöglichkeiten, also jene Eigenschaften, die überhaupt erst biochemische Reaktionen zustande kommen lassen. Unter normalen Umständen sind Ketten, die Silicium enthalten, zu stabil, um als Baustoffe des Lebens in Frage zu kommen. Auf der Erde beispielsweise findet man Silicium nur in Steinen und Sand mit Sauerstoff verbunden.

Zwar kann sich Silicium ebenso wie Kohlenstoff mit vier Wasserstoffatomen zusammenschließen, doch entsteht dabei kein Methan, sondern nur das Gas Silan, und auch dies lediglich bei extrem hohen Temperaturen. Selbst unter optimalen Voraussetzungen sind die Bindungskräfte zwischen den einzelnen Siliciumatomen nur halb so stark wie die zwischen Kohlenstoffatomen. Das ist der Grund, weshalb sich aus Silicium nur äußerst schwer lange Molekülketten herstellen lassen.

Eine andere Eigenschaft des Siliciums, die seine Chancen verringert, ist seine ausgeprägte Tendenz, Sauerstoffverbindungen einzugehen. Bei einer normalen (Erd-)Temperatur bildet es Siliciumdioxid, also Quarz; doch Quarz ist nun wirklich kein idealer Lebensbaustoff. Unterhalb von 744 ° Celsius, einer extrem hohen Temperatur, bleibt er fest, ist kaum löslich und schwer zu zersetzen. Silan dagegen, die Silicium-Wasserstoffkombination, entzündet sich leicht in einer sauerstoffhaltigen Atmosphäre.

Während aus Kohlenstoff in Verbindung mit Sauerstoff Kohlendioxid entsteht, ein Molekül, das seinerseits leicht mit anderen Lebensbausteinen reagiert, schließt sich Silicium selbst von derartigen chemischen Wechselwirkungen aus. Silicium scheint also kaum eine verläßliche Lebensbasis zu sein.

„Nach vier Milliarden Jahren der Evolution", so Dr. Ponnamperuma, „finden wir Silicium nur in leblosen, strukturbildenden Molekülen, niemals aber in solchen mit funktionellen Aufgaben. Kohlenstoff dagegen wird überall eingesetzt. Hätte die Evolution für Silicium Verwendung gehabt, so hätte sie auch irgendetwas daraus gemacht – schließlich gibt es ja genug davon."

Alles in allem scheint sich Silicium wesentlich besser für Steine zu eignen als für Organismen, die sich auf diesen Steinen entwickeln sollen. Silicium ist viel zu stabil, als daß es eine wirksame Funktion ausüben könnte, ist doch die Lebensmaterie selbst von vornherein in einem instabilen Zustand.

Silicium-Monster werden deshalb von den meisten Leuten nicht mehr ernst genommen; oder kann sich noch irgendjemand ein Silicium-Wesen vorstellen, das Quarzwürfel spuckt, ohne dabei das Gesicht zu verziehen? Demnach muß wohl die nächste Frage lauten: Gibt es irgendeinen Grund für die Annahme, daß Leben möglicherweise auf Stickstoff, Bor oder einem anderen Atom aufgebaut ist?

„Ich meine, daß überall sehr wenig dafür spricht", äußerte Dr. Norman Horowitz, Professor für Biologie am California Institute of Technology. „Wenn man davon ausgeht – was wohl die meisten tun –, daß ein lebender Organismus ein System zum Speichern und Reproduzieren riesiger Mengen von Informationen benötigt, dann ist es sogar äußerst unwahrscheinlich.

Unser gesamtes genetisches Erbe besteht doch aus Informationen, die unsere Art im Laufe ihrer Evolution in Hunderten Millionen von Jahren erworben hat. Alle diese Erfahrungen sind in unseren Genen gespeichert; würden sie unser Leben nicht steuern, müßten wir zugrunde gehen. Das Wesen des Lebendigen besteht darin, einerseits die ganze Breite dieser Informationen nutzen und sie andererseits reproduzieren und an die nächste Generation weitergeben zu können. Wenn all dieses komplexe Moleküle voraussetzt, dann muß das Leben auf einem Atom beruhen, das solche riesigen, sehr komplizierten und dabei äußerst stabilen Moleküle ermöglicht. Ein Blick auf die Liste der verfügbaren Atome genügt, um deutlich zu machen, daß offensichtlich allein der Kohlenstoff für diese Rolle in Frage kommt.“

Wasser als Partner und Komplize des Kohlenstoffs

Wie alles übrige braucht auch das Leben ein Lösungsmittel. Zum Aufbau lebenswichtiger Verbindungen kann der Kohlenstoff auf die Hilfe des Wassers nicht verzichten. Nach den Worten von Itchiaque Rasool, einem Wissenschaftler am NASA-Zentrum, „bringt erst das Wasser alles in Gang“. Obwohl es aus drei Gasatomen, zwei Wasserstoffatomen und einem Sauerstoffatom besteht, ist es doch eine Flüssigkeit.

Da Wasser innerhalb einer breiten Temperaturskala flüssig bleibt, ermöglicht es chemische Reaktionen. Wasser löst andere chemische Verbindungen auf, und hilft somit den Organismen, Nährsubstanzen zu befördern und Abfälle verschwinden zu lassen.

Ohne Wasser finden chemische Reaktionen entweder gar nicht statt, oder sie laufen so langsam ab, daß sie nicht einmal mehr erkennbar sind. Wasser ist der universale Katalysator. Es beschleunigt also chemische Reaktionen, ohne sich selbst dabei zu verändern.

Ohne enorme Wasservorräte hätte niemals Leben, das auf Kohlenstoff basiert, entstehen können. „Überall dort, wo es flüssiges Wasser gibt,“ so Dr. Ponnamperuma, „wird wahrscheinlich auch Leben zu sprießen anfangen.“

Da Kohlenstoff im Kosmos in Hülle und Fülle vorhanden ist, ist die Voraussage zulässig, daß er einen Hauptbestandteil der Uratmosphären auf erden-ähnlichen Planeten bilden dürfte. Und Wasser verwandelt das atmosphärische Kohlendioxid in feste Karbonate. Da Wasser aber sowohl auf dem Mars wie auf der Venus fehlt, war die Folge – wie wir in Kürze sehen werden –, daß sich das Kohlendioxid in den Atmosphären dieser Planeten nicht halten konnte.

Wasser ist der am reichlichsten vorhandene Grundbaustein des Lebens. Jeder lebende Organismus ist in Wirklichkeit gewissermaßen eine Wassermasse, die von einer Art Schutzbeutel umschlossen wird; in seinem Innern laufen lebenswichtige chemische Reaktionen ab, die nicht nur das Leben erhalten, sondern auch seinen Fortbestand sichern. Beim Menschen macht allein das Wasser 70% des Körpergewichts aus. Und alle Organismen regulieren ihre Körpertemperatur mithilfe des Wassers.

Aufgrund seiner außerordentlichen chemischen Reaktionsfreudigkeit ist Wasser sowohl dem Ammoniak wie auch dem Methylalkohol bei weitem überlegen, jenen beiden Lösungen, die zumindest einige der ungewöhnlichen Eigenschaften mit dem Wasser gemeinsam haben.

Anders als beim Ammoniak und Methylalkohol gefrieren stehende Gewässer im Winter nur an der Oberfläche; das Leben in Teichen, Seen und Meeren kann sich daher unter einer Eisdecke weiterentwickeln. Gäbe es dagegen Ozeane aus flüssigem Ammoniak, Wasserstoffcyanid, Wasserstoffluorid, Kohlenwasserstoffen oder geschmolzenen Salzen, so würden sie alle von unten nach oben zufrieren. In solchen festgefrorenen Blöcken könnte sich kein Leben – jedenfalls kein höherer Organismus – entwickeln.

Was aber das Wichtigste ist: das Wasser besitzt einen eingebauten Schutzschild gegen die ultraviolette Strahlung der Sonne. Wenn die Bindungen der Wassermoleküle durch ultraviolette Strahlung zerstört werden, gelangen einige der freien Sauerstoffatome in die Atmosphäre und verbinden sich dort zu Ozon, das alles Leben auf der Erde schützt.

Das Ammoniak indessen könnte keinen solchen Schutz gegen ultraviolette Strahlung bieten, da anstelle von Sauerstoff Stickstoffatome entstehen würden.

Die urzeitliche wasserstoffreiche und reduzierende Atmosphäre der Erde war jedoch auch für die tödlichen ultravioletten Strahlen durchlässig. Um sich vor ihnen zu schützen, lebten die ersten Organismen in den Tiefen der Gewässer. Später dann entwickelten sich Bakterien, die durch Photosynthese Sauerstoff in die Atmosphäre abgaben, wodurch sich die schützende Ozonschicht bilden konnte (Vgl. Kapitel 2, „Der Vorhang geht auf“).

Immer noch sind einige Verfasser von Science-Fiction sowie einzelne Wissenschaftler der Meinung, Ammoniak sei ein möglicher Ersatz für Wasser; an die Stelle von Kohlenstoff würde Silicium oder Bor treten. Sie vergessen, daß solche Kombinationen letztlich zu nichts taugen. Jeder Bor-Ammoniak-Chemismus würde beispielsweise, auch wenn er funktionierte, biologische Vorgänge in einer solchen Weise einschränken, wie sie sich selbst Wissenschaftler kaum mehr vorzustellen vermögen.

Flüssiges Ammoniak ist darüberhinaus weitaus empfindlicher gegen extreme Temperaturschwankungen als Wasser. Nur in Bereichen zwischen – 33 °C (Siedepunkt) und – 72 °C (Gefrierpunkt) ist es flüssig. Das ist weniger als die Hälfte des Temperaturspektrums von Wasser. Ein Planet mit einem für Ammoniak günstigen Temperaturbereich wäre in unserem Sonnensystem wohl am besten irgendwo zwischen Mars und Jupiter aufgehoben – für das Leben in der Tat keine besonders einladende Umgebung, insbesondere nicht für ein intelligentes Leben.

Hinzu kommt, daß eine der Voraussetzungen für eine bestimmte Menge an Ammoniak eine noch größere Menge an Wasser ist. Das läßt sich aus Tabellen über die kosmische Verbreitung einzelner Elemente ablesen. Es existiert insgesamt viel weniger Stickstoff als Sauerstoff – die beiden Bauteile, die zusammen mit Wasserstoff Ammoniak und Wasser bilden.

Interessanterweise diente das Wasser dem Leben nicht nur als wichtiges „Schmieröl" und Baustoff, es hat ebenso wesentlich zum Entstehen des festen Bodens unter unseren Füßen beigetragen. Wasser reagiert nämlich mit zahlreichen anderen Hydriden – das heißt Zweierkombinationen des Wasserstoffs mit weiteren Elementen, beispielsweise mit denen des Siliciums, Aluminiums und Magnesiums. Aus solchen chemischen Reaktionen entstehen Mineralien, aus denen unsere Erdkruste größtenteils besteht.

Andererseits verhalten sich aber einige der sogenannten kovalenten Hydride – Methan, Ammoniak, Wasserstoffsulfid und Phosphin – in Wasser stabil. Auf der urzeitlichen Erde wurden sie durch ultraviolette Strahlung aufgespalten, wodurch komplexe Verbindungen zustandekamen, wie etwa Kohlenwasserstoffe, Kohlehydrate und Phosphate – alles biochemische Verbindungen.

Wasser ist demnach eine elementare Voraussetzung für Leben – und zwar nicht nur als Lösungsmittel für chemische Reaktionen, sondern auch, weil es die Trennung und Synthese geologischer und biologischer Komponenten ermöglicht. Wir haben folglich keinen Grund anzunehmen, daß Wasser diese Rolle nicht auch auf anderen Planeten spielt, verdanken wir doch den Wasserreichtum einem chemischen Element, das im Weltall am häufigsten vorkommt: dem Wasserstoff.

Aufgrund des Reichtums an Wasserstoff lassen sich die besten Chancen für eine enorm große Lebensvielfalt im Universum prophezeien. Denn wo immer Sauerstoff zusammen mit Wasserstoff vorhanden ist, und die Temperaturen nicht zu hoch ansteigen, entsteht Wasser. Mit den lapidaren Worten Carl Sagans: „Das beweisen schlicht die chemischen Karten."

Aus allen genannten Tatsachen muß man wohl die Schlußfolgerung ziehen, daß der überwältigende Reichtum an Leben im Weltall auf einer Kohlenstoff-Wasserstoff-Chemie basiert. Genaue Beobachtungen zwingen uns zu diesem Schluß, denn wohin auch immer Astronomen ihre

Fernrohre und Radio-Teleskope richten, die Verteilung der Elemente scheint überall gleich zu sein. Die Silicium-Chemie führt zu Silikaten – Steinen und Sand. Kohlenstoff dagegen scheint nicht nur der Hauptbestandteil lebendiger Materie zu sein, er findet sich daneben auch in Meteoriten, Kometen und im interstellaren Raum, wo aber kein Silicium zu entdecken ist. Die außergewöhnlichen Eigenschaften des Kohlenstoffs und all jener anderen Elemente, die im wesentlichen am Zustandekommen irdischen Lebens beteiligt sind, machen sie in Sachen chemischer Lebensbausteine zu den führenden Kandidaten.

„Nach allem, was wir heute wissen," so sagte Dr. Ponnamperuma kürzlich in einem Interview, „können wir die Behauptung wagen, daß wir das Leben in letzter Instanz wohl als chemische Eigenschaft des Kohlenstoffatoms definieren werden.

Ich halte einen Anfängerkurs in Chemie für Studenten, die keine Naturwissenschaftler sind. Als erstes erzähle ich ihnen, daß ein Professor, der über den Andromeda-Nebel unterrichtet, genau denselben Kurs abhalten würde."

Eine Frage zum Thema Chauvinismus wurde in folgender Weise zurückgewiesen: „Es gibt keinen Kohlenstoff-Chauvinismus – die Zahl der Elemente im Weltall ist überall dieselbe; es handelt sich ja um ein und dasselbe Periodensystem."

Dr. Ponnamperuma fuhr fort: „Wir können sogar noch weiter gehen und das DNS-Molekül einbeziehen. Guanin und die anderen Basen eignen sich offenbar vorzüglich dazu, in Nucleinsäuren eingebaut zu werden. Folglich haben wir es nicht nur mit dem Kohlenstoffatom zu tun, sondern mit ganzen Molekülen. Ich wette mit meinem letzten Dollar für den Fall, daß wir irgendwo auf Leben stoßen sollten, es sich um ein Leben aus Nucleinsäuren und Proteinen handeln wird."

Etwas später griff er noch einmal das Thema des „Kohlenstoff-Chauvinismus" auf: „Man spricht von Kohlenstoff-Chauvinismus, und dabei gibt es überall im interstellaren Raum Wasserstoffcyanid und Formaldehyd –: wir aber haben es dort *nicht* abgeladen. Es handelt sich vielmehr um genau dieselben Substanzen, die wir in unseren Labormischungen erzeugen, wenn wir versuchen, eine urzeitliche Atmosphäre nachzubilden. Das Ganze paßt folglich ausgezeichnet ins Bild. Aus der Sicht der Chemiker gibt die Lage Anlaß zu Hoffnung und großem Optimismus. Früher einmal haben die Leute gedacht, die organische Chemie sei etwas Ausgefallenes. Heute kommt es mir so vor, als sei Gott selbst ein organischer Chemiker.

Im Bereich der Chemie haben wir eine Menge Beweise dafür, daß das Leben anderswo dem unseren wahrscheinlich sehr, sehr ähnlich, ja, ich möchte fast sagen, mit ihm identisch ist. Auf der Erde beispielsweise ist der Verdauungsprozeß des Elefanten im Prinzip derselbe wie beim Kolibakterium. Die Kreisläufe sind die gleichen, also haben wir es auch auf chemischer Ebene mit ähnlichen Stoffen und Prozessen zu tun."

Körper-Organe – Körper-Fortsätze

Nicht nur die chemischen Strukturen und Prozesse, sondern gleichermaßen das äußere Erscheinungsbild der Lebewesen unterliegen überall denselben Naturgesetzen; dafür gibt es einen naheliegenden Grund: nur eine begrenzte Zahl von Möglichkeiten steht zur Verfügung, um die Probleme lebender Organismen mit Hilfe biologisch-ingenieurmäßiger Methoden lösen zu können. Eben deshalb haben die miteinander nicht verwandten Tierarten dieselben Erfindungen gemacht: Beine, Köpfe, Flügel, kameraartige Augen, rotes Hämoglobin als Transportmittel des Sauerstoffs, und anderes mehr.

Die Ausbildung eines Kopfes gehörte zu den allerersten Erfordernissen. „Wenn man sich auf dem Land oder im Wasser in irgendeiner Richtung fortbewegen will", so Dr. Berrill, „streckt man sich notwendigerweise nach vorn. Die Sinnesorgane mußten folglich vorn liegen. Demnach gibt es aus zwei Gründen die natürliche Tendenz zur Ausbildung eines Kopfes: man soll entweder bemerken oder zumindest vorausahnen können, worauf man lossteuert."

Nicht anders verhält es sich mit vielen weiteren Merkmalen und Organen lebender Wesen – sie alle existieren, weil die Natur sie im Hinblick auf den jeweiligen Zweck für am besten geeignet ansah.

Solche Einschränkungen mögen sogar für die Richtung der Evolution verantwortlich sein – sofern sie überhaupt eine Richtung hat. Zumindest nach der Meinung vieler Wissenschaftler waren es eben jene zahlenmäßig begrenzten Lösungsmöglichkeiten biologischer Probleme, auf die man vermutlich die Stammesentwicklung vom Fisch über das Reptil, die Säugetiere bis hin zum Menschen zurückführen muß. Kurz, die Evolution knetet die Lebenssubstanz so lange, bis sie schließlich in die Form paßt, die durch die Umwelt vorgegeben ist.

Auf anderen Planeten werden wir genau dieselben Zwänge hinsichtlich der natürlichen Auslese antreffen, wenngleich mit einigen Variationen desselben Themas. Das Känguruh, der Koala, der Beutelwolf, der gigantische Moa Neuseelands, das Faultier und das Gürteltier: sie alle sind Beispiele möglicher Variationen.

Unser Hauptthema wird indessen davon kaum berührt. So werden sich etwa außerirdische Wesen ähnlich wie wir fortbewegen. Das zweibeinige Hüpfen und Springen entwickelte sich wiederholt auf getrennten Kontinenten, also in völliger Unabhängigkeit. Und genauso verhielt es sich mit dem Gehen auf zwei Hinterbeinen bei unterschiedlichen Tierarten: Reptilien, Vögeln und Primaten. Wir werden gewiß nirgendwo Wesen finden, die sich auf Rädern statt auf Beinen fortbewegen, da ein Gewebe nur wenig Reibung verträgt und ein Rad ohne Achse nicht viel wert ist. Es sei denn, das ganze Tier würde als Rad fungieren – eine Art der Bewegung, für die es auf der Erde bereits tatsächlich ein bis zwei Beispiele gibt: So rollen sich etwa einige streifenhörnchenartige Wesen Schwanz-über-Kopf vor ihren Feinden davon – insbesondere dann, wenn es bergab geht.

Dasselbe gilt für die physikalischen Gesetze: sie werden bemerkenswerte Ähnlichkeiten zwischen dem Leben auf anderen Planeten und dem auf der Erde erzwingen. Für Säugetiere wie auch für Amphibien und Reptilien sind ein Kopf, zwei Augen und – jedenfalls unter den Bedingungen der Schwerkraft – vier Gliedmaßen optimale Gegebenheiten; ebenso ideal ist ein symmetrischer Körperbau.

Meerestiere wie Kraken und Seesterne nahmen eine strahlenförmige Gestalt an, die es ihnen erlaubt, sowohl Nahrungspartikel aus allen Richtungen abzufangen, als auch ihre Beute mit nur äußerst geringen Körperbewegungen in jede Richtung zu verfolgen. Auf dem Lande jedoch wäre es selbst für einen Oktopus angenehmer, auf allen Vieren herumzulaufen, statt sich auf noch mehr Beinen dahinschleppen zu müssen. Mit dem Getrippel auf mehr als vier Füßen mögen gerade noch Insekten und Spinnen zurechtkommen, größere Lebewesen hingegen würden über ihre eigenen Beine stolpern. Abermals zeigt sich: die Natur bevorzugt Einfachheit und Zentralisation.

Dieser Trend auf seiten der Natur, die Zahl der Operationseinheiten zu verringern und ihre Effektivität gleichzeitig zu erhöhen, bedeutet: fortschrittlichere Lebewesen anderswo werden sich vermutlich auf zwei oder vier Füßen bewegen; wenngleich, wie wir später sehen werden, eine größere Schwerkraft unter Umständen mehr Beine erfordert, vorausge-

EIN INTELLIGENTES REPTIL *Eine Umweltveränderung, mit der sie anscheinend nicht fertig werden konnten, führte zum Aussterben der Dinosaurier und anderer großer Reptilien auf der Erde. Wäre die Entwicklung der Reptilien allerdings weitergegangen, dann hätten auf der Erde hochintelligente Wesen (siehe oben) entstehen können – was auf anderen Welten ohne weiteres möglich ist. Es hat auf der Erde bereits aufrecht gehende Reptilien mit recht großen Gehirnen und geschickten, 3-fingrigen Händen gegeben – die Dromaeosauriden.*

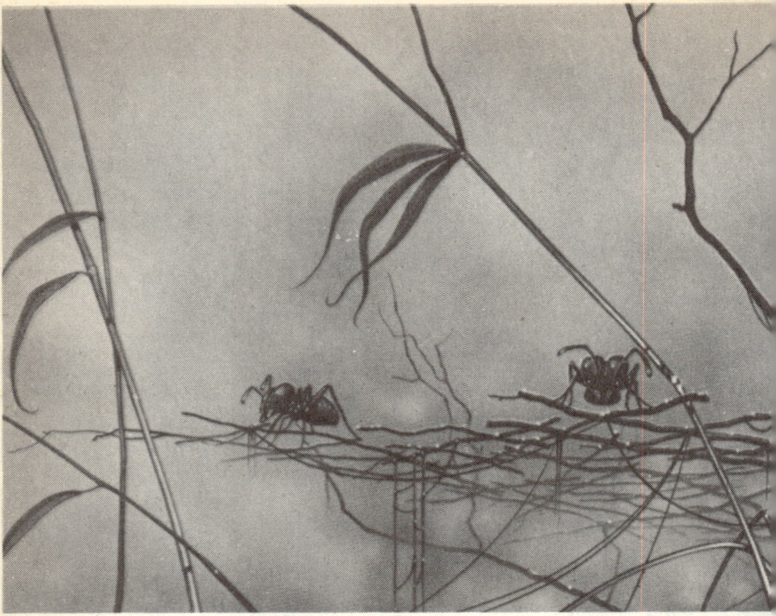

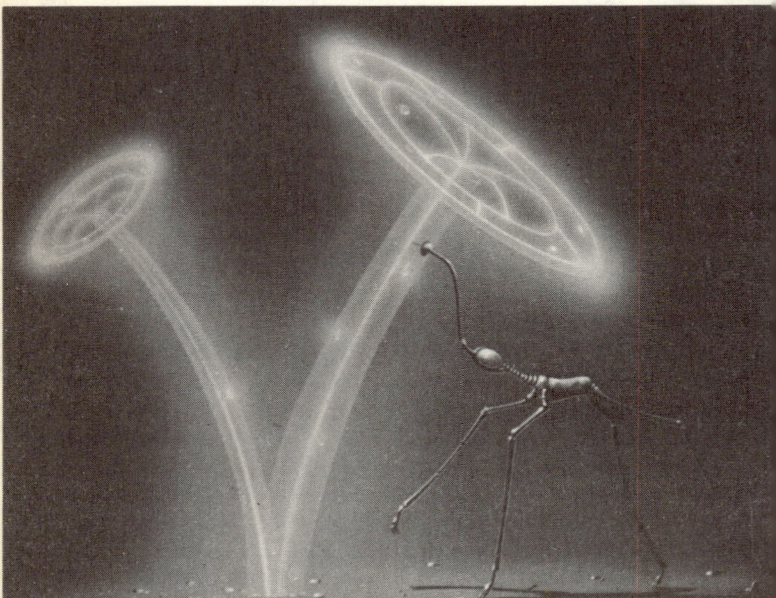

INTELLIGENTE UND AUFLADBARE INSEKTEN *Ferne Welten könnten von einer Vielzahl unterschiedlichster Kreaturen bevölkert sein, von halbwegs vertrauten zu anderen, die auf den ersten Blick rätselhaft erscheinen. Viele Planeten werden wahrscheinlich von Insekten beherrscht; auf der Erde waren die Insekten und ihre Vorfahren aus dem Meer die ersten Landbewohner. Es steht zu erwarten, daß insektenartige Lebewesen anderswo zu viel komplizierteren Tätigkeiten (siehe oben) fähig sind als ihre irdischen Gegenbilder. Links ist ein Insektenwesen zu sehen, das aus einer Leuchtpflanze chemische Energie bezieht. Solche glühwurmähnlichen Pflanzen produzieren Energie auf chemischem Wege und nicht durch Photosynthese. Rechts hat sich ein ameisenähnliches Tier eine Fruchtbeere als Zeichen seines besonderen Ranges um den Hals gehängt.*

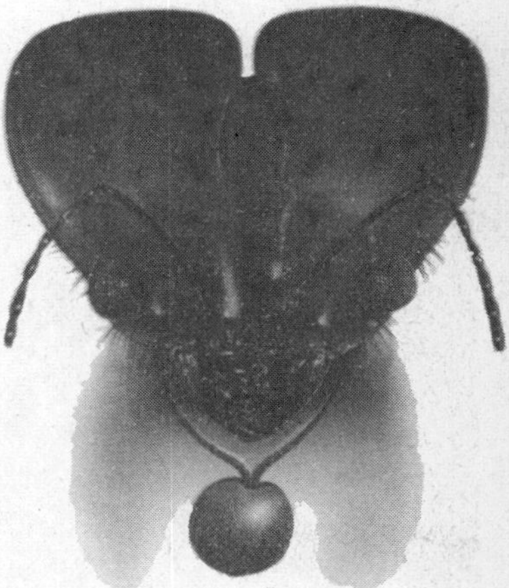

INTELLIGENTE VÖGEL UND FLEDERMÄUSE *Unter geeigneten Bedingungen hätten Vögel, wie die oberen, den Platz der Säugetiere einnehmen können, ohne dabei ihr Vogeldasein aufzugeben. Fledermausmenschen, wie unten dargestellt, hätten die beherrschenden Lebewesen auf der Erde werden können. Menschen und Fledermäuse stammen beide vom selben Vorfahren, einem spitzmausartigen Säugetier ab.*

Die geologisch und klimatisch bedingte Öffnung der Savannen bereitete das Auftreten des Menschen vor. Wären die grasigen Ebenen nie entstanden, hätte die Fledermaus die Oberhand über den Menschen gewonnen und wäre zum beherrschenden Tier auf der Erde geworden. So könnte es sich auf anderen Welten abspielen.

DER WASSERPLANET *hätte merkwürdige, fischähnliche Organismen mit Siphonen für den Antrieb sowie krakenartige Kreaturen aufzuweisen. Außerdem fänden sich Gegenstücke zu Tintenfischen, Muscheln und Austern, aber auch Stachelhäuter wie Seeigel und Seesterne. Wahrscheinlich gehören auf allen Wasserplaneten Weichtiere und Stachelhäuter zu den einheimischen Arten.*

BEUTELMENSCHEN *Menschenähnliche Kreaturen könnten sich anderswo aus koalabärartigen Vorfahren entwickeln. Die Weibchen dieser Art sind mit einem Beutel ausgestattet, in dem sie ihre vorzeitig geborenen Jungen aufziehen – für die Entwicklung eines großen Gehirns ein unschätzbarer Vorteil. Menschenähnliche Beutelwesen, wie die auf unserem Bild, hätten sehr leicht auf der Erde entstehen können, wenn alle Schauplätze des Lebens im selben Maße von Beuteltieren beherrscht gewesen wären, wie es in Australien der Fall war.*

setzt, daß die mit ihr verbundenen Hindernisse überwunden werden können.

Was die Sinnesorgane angeht, so zwingen selbst hier physikalische Gesetze den miteinander nicht verwandten Arten Ähnlichkeiten auf. Ein eindrucksvolles irdisches Beispiel stellt etwa die Entwicklung eines Linsenauges sowohl bei Säugetieren als auch Kopffüßlern, wie Kraken und Tintenfischen, dar.

Wie auf unserer Abbildung zu sehen ist, arbeiten die Kamera-Augen in beiden Fällen (beim Menschen wie beim Tintenfisch) nach demselben Prinzip: nur im Detail unterscheiden sie sich voneinander; die zusammengesetzten Augen der Insekten hingegen bestehen aus stabförmigen Einzelaugen. Die Augen höher entwickelter Tiere bezeichnet man als Linsenaugen, weil – in der Art einer Kamera – das Bild des jeweiligen Gegenstandes durch eine Linse auf eine mit Lichtrezeptoren besetzte Ebene projiziert wird, die dem Film der Kamera entspricht. Die Pupille des Krakenauges ist eher balkenförmig als kreisrund, was zwar keinen bedeutenden Unterschied ausmacht, aber doch eine interessante Variation innerhalb eines vorgegebenen Rahmens erkennen läßt.

Die Natur hat diese Prinzipien lange vor dem Menschen entdeckt und sie bei zwei völlig verschiedenen und nur entfernt miteinander verwandten Arten benutzt, da sie die einzige Möglichkeit bieten, ein nahezu perfektes Auge zu konstruieren. Wie die universelle Gültigkeit physikalischer Gesetze abermals erweist, werden Parallelerscheinungen auf anderen Welten unausweichlich sein.

Wenngleich zwei Augen normalerweise ausreichend sind, vor allem wenn sie die Qualität von Linsenaugen haben, so ist doch das Vorhandensein eines dritten Auges oben auf dem Kopf durchaus möglich. Bei irdischen Wirbeltieren finden sich Überreste des ehemaligen dritten Auges in Gestalt der Zirbeldrüse im Gehirnzentrum. Dieses dritte Auge hatte einmal die Aufgabe, Licht durch eine Art Fenster hereinzulassen; es war also kein abbildendes Auge, eher ein lichtempfindlicher Empfänger, der dem Tier Helligkeitsschwankungen mitteilte und dessen praktischer Nutzen u. a. darin lag, frühzeitig Schatten wahrnehmen zu können – bisweilen vielleicht den eines Raubtieres.

Selbstverständlich sind neben dem Linsenauge noch weitere Sehtechniken, insbesondere bei niederen Tieren, möglich. Der einfachste biologische Mechanismus der Lichtwahrnehmung auf der Erde ist uns von einzelligen Bakterien her vertraut: hier wird das Licht hinter eine Art primitive Linse auf eine Gruppe lichtabsorbierender Moleküle konzen-

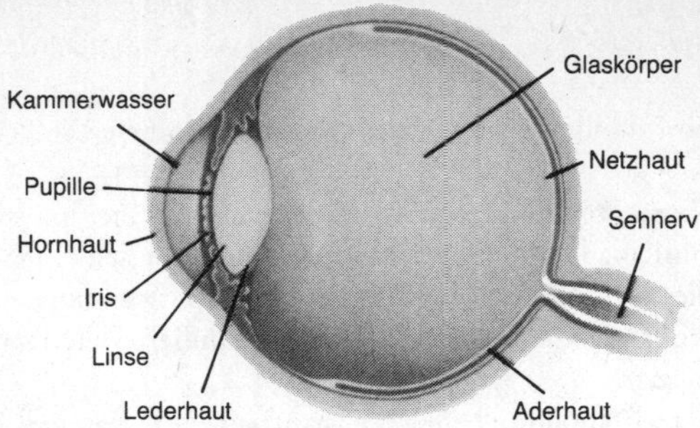

MENSCHLICHES AUGE

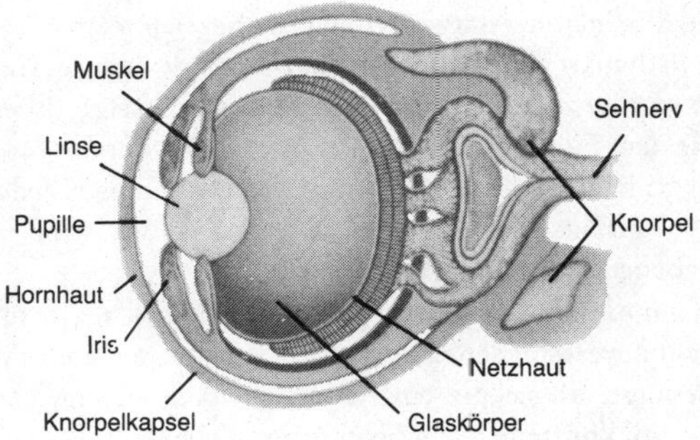

AUGE EINES TINTENFISCHES

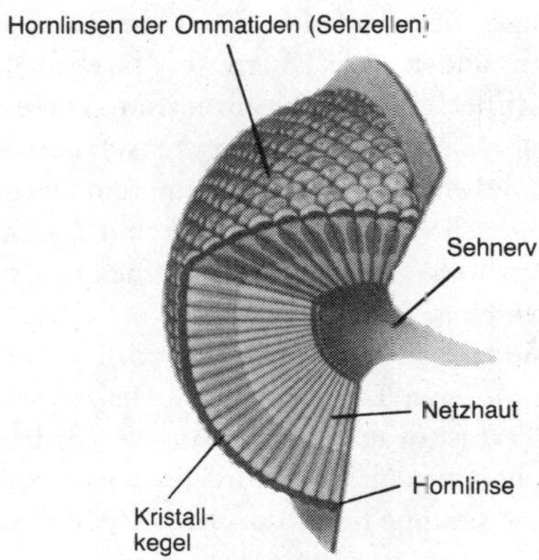

FACETTENAUGE
(eines Insekts)

triert. Auf diese Weise wird das Lebewesen lediglich über Licht oder Dunkelheit informiert. Die Reihe der Möglichkeiten wird sodann durch die etwas komplexeren Augen der Wirbellosen erweitert, die jedoch kein Abbild entstehen lassen, sondern nur die Bewegungen vor dem Auge registrieren.

Erhöht sich die Zahl lichtempfindlicher Zellen, so kann das Auge schließlich ein echtes Bild wahrnehmen. Beim Linsenauge ist hierfür nur eine einzige Linse erforderlich. Das zusammengesetzte Auge der Insekten hingegen arbeitet nach einem anderen Prinzip. Die Insektenaugen bestehen aus einer Unzahl von Stäbchen, die als lichtempfindliche Einheiten unabhängig voneinander funktionieren. Die unterschiedlichen Lichteindrücke aller Stäbchen, und zwar gleichzeitig gesehen, ergeben erst ein grobes Bild des wahrgenommenen Gegenstandes.

Aus diesem Grund ist damit zu rechnen, daß so etwas wie ein Linsenauge zur selbstverständlichen Ausstattung außerirdischer Lebewesen gehört.

Ähnliches gilt für andere Sinnesorgane wie Ohren, Nase und Mund, wenn diese auch nicht unbedingt in der gleichen Art und Weise wie bei unseren Tieren ausgebildet sein müssen.

Grenzen des Wachstums

Auch die Größe außerirdischer Lebewesen wird in etwa der unsrigen entsprechen, da alle Organismen, unabhängig von ihrem Lebensort, Größenbeschränkungen unterliegen. So bestimmen nicht nur die Schwerkraft, sondern auch der Bau des Skeletts und des Muskelsystems die optimale Größe von Landlebewesen. In Ozeanen kommen derartige Einschränkungen weniger zum Tragen, wie etwa am Beispiel des Blauwals ersichtlich, der mit seinen fast 40 Metern Länge und seinen 135 Tonnen Gewicht das größte Lebewesen auf der Erde ist. Doch selbst im Meer gibt es Grenzen.

Eine von ihnen ergibt sich bereits aus der kleinsten Einheit eines jeden Organismus, der Zelle. Gleichgültig, ob es sich um eine Maus oder einen Wal handelt, jede einzelne Zelle ist gleich gebaut und auch gleich groß. Je größer daher ein Organismus ist, desto mehr „Zellen-Mäuler“ sind zu stopfen: jede einzelne Zelle will mit Sauerstoff und Aminosäuren versorgt sein, gleichzeitig aber muß sie ihr Kohlendioxid und andere Abfallstoffe loswerden. Mit zunehmender Größe eines Organismus wird folglich das Verteilersystem komplizierter.

Das unbegrenzte Wachstum eines Lebewesens wäre etwa mit einer Stadt zu vergleichen, die man ohne jede Kontrolle wachsen und wachsen ließe – am Ende würde sie an ihren verstopften Kommunikations- und Transportwegen ersticken. Selbst in den Meeren gibt es daher natürliche Mechanismen, die die Größe der Lebewesen regulieren. Die größten Wale in unseren Ozeanen haben wahrscheinlich die Grenze möglichen Wachstums erreicht; sie sind überdies vom reichlichen Krill-Leben in Antarktis-nahen Gewässern abhängig. Eine weitere Einschränkung ist vermutlich durch die Blutmenge gegeben, die ein Walherz durch den riesigen Körper zu pumpen vermag. Dies dürfte auf einem fremden Himmelskörper kaum anders sein, da auch dort dieselben physiologischen und physikalischen Gesetze gelten, selbst wenn er größer wäre als die Erde.

Leben auf einem anderen Planeten

Die äußere Erscheinungsform der Lebewesen hängt naturgemäß von den physikalischen Gegebenheiten des Himmelskörpers ab, auf dem sie leben. Wollte man einen Planeten annehmen, der der Erde in all ihren Eigenschaften genau entspräche – in Größe, Umdrehungsgeschwindigkeit, Entfernung von der Sonne, Neigungswinkel der Drehachse und anderem mehr –, so wäre dies ebenso unwahrscheinlich, wie wenn man mit der Existenz eines Doppelgängers des Menschen rechnete.

„Eher ist anzunehmen, daß wir in ganz anderen Körperformen Intelligenz antreffen werden", so Dr. Berrill. „Vermutlich würden wir auf solche Wesen nicht sofort zugehen und sie umarmen wollen."

Es mögen zwar viele erdenähnliche Planeten existieren, die ferne Sonnen umkreisen, doch werden sie trotzdem keine Duplikate unserer Erde sein.

Würde man nur einige einfache physikalische Eigenschaften eines Planeten verändern, so wären tiefgreifende Unterschiede in Lebensformen und Lebensart der dort existierenden Wesen die unausweichliche Folge. Allein eine Veränderung im Spektrum des auftreffenden Sonnenlichts oder aber eine wesentlich schnellere Umdrehungsgeschwindigkeit etwa hätten entscheidenden Einfluß auf die Art und Farbe der Vegetation, ganz abgesehen von Veränderungen im Tierreich.

Pflanzen auf anderen Planeten müssen übrigens keineswegs grün sein, sie können beinahe jede Farbe annehmen. Selbst auf der Erde kommen rötliche Bakterien vor. Unsere Pflanzen sind nur deshalb grün, weil sie einen bestimmten Teil des Sonnenlichts „schlucken“, und seine übrigen Teile reflektieren.

So wie sich das Leben auf der Erde einer bemerkenswerten Vielfalt von Umweltbedingungen und Extremsituationen angepaßt hat, so wird es wohl auch anderen Orts verfahren. Wohin wir auch immer auf der Erde blicken – überall begegnet uns Leben: vom Gipfel des Mount Everest bis in die dunkelsten Tiefen des Ozeans, Tausende von Metern unter der Meeresoberfläche.

Eine bestimmte Bakterienart gedeiht in heißen Schwefelquellen, indem sie hitzebeständige Materialien als Baustoffe verwendet. Auf dem Grund des Ozeans fristen seltsame, wurmähnliche Organismen in ewiger Dunkelheit ihr Dasein, unter einem Druck, der tausendmal höher ist als an der Meeresoberfläche. Zahlreiche Bewohner des Meeresgrundes erzeugen eigenes Licht, um auf diese Weise ihre unmittelbare Umgebung in den Tiefen des Ozeans zu erhellen –, ein Verfahren, das man mit dem Begriff Biolumineszenz umschreibt.

Um nicht auszutrocknen, wählen viele Mikroorganismen eine Art Sporenzustand, bei dem sich der Wassergehalt der Zelle verringert, so daß die Zellwand, beziehungsweise der Sporenmantel relativ wasserundurchlässig werden.

Mikrobisches Leben wurde bei Temperaturen über 100 °C und unterhalb – 35 °C entdeckt, sowie bei einem Druck von über 1100 Atmosphären; bei Laborexperimenten zeigte sich, daß bestimmte Enzymreaktionen sowohl oberhalb 100 °C als auch noch bei – 43 °C stattfinden können.

Mikroorganismen können sogar in porösen Gesteinen in heißen wie kalten Wüsten existieren. Die Organismen siedeln sich in solchen Fällen in einer millimeterdünnen Schicht an der Außenseite von Steinen an und entwickeln so in diesen geschützten Nischen geeignete Lebensbedingungen.

In den Felsen heißer Wüsten leben ausschließlich prokaryotische Organismen, das heißt einzellige Bakterien ohne Zellkern mit nur einem Schleifen-Chromosom. In der eisigen Antarktis dagegen haben sich eukaryotische Algen und Pilze für diese Art von Leben entschieden; sie gehören zu den komplexeren Organismen – mit einem Zellkern –, deren Zellen denjenigen höher entwickelter Tiere wesentlich mehr ähneln. Sie bilden eine primitive flechten-artige Gemeinschaft. In heißen Wüsten ist offenbar der Tau die Hauptwasserquelle, während in der Antarktis der schmelzende Schnee für Wasser sorgt.

Darüber hinaus hat sich eine Vielzahl mikroskopisch kleiner Lebensformen den Gegebenheiten derart gut angepaßt, daß sie selbst in Gegenden existieren können, in denen es über lange Zeiträume hinweg keinerlei Wasser gibt. Diese Organismen verfügen über zwei Eigenschaften, die ihnen ein Überleben ermöglichen.

Erstens besitzen sie die physiologische Fähigkeit, ihren Stoffwechsel an- und abzustellen, und zweitens scheiden sie Stoffwechselprodukte aus, die die unmittelbare Umgebung außerhalb der Zelle verändern.

Einige Flechten beispielsweise verändern den Felsen, auf dem sie leben dadurch, daß sie sich in ihn hineinbohren. Die winzigen Tunnel, die die Flechten durch die allmähliche Auflösung des Gesteins erzeugen, machen den Stein porös und damit für Wasser höchst aufnahmefähig – ein bemerkenswertes Beispiel für die Art und Weise, in der „nicht-intelligentes“ Leben seine Umwelt verändern kann.

Es wäre also ein Fehler, wenn man die Fähigkeit des Lebens, Nischen und Plätze zu besetzen, die nach unserer Meinung abwegig sind, unterschätzte. „Ich vermute,“ so äußerte sich David M. Raup, naturwissenschaftlicher Berater beim Chicago Field Museum für Naturgeschichte, „daß die Schöpfungen eines völlig unabhängigen Evolutionssystems einige echte Überraschungen für uns bereithalten und uns darauf aufmerksam machen werden, daß einige unserer ‚optimalen‘ Lösungen vielleicht nicht so optimal sind, wie wir bisher geglaubt haben.“

Die dichte Atmosphäre eines anderen Planeten könnte beispielsweise für die schwebenden, kriegerisch anmutenden Kreaturen auf unserem Bild (vgl. S. 117) eine ebenso einladende Umgebung darstellen, wie unsere Ozeane für Fische, Weichtiere, Kopffüßler, Delphine und Wale.

In einer solchen Atmosphäre wären die Ohren der Lebewesen aller Wahrscheinlichkeit nach kleiner, da der Schall leichter hörbar wäre. Bei Lebewesen in dünnerer Atmosphäre hingegen würden die Hörorgane größer sein.

Ein belebter Planet müßte zunächst das richtige Alter erreichen, bevor auf ihm intelligentes Leben entstehen könnte – vermutlich mindestens das Alter der Erde, es sei denn, die Sonnennähe und damit entsprechend höhere Temperaturen oder auch andere Umstände hätten eine Beschleunigung chemischer Reaktionen und folglich eine raschere Evolution des Lebens bewirkt.

Das Leben auf einem kleinen Planeten

Einen weiterhin maßgeblichen Faktor stellt die jeweilige Größe eines Planeten dar. Wenn er zu klein ist, so verliert er fast seine gesamte Atmosphäre – wie im Fall des Mars geschehen. Ist der Planet dagegen zu groß, so entwickelt er sich – wie Jupiter – zu einem wasserstoffreichen Giganten.

Es steht außer Frage, daß Leben auf einem Planeten, der größer oder kleiner ist als die Erde, existieren kann. Einige Wissenschaftler setzen die obere Grenze bei einer dreifachen Erdgröße an, die untere bei zwei Dritteln ihres Ausmaßes.

Je nach der Größe verändert sich natürlich auch die Schwerkraft, wodurch Formen und Eigenschaften des Lebens nachhaltig beeinflußt werden. Auf der Erde unterliegen alle Körper der Schwerkraft „s" („s" als Abkürzung für Schwerkraft).

Die geringere Anziehungskraft auf einem kleineren Planeten würde Bäume und Tiere weitgehend von den Fesseln der Schwerkraft befreien – sie würden hoch aufschießen, und größer und schlanker werden.

Wenn wir uns die Wirkungen der Schwerkraft auf das Aussehen der Lebewesen auf einem Planeten mit äußerst geringer Anziehungskraft vorstellen wollen, so genügt ein Blick auf unsere Ozeane. Auch das Leben im Meer ist natürlich nicht frei von Schwerkraft, doch hat die Gravitation dort nicht eine gestaltprägende Bedeutung. Die außerweltlich anmutenden Formen unterschiedlichster Fische und anderer Lebewesen im Meer zeigen verschiedene Möglichkeiten: so gibt es etwa Kugelfische, Plattfische wie Flundern und Schollen, und den höchst merkwürdigen Rotfeuerfisch, der den Eindruck einer völlig hoffnungslosen Konstruktion macht.

Auf dem Land wären unter solchen Bedingungen die Bäume groß und spindeldürr, und Pflanzen könnten eindrucksvolle und ungewöhnliche Gestalten haben, etwa riesige ballonartige Auswüchse und riesengroße Blätter.

Auf einem kleineren Planeten ist durchaus ein giraffen-ähnliches Tier vorstellbar, dessen Hals die doppelte Länge des Halses der irdischen Giraffe hätte, und Bäume könnten bis zu einer Höhe von 200 Metern und darüber hinaus emporragen, wie auf unserer Abbildung (S. 119 . . .) dargestellt.

Leben auf einem großen Planeten

Auf einem großen Planeten ließen sich genau entgegengesetzte Erscheinungen beobachten: die Tiere wären gedrungener, ihre Beine und Hälse aber dicker.

Ein 70 Kilogramm schwerer Mensch müßte auf einem Planeten mit der fünffachen Schwerkraft der Erde 320 Kilogramm wiegen. Seine Fußgelenke wären einer solch enormen Belastung ausgesetzt, daß sein gesamter Knochenbau dem des Elefanten gleichen müßte. Zudem würde er ein sehr viel größeres Herz benötigen, da dieses angesichts solcher Verhältnisse gezwungen wäre, das Blut ein bis zwei Meter in die Höhe zu pumpen.

Insgesamt würde sich die äußere Gestalt der Lebewesen drastisch verändern. Im Rahmen von Experimenten, die von seiten der NASA unterstützt wurden, hat man Küken in einer Zentrifuge großgezogen, wobei man sie ohne Unterbrechung einer Schwerkraft von 3 bis 4 „s" aussetzte. Die Vögel reagierten auf ungewöhnliche Weise: sie bekamen nicht nur – wie zu erwarten war – dickere Beine, bei vielen Vögeln bog sich der Hals nach hinten, so daß sich der Kopf schließlich auf dem Rücken des Tieres abstützte.

Aller Wahrscheinlichkeit nach würde eine höhere Schwerkraft zudem nachhaltig die Zusammensetzung der Atmosphäre beeinflussen, wenngleich dies auch ohne den Einfluß der Gravitation geschehen könnte. Angenommen, die Atmosphäre unseres Modellplaneten enthielte nur ein Drittel so viel Sauerstoff wie unsere Lufthülle, so hätte dies eine Vergrößerung der Lungen zur Folge – eine Erscheinung, die man etwa bei Indianern in den Höhenlagen der Anden antrifft.

Derartige Gestaltveränderungen würden letztlich eine Zerstörung der uns geläufigen menschlichen und tierischen Strukturen bewirken, so daß Wesen auf einem solchen Planeten mit gewaltigen Oberkörpern, einem enorm starken Knochenbau und extrem kantigen Gesichtern ausgestattet wären. Derartig schwerwiegende Veränderungen ergäben sich bereits, wenn man nur zwei physikalische Eigenschaften eines Planeten änderte. Die Gruppe möglicher Bewohner einer solchen Welt macht unsere Illustration anschaulich (vgl. S. 121).

Es lassen sich daneben noch weitere interessante Entwicklungen auf einem großen Planeten vorstellen. Um sich müheloser voranbewegen zu können, müßten die Lebewesen kleiner werden, sie sähen dann etwa so aus wie zu schwergewichtige Erdenbewohner. Auf Bäumen lebende Kreaturen müßten ausnahmslos klein und schnell sein, denn eine besonders rasche Beweglichkeit kommt selten vor und wäre daher im Rahmen der Evolution von großem Vorteil. Im Laufe der Zeit könnte diese Entwicklung zu einer Liliputaner-Rasse führen, deren Vertreter im Durchschnitt nicht größer als ca. 60 Zentimeter würden.

Was sich überdies nicht völlig ausschließen läßt: daß Wesen auf einem großen Planeten sich auf sechs anstelle von vier Beinen fortbewegen, um ihr Gewicht besser verteilen zu können, wobei zusätzlich zwei Arme vorhanden wären.

Bei irdischen Fischen hätten sich anstelle von zwei Flossenpaaren ebensogut drei entwickeln können. „Die Entstehung der beiden Flossenpaare ist im großen und ganzen denselben aerodynamischen Gesetzen zuzuschreiben, die dafür verantwortlich sind, daß ein Flugzeug zwei Paar Flügel besitzt, und ein Vogel einen breitgefächerten Schwanz als Steuerruder entwickelt hat", hob Dr. Berrill hervor. „Auf dem Land wird mit zwei Beinpaaren eine größere Schrittlänge erreicht als mit dreien. Deshalb wurden Menschen, Straußenvögel und zweibeinige Dinosaurier zu den

besten Läufern – alle mit nur einem Beinpaar. Große Lebewesen mit mehr als vier Beinen befänden sich in einer verzwickten Lage, vor allem wegen anatomischer Probleme.

Wenn auch Zentauren nicht ernsthaft zur Diskussion stehen – aus anatomischen Gründen kämen sie einfach nicht in Frage – so wären doch kleinere Wesen mit mehreren Körper-Fortsätzen denkbar; bei uns gibt es entsprechende Beispiele in den Meeren: Krabben und Hummer.

Die Farbe fremder Firmamente

Die chemische Zusammensetzung der Atmosphäre anderer belebter Himmelskörper kann selbstverständlich von ganz anderer Art sein, als dies bei uns der Fall ist. Um aber Leben zu ermöglichen, das auf Kohlenstoff und Wasser basiert, dürfte sie wiederum nicht allzu verschieden sein. Der Anfang irdischen Lebens vollzog sich zwar in einer wasserstoffreichen Atmosphäre, aber die explosionsartige Aufwärtsentwicklung ging erst richtig vonstatten, nachdem eine sauerstoffreiche Atmosphäre entstanden war. (Vgl. Kapitel 2, „Der Vorhang geht auf“). Nach allem, was wir wissen, ist eine sauerstoffreiche Atmosphäre für höhere Lebensformen von absoluter Notwendigkeit, seien sie nun im Wasser oder auf dem Land angesiedelt.

Es mag überraschend klingen – weniger überraschend vielleicht im Hinblick auf die allgemeine Gültigkeit physikalischer und chemischer Gesetze –, daß belebte Planeten in anderen Gegenden des Weltalls bis auf die Farbe ihrer Himmel der Erde ähneln werden. Die Himmelsfarbe anderer Planeten wird uns ebenso blau erscheinen wie unser Firmament, auch wenn die jeweilige Atmosphäre etwas anders aufgebaut sein sollte. Die Himmelsfarbe hat nämlich nichts mit der chemischen Zusammensetzung einer Atmosphäre zu tun. Sie hängt vielmehr von der Größe der in der Atmosphäre vorhandenen Teilchen ab. Blau ist ein Himmel dann, wenn die Atome in der Atmosphäre, verglichen mit der Wellenlänge des jeweiligen Sonnenlichts, klein sind. Nur wenn die Sonne durch größere Staub- oder Smog-Teilchen hindurch scheint, sieht der Himmel – wie bei Sonnenuntergang – rötlich aus.

In Los Angeles etwa erscheint einem an Tagen mit starkem Smog die Sonne selbst tagsüber rot, weil große Partikel die längeren Lichtfrequenzen in Richtung des Beobachters streuen. In ähnlicher Weise läßt sich der rötliche Schein des Marshimmels erklären, da sich in seiner Atmosphäre ziemlich große Staubpartikel befinden.

Enthält die Atmosphäre dagegen kleinere Teilchen, so werden die Wellenlängen kürzer und auch einheitlicher gestreut. Resultat: ein blauer Himmel.

Überraschungen im All

Ohne Frage: das Weltall wird für uns Überraschungen bereit halten. Da das Leben nun einmal manch aufregende und ungewöhnliche Geschöpfe unter all den Millionen von Arten hervorgebracht hat, die jemals die Erde bevölkerten (vgl. Abb. im Kapitel 7), warum sollten wir uns dann nicht ebenfalls auf Überraschungen in den unzähligen außerirdischen Brutstätten des Lebens gefaßt machen?

Zu den Variationen könnte beispielsweise auch der schnellere oder langsamere Stoffwechsel der Tiere gehören. Ein langsamerer Stoffwechsel auf einem Planeten, der weiter von der Sonne entfernt ist als die Erde, würde die Lebensdauer der dortigen Kreaturen möglicherweise verlängern, zugleich aber die Entwicklung eines großen Gehirns hemmen.

Weiterhin ist uns bekannt, daß chemiche Prozesse durch Temperaturerhöhungen beschleunigt werden; eine Erhöhung um nur 5 °C verdoppelt bereits die Intensität der meisten chemischen Reaktionen.

Im Gegensatz dazu wären die Körpertemperaturen der Lebewesen auf einem Planeten dann sehr hoch, wenn er sich in größerer Nähe zu seiner Sonne befände, oder durch eine etwas anders aufgebaute Atmosphäre höhere Oberflächentemperaturen aufwiese; gleichzeitig wäre die Denkgeschwindigkeit der dort lebenden Wesen erheblich höher als bei uns – dies allerdings um den Preis einer drastisch verkürzten Lebensdauer. Selbstverständlich würden die Temperaturverhältnisse auf einem solchen Planeten auch das Haarkleid und die Dicke des Pelzes der Lebewesen beeinflussen.

Sterne und Lebenszonen

Das Leben auf einem Planeten wird natürlich auch von den besonderen Eigenschaften des zentralen Sterns im Planetensystem abhängen, speziell davon, inwieweit dieser Stern genügend Wärme abstrahlt, um Wasser flüssig zu halten.

Astronomen haben die Eigenschaften von hundert Sternen in unmittelbarer Nachbarschaft der Sonne systematisch in Form von Tabellen erfaßt. Die Gewichtsmasse dieser Sterne variiert zwischen drei Hundertsteln der Masse der Sonne beim kleinsten, und dem 2,3fachen ihrer Masse beim größten unserer Nachbarsterne. Nicht weniger als 89 von ihnen sind sog. Hauptreihensterne (vgl. Kapitel 2 „Der Vorhang geht auf"). Sie sind dafür bekannt, daß sie nicht explodieren, sondern meistens ihr Leben ohne große Eruptionen verbringen.

Unter diesen 100 der Sonne am nächsten stehenden Sternen, die vermutlich Merkmale besitzen, die auch für die anderen Sterne im Weltall charakteristisch sind, befinden sich sieben weiße Zwerge und vier sog. Unterzwerge. Beide Kategorien kann man getrost bei der Suche nach belebten Planeten vergessen, da diese beiden Sterntypen zu klein und zu kalt sind, als daß sie Leben entfachen könnten.

Nicht weniger als 72 der 100 Sterne sind Teil eines Doppel- oder Dreifachsternsystems. Deshalb scheiden sie als Brutstätte des Lebens jedoch nicht von vornherein aus, denn die verschiedenen Teilbereiche in diesen Systemen können weit, sehr weit auseinanderliegen.

Die Frage, ob es in Mehrfachsystemen mit kürzeren Entfernungen zwischen den einzelnen Sternen belebte Planeten geben könne, wird noch immer lebhaft diskutiert. Einige Wissenschaftler sind der Meinung, die Planetenumlaufbahnen in Doppel- oder Dreifachsternsystemen seien sehr ungleichmäßig, so daß bahnwechselnde Abstände zwischen den Sternen zu extrem starken Klimaschwankungen führten.

Uns hätte es durchaus widerfahren können, uns in einem Doppelsternsystem wiederzufinden, da nämlich aus Jupiter beinahe eine zweite Sonne entstanden wäre. Nicht viel hat daran gefehlt, wenngleich Jupiter zugegebenermaßen im Vergleich zur Sonne nur ein kleiner, schwach leuchtender Stern gewesen wäre.

Der faszinierende Gedanke zweier tatsächlich belebter Planeten im Sonnensystem wäre dann nicht nur ein Traum geblieben, wenn der Mars etwas größer ausgefallen und von zwei Sonnen, statt nur von einer, gewärmt worden wäre. Lebewesen in einem Doppelsternsystem könnten die Fähigkeit entwickelt haben, ihre Hautfarbe entsprechend den Positionen der beiden Sonnen zu verändern, um so den größten Nutzen aus ihrem Licht zu ziehen.

Wahrscheinlich sind jedoch einzelne Sterne am besten als Wärmequellen für Leben geeignet; von den 100 uns benachbarten Sternen kämen hierfür vielleicht zwei in Betracht, zumindest nach ihren Oberflächentemperaturen und der Art ihrer ausgesandten Strahlen zu urteilen. Wenn wir uns daran erinnern, daß es allein in unserer Milchstraße 100 Milliarden Sterne gibt, können wir auf die schwindelerregende Zahl von 2 Milliarden Sternen allein in unserer Galaxis schließen, die als Sonnen mit belebten Planeten in Frage kommen (vgl. Kapitel 2, „Der Vorhang geht auf").

Wie breit die belebte Zone eines Planetensystems genau ist, hängt überdies vom zentralen Stern dieses Systems ab. In unserem Sonnensystem reichen die Temperaturen von 538 °C in Merkur-Nähe bis zu –129 °C in der Nähe Jupiters. Leben auf Kohlenstoff-Wasser-Basis kann jedoch nur in weniger extremen Zonen existieren, andernfalls würden das Wasser verdampfen und die Kohlenstoffverbindungen zerbrechen, bei extremer Kälte würde beides einfrieren.

Der Einfluß der Temperatur

Die Temperatur, die auf oder nahe der Oberfläche eines Planeten herrscht, bestimmt in hohem Maße die Entwicklung und Natur der lebenden Organismen. Gegenden, in denen die durchschnittliche Jahrestemperatur zwischen O °C und 30 °C schwankt, bieten für den Menschen ein ideales Klima. In solchen Bereichen leben gegenwärtig die meisten Menschen, wobei sich 95 Prozent der Weltbevölkerung auf jenen 65 Prozent Landmasse förmlich zusammendrängt, auf denen durchschnittliche Jahrestemperaturen zwischen 4 °C und 27 °C herrschen. Hinzu kommt, daß auch für den größten Teil der Pflanzen und Tiere, von denen sich die Menschen im wesentlichen ernähren, dieser Temperaturbereich am günstigsten ist.

Geologische Funde aus Meeresablagerungen lassen darauf schließen, daß auf der Erde vor ungefähr 65 Millionen Jahren ein relativ warmes, gleichmäßiges Klima herrschte. Auf dieses folgte vor 10 bis 15 Millionen Jahren ein allmählicher Kälteeinbruch, in dessen Verlauf sich eine Eiskappe in der Antarktis bildete und dann vor rund 3 Millionen Jahren zu einer kontinentalen Vereisung der nördlichen Hemisphäre führte. Seit dieser Zeit, im Verlauf von etwa 40000 bis 100000 Jahren, hielten die Klimaschwankungen auf der Erde an. Die Eiszeiten sind die jüngste Stufe der klimatischen Evolution. Während dieser Periode und der der Zwischeneiszeiten gab es klimatisch mildere Phasen, die die frühen Zivilisationen maßgeblich beeinflußt haben. Dennoch ist erwiesen, daß jene klimatischen Extreme sich in keiner Weise mit den gewaltsamen Veränderungen der vorausgegangenen 50 Millionen Jahre vergleichen lassen.

Über die Ursachen klimatischer Veränderungen geben ebenfalls geologische Zeugnisse Auskunft. Klimaschwankungen können sowohl durch die Bewegungen der Kontinentalmassen, durch das Aufsteigen und Abtragen von Gebirgen, wie auch durch Änderungen im Verlauf von Meeresströmungen verursacht werden. Was das gegenwärtige Stadium klimatischer Evolution betrifft, so sind einige Wissenschaftler der Meinung, das Klima auf der Erde reagiere in besonderer Weise auf Änderungen im Neigungswinkel der Erdachse sowie auf die kleinsten Abweichungen von der normalen Umlaufbahn der Erde. Schwerer hingegen läßt sich beurteilen, welche Auswirkungen im einzelnen durch Veränderungen hervorgerufen werden, die auf uns selbst zurückgehen; beispielsweise auf die anhaltende Produktion atmosphärevergiftender Stoffe, deren Folgen sich erst in einigen hundert, vielleicht sogar erst in Tausenden von Jahren bemerkbar machen. Dann könnte es für eine Umkehr längst zu spät sein, der Schaden wäre nicht mehr wiedergutzumachen.

Unzweifelhaft steht indessen fest, daß die Temperatur einer derjenigen Umweltfaktoren ist, die maßgeblichen Einfluß darauf haben, in welche Richtungen sich einzelne Tiere entwickeln. Lange Zeit hat man beispielsweise die Auffassung vertreten, bei den Dinosauriern, speziell den großen, habe es sich um Kaltblüter gehandelt, die sich äußerst langsam bewegten und ziemlich unintelligent gewesen seien. Aufgrund ihrer Unterlegenheit gegenüber den Säugetieren, so meinte man, seien sie zum Aussterben verurteilt gewesen. Da man davon ausging, sie wären Kaltblüter, vermutete man, jene großen Reptilien hätten in einem extrem heißen Klima gelebt.

In jüngster Zeit jedoch wurden solche Vermutungen in Frage gestellt. Die Verfechter der These von der Warmblütigkeit der Dinosaurier behaupten, sie seien genauso schnell und aktiv gewesen wie die heutigen großen Säugetiere.

Die Begriffe „kaltblütig“ und „warmblütig“ sind nun keineswegs so präzise wie das entsprechende wissenschaftliche Begriffspaar: „poikilotherm“, d. h. wechselwarm, von der Außentemperatur abhängig, und „homöotherm“, d. h. gleichbleibend warm, von der Umwelttemperatur unabhängig.

Bei genauerer Untersuchung hat sich herausgestellt, daß etwa ein poikilothermer „Kaltblüter“ wie die Eidechse eine gleichbleibende Körpertemperatur hält, die de facto höher als die des Menschen ist, und zwar, wenn die Eidechse einmal in Bewegung ist und sich dann wieder ruhig an der Sonne wärmt. Die amerikanische Peitschenschwanzechse beispielsweise hat am Tage eine konstante Körpertemperatur von 40,5 °C; beim Menschen hieße dies hohes Fieber. In der Nacht aber fällt die Körpertemperatur der Echse, und das Tier wird bewegungslos.

Im Gegensatz zu Eidechsen und anderen Reptilien bleibt die innere Temperatur der Säugetiere und Vögel immer konstant, unabhängig von allen äußeren Bedingungen. Grund dafür ist ihr höherer Stoffwechsel, der jedoch gleichzeitig zu größeren Nahrungsaufnahmen zwingt.

Daraus ergibt sich eindeutig, daß die Begriffe „warmblütig“ und „kaltblütig“ im Fall der Dinosaurier wohl fehl am Platz sein dürften.

Die größten Dinosaurier z. B. benötigten mehr Zeit, um an der Sonne warm zu werden oder im Schatten abzukühlen als die kleinen Reptilien. Selbst der Wechsel vom Tag zur Nacht wirkte sich bei einem großen Dinosaurier nur unmerklich aus. Folglich mußten diese Tiere ihre innere Temperatur mit Hilfe ihres Stoffwechsels aufrecht erhalten. Sie waren demnach Warmblüter, wenn auch möglicherweise ohne einen allzu hohen Stoffwechsel, und statt daß sie sich an warmem Wetter erfreut hätten, dürften sie eher unter Hitze gelitten haben. Mit anderen Worten: die großen Dinosaurier könnten durchaus Warmblüter gewesen sein, auch wenn sie vermutlich nicht im Galopp durch die Lande gestreift sind.

Der Fall der kleineren Dinosaurier liegt dagegen wesentlich eindeutiger. Die Strauß-Dinosaurier, die dem Straußenvogel verblüffend ähnlich sahen, obwohl sie weder Flügel noch Federn besaßen, waren, wie man gemeinhin annimmt, Warmblüter. Dahinter stecken folgende Überlegungen: der Strauß ist einer der schnellsten Läufer überhaupt; kein Kaltblüter würde jemals vergleichbare Leistungen zustande bringen können. In seinem Körperbau ist der Strauß-Dinosaurier dem echten Strauß, der sich viel später entwickelte, überraschend ähnlich. Da solche funktionellen Ähnlichkeiten, auch Konvergenz genannt, normalerweise auf vergleichbare Lebensgewohnheiten schließen lassen – wie wir am Beispiel der

Beutel- und Plazenta-Wölfe sowie anderer konvergenter Wesen gesehen haben –, muß der Strauß-Dinosaurier ein Warmblüter gewesen sein; so etwa lautet die herkömmliche Argumentation.

Unser Klima und der Mond

Die faszinierende Rolle, die unser Mond beim Zustandekommen des spezifischen Klimas auf der Erde spielt, wird leicht übersehen. Neben seiner unbezweifelbaren literarisch-romantischen Bedeutung besteht seine wichtigste Leistung für die Erde und ihre Bewohner darin, daß er die Neigung der Drehachse unseres Planeten stabilisiert.

Der Mars verfügt nicht über einen vergleichbar großen natürlichen Satelliten, er ist statt dessen den Wirkungen der Schwerkraft von Sonne und Jupiter ausgesetzt. Entsprechend schwankte die Achsenneigung des Mars im Laufe seiner langen Geschichte zwischen 0 und 34 °, wodurch das Klima auf diesem Planeten nachhaltig beeinflußt wurde. Was indessen die klimatischen Verhältnisse auf der Erde anbelangt, so hielten sie sich aufgrund der Mondnähe relativ stabil.

Nach jüngsten Berechnungen einiger Wissenschaftler könnten die Eiszeiten auf der Erde eine Folge geringfügiger Veränderungen des Neigungswinkels der Erdachse gewesen sein; dem Mond ist es offenbar zu verdanken, daß sie sich in bedeutend engeren Grenzen als erwartet hielten. Ohne dessen stabilisierende Wirkung hätte die Erde im Zeitraum von Hunderttausenden von Jahren gewaltige Klimaschwankungen erlebt.

Und doch ist nicht unbedingt ein großer Mond erforderlich, damit eine lebensnotwendige Stabilität gesichert werden kann. Die Neigung eines Planeten, seine sogen. „äquatoriale Inklination“, bestimmt darüber, inwieweit die verschiedenen Gebiete auf seiner Oberfläche bewohnbar sind, wobei es jedoch einen relativ großen Spielraum gibt. Ein Planet von der Größe der Erde mit einer äquatorialen Neigung von 75 ° (die Neigung unserer Erde beträgt 23,5 °) würde immer noch über eine bewohnbare Zone verfügen, wenngleich diese nur 3.000 Kilometer breit und auf die Äquatorgegenden beschränkt wäre. In höheren und niederen Breiten würden die extremen, jahreszeitlich bedingten Gegensätze von Hitze und Kälte jedes Leben daran hindern, Fuß zu fassen, zumindest die höheren Formen des Lebens.

Ein Planet mit einer geringen äquatorialen Neigung dagegen könnte durchaus zwei bewohnbare Lebensgürtel in höheren Breiten besitzen.

Denkbar wäre, daß die Erde das Fehlen eines Mondes durch eine schnellere oder langsamere Drehung hätte ausgleichen können. Die Venus etwa stabilisiert ihren Neigungswinkel, indem sie sich sehr langsam dreht. Selbst wenn es keine großen Gezeitenunterschiede, die ja durch einen großen Mond bedingt sein können, gegeben hätte, wäre dies vermutlich für die Entwicklung von Leben nicht sonderlich schädlich gewesen, da die kleineren, durch die Sonne bedingten Gezeiten, die fehlenden größeren Mondtiden hätten ausgleichen können. (Die Gezeiten haben die Ausbreitung des Lebens möglicherweise auf unterschiedlichste Art begünstigt. Als beispielsweise die Pflanzen anfingen, die Erde zu besiedeln, hat unter Umständen der Wechsel von Ebbe und Flut den Prozeß der Wurzelbildung bei jenen ersten Pflanzen beschleunigt. Folglich könnte sich die Existenz eines großen natürlichen Satelliten, wie ihn etwa unser Mond darstellt, durchaus günstig auf Entwicklung und weiteren Fortgang des Lebens auswirken.)

Der Einfluß des Lebens auf die Umwelt

Das Leben hat sich nicht nur unter dem Einfluß der Umwelt entwickelt, es hat vielmehr auch seinerseits bedeutende Wirkungen auf die Umwelt ausgeübt, indem es sie umgestaltete und veränderte, um dadurch für sich selbst günstigere Bedingungen schaffen zu können.

Mikroskopisch kleine Algen entwickelten beispielsweise den erstaunlichen Vorgang der Photosynthese, mit deren Hilfe Algen und höhere Pflanzen Wasser in Wasserstoff und Sauerstoff aufzuspalten vermögen. Sie entnehmen der Atmosphäre Kohlendioxid und verbinden es mit Wasserstoff zu Kohlehydraten, d. h. Zucker und Stärke. Beinahe als eine Art zufälliges Nebenprodukt geben die Pflanzen dabei Sauerstoff an die Atmosphäre ab. Und gerade dieser Prozeß machte die Entstehung höheren Lebens auf der Erde möglich und sicherte zudem den Fortbestand des Lebens. Würden die Pflanzen nicht permanent Sauerstoff produzieren, so wäre der Sauerstoffvorrat in der Atmosphäre in wenigen tausend Jahren aufgebraucht. Der Sauerstoff ginge zwar mit den verschiedensten chemischen Substanzen Verbindungen ein, doch das Kohlendioxid würde sich in solchen Mengen ansammeln, daß an ihm jegliches Leben erstickte.

Von hier aus gesehen wirken die Gasriesen des Sonnensystems – Jupiter, Saturn, Uranus und Neptun – wie Relikte aus einer längst überholten Vergangenheit, da die Entwicklungsprozesse auf diesen Planeten nicht weit genug vorangekommen sind. Die Gasriesen besitzen zwar feste Kerne, doch wird jede Entwicklung von Leben über die Stufe einfacher Mikroorganismen hinaus höchstwahrscheinlich durch Strömungsturbulenzen in der Atmosphäre wie auch dadurch verhindert worden sein, daß kein Sonnenlicht bis an die Oberfläche solcher Planeten durchgedrungen ist. Mikroorganismen wären kaum in der Lage, sich innerhalb starker atmosphärischer Strömungen zu entwickeln, da solche Mikroben selbst auf dem Jupiter jeweils nur für wenige Wochen, oder bestenfalls Monate, einigermaßen lebensgünstige Temperaturen anträfen.

Auf der Erde bewirkten die Pflanzen ein übriges: sie beschleunigten die Entwicklung des Lebens dadurch, daß sie als erste zu Landbewohnern wurden. Dadurch bot der einst unfruchtbare Boden den Tieren Nahrung, diese konnten nun das Meer verlassen. Betrachtet man die natürlichen Umweltbedingungen, so gehört die Erde in mehr als einer Hinsicht zu den von der Evolution besonders bevorzugten Planeten.

Unsere traurige Schwester

Venus dagegen, die man einst fälschlicherweise unseren „Schwesterplaneten" nannte, hatte weniger Glück als die Erde; sie beweist damit, daß unser Leben nicht überall entstehen kann. Während die dichte Atmosphäre der Venus fast vollständig aus Kohlendioxid besteht, gibt es davon in unserer Lufthülle nur sehr wenig. Auf der Erde finden wir CO_2 in Kalkstein gebunden, einem Gestein, das aus einer Anhäufung winziger Skelett-Teile gebildet ist, die von Meereslebewesen aus dem in Wasser gelösten Kohlendioxid hergestellt wurden. Ähnlich der Photosynthese grüner Pflanzen vollzieht sich auch dieser Vorgang beinahe kontinuierlich, so daß dadurch die Menge an Kohlendioxid auf der Erde reguliert wird.

Da auf der Venus ein derartiger Kreislauf fehlte, wurde der Planet zunehmend von einer stark kohlendioxidhaltigen Atmosphäre beherrscht.

Immer noch gibt uns die Venus unzählige Rätsel auf. Mittels Radar hat man herausgefunden, daß sich die Venus rückwärts dreht, d. h. in entgegengesetzter Richtung zu ihrer Umlaufbahn um die Sonne; und: daß sie für eine Umdrehung um ihre Achse 243 Tage, 2 Stunden und 40 Minuten benötigt. Eine höchst merkwürdige „Schwester"! Mit Ausnahme des etwas nebensächlichen Uranus, der in seiner Umlaufbahn schräg auf der Seite liegt, wie der umgekippte Kreisel eines Kindes, ist die Venus der einzige Planet mit einer Rückwärtsdrehung. Niemand weiß genau zu sagen, warum dies so ist, wenngleich es wissenschaftliche Spekulationen gibt, nach denen die äußerst dichte Atmosphäre der Venus für dieses Phänomen u. a. verantwortlich sei.

Die Venus zeigt überdies der Erde immer dieselbe Seite, wenn beide die größte Nähe zueinander erreicht haben. Offenbar übt die Erde eine gewisse Anziehung auf die Venus aus – so kommt es zu einer Art interplanetarischem Händedruck. Einige Theoretiker haben vorausgesagt, daß durch die Anziehungskraft der Erde eine Wölbung, mehrere tausend Meter hoch, auf der Venus entstehen würde, und tatsächlich konnte wenig später mittels Radar eine derartige Erhebung an der entsprechenden Stelle geortet werden.

Um die Gezeitenenergie abbauen zu können, würde die Venus jedoch einen bestimmten inneren Mechanismus brauchen. Manche Wissenschaftler sind der Meinung, daß nur ein flüssiger Kern für einen entsprechenden Ausgleich sorgen könnte. Allem Anschein nach sind es die atmosphärischen Gezeiten, die anhaltende Deformation des Äquators sowie der flüssige Kern, die der Venus eine so merkwürdige Drehung aufzwingen.

Ebenso rätselhaft ist, was aus all dem Wasser geworden ist, das, wie die Wissenschaftler annehmen, einst auf der Venus reichlich vorhanden war. Sie gehen davon aus, daß ursprünglich auf allen terrestrischen Planeten und auch dem Mond Wasser zu finden war.

Man vermutet, die terrestrischen Planeten hätten in ihrem Innern zusammen mit Gasen, die später entwichen seien, Wasser erzeugt. Noch heute könnte unter einer Permfrostschicht auf dem Mars und dem Mond Wasser eingeschlossen sein. Die Atmosphäre der Venus enthält so wenig Wasserpartikel, daß, würden sie freigesetzt, nur ein etwa 3 Millimeter dünner Film die gesamte Oberfläche des Planeten überzöge. Ganz anders im Fall der Erde: hier würden die Ozeane unseren Globus mit einer fast 3 Kilometer tiefen Wasserschicht bedecken.

Da sich die Venus etwa ein Drittel näher an der Sonne befindet als die Erde, ist es denkbar, daß sie von Anfang an erheblich ärmer an Wasser war, oder auch, daß ihre Ozeane aufgrund der stärkeren ultravioletten Strahlung der Sonne vernichtet wurden; diese ist ja in der Lage, Wassermoleküle zu zersetzen. Wie dem auch sei, den Wissenschaftlern fällt es jedenfalls leichter, die Kohlendioxid-Atmosphäre der Venus zu erklären als das Fehlen von Wasser. Würde man nämlich die Temperaturen auf der Erde denen der Venus angleichen, so bestünde auch die Erdatmosphäre überwiegend aus Kohlendioxid. In der Erdkruste finden wir Co_2 als „fossiles Gas", und zwar in Form von Kalkstein und anderen Mineralien. Das bedeutet abermals: Leben und Wasser gemeinsam haben die bei uns entstandene spezifische Situation entscheidend beeinflußt.

Daneben ist Kohlendioxid weitgehend für die extrem hohen Temperaturen auf der Venus verantwortlich. Zwar ist CO_2 für ultraviolette Strahlungen durchlässig, doch blockiert es die von der Oberfläche aufsteigende infrarote Wärmestrahlung: so kommt es zu einer Art „Treibhauseffekt". Das Glas eines Treibhauses, dessen Funktion sich in etwa mit der des Kohlendioxids in der Atmosphäre der Venus vergleichen läßt, ist zwar lichtdurchlässig, es hält jedoch gleichzeitig die vom Boden aufsteigende Wärme gefangen. Kommt etwas Wasserdampf in der Atmosphäre hinzu, so ist die Treibhauswirkung noch stärker. Die Oberfläche der Venus ist offenbar zu heiß für ein Leben auf Kohlenstoff-Basis – ein einleuchtendes Beispiel dafür, wie die Umwelt auf einem Planeten über Leben, bzw. Nicht-Leben entscheidet.

Die Erforschung der Venus durch Raumsonden ergab ein weitaus seltsameres und unwirklicheres Bild dieses Planeten, als man es sich je vorgestellt hatte: ein grauenerregender Planet, heiß wie Feuer, dessen Oberfläche kaum jemals vom Sonnenlicht erreicht wird, an einigen Stellen rotglühend. Auf der Grundlage sowjetischer und amerikanischer Daten konnten Wissenschaftler den Druck an der Oberfläche der Venus mit 100 Atmosphären bestimmen und für die Oberflächentemperatur 480 °C errechnen. Auf der Erde beträgt der Druck in Meereshöhe nur eine Atmosphäre.

Die Geheimnisse des Mars

Dem Mars hätte es unter Umständen besser ergehen können als der Venus. Um ein Haar wäre es ihm gelungen, sich wenigstens mit einer Zehe in den Türspalt des Lebens hineinzuzwängen. Obwohl seine Atmosphäre – wie die der Venus – gegenwärtig zu 95 Prozent aus Kohlendioxid aufgebaut ist, so ist sie doch außerordentlich dünn, da der Mars zu den kleineren Planeten gehört. Außerdem scheint der Großteil des Kohlendioxids auf der Planetenoberfläche in Karbonatgestein und in Polarkappen gebunden zu sein. Wissenschaftler haben errechnet, daß der atmosphärische Druck auf dem Mars halb so groß wie auf der Erde wäre, wenn das gesamte Kohlendioxid auf einmal freigesetzt würde.

Das bedeutet, auf dem Mars könnte einmal Wasser geflossen sein – eine Annahme, die von Raumsondenaufnahmen scheinbar gestützt wird, die ausgetrocknete Flußbetten auf dem Planeten zeigen. Bei genauerer Prüfung der Fotos allerdings kann man weder ausgetrocknete Seen, noch andere Anzeichen für größere Gewässer oder träge fließende Ströme erkennen.

Was die Bilder statt dessen zeigen, sind einige durch schnell fließendes Wasser ausgeformte Flußbetten, wie sie in ähnlicher Weise auch durch Springfluten in Wüsten und halbtrockenen Regionen der Erde entstehen. Manche dieser Flußbetten entspringen in eingesenkten Gebieten zerklüfteter Hügellandschaften, die auf einen Einsturz unterirdischer Reservoire und ein plötzliches Austreten gewaltiger Wassermassen hinweisen. Einige dieser ehemaligen Flußläufe sind hunderte von Kilometern lang und bis zu 9 Kilometer breit. Sie haben übrigens nichts mit den „Marskanälen“ zu tun, die sich mittlerweile als Canyons, in manchen Fällen auch als streifenförmige Staubablagerungen herausgestellt haben.

Wenn es auf dem Mars Wasser gegeben hat, so ist doch immer noch ungeklärt, ob es lange genug vorhanden war, um Leben entstehen zu lassen. Einschlagskrater auf dem Boden der ehemaligen, inzwischen ausgetrockneten Wasserläufe scheinen – zumindest nach ihren Konturen zu urteilen – rund 3 Milliarden Jahre alt zu sein.

„Wir haben überzeugende Beweise dafür, daß gegenwärtig kein Leben auf dem Mars existiert“, so Dr. Richard S. Young, Chefbiologe bei der NASA. „Aber das Viking-Experiment sagt uns nichts oder nur sehr wenig über die Geschichte des Planeten, so daß wir nicht wissen, was vor zehntausend, einer Million, zehn Millionen, hundert Millionen oder einer Milliarde Jahren dort passiert ist. Wir können deshalb keine Angaben darüber machen, ob es auf dem Mars Leben gegeben hat oder nicht; ob nicht vielleicht anfängliche Entwicklungen von Leben vorhanden waren, die aber das ‚Klassenziel‘ nicht erreichten. Möglicherweise sind diese ersten Versuche gerade noch mit einem ‚ausreichend‘ durchgerutscht, verstecken sich aber seither irgendwo unter der Oberfläche oder im Felsgestein. Ich glaube, es gibt noch unzählige Hinweise, denen allen wir einfach nicht nachgehen können. Viking hat gerade einmal an der Oberfläche gekratzt – im wörtlichen wie übertragenen Sinn. Es wäre eine große Hilfe, wenn es gelänge, eine Probe vom Mars auf die Erde zu bringen.“

Wie wir gesehen haben, ist eine der vielen charakteristischen Umwelteigenschaften, die entscheidend dazu beitragen, ob Leben auf einem Planeten gedeihen kann, die Entfernung des Planeten von seiner Sonne. Die Lebenszone innerhalb unseres Planetensystems zum Beispiel scheint viel enger zu sein, als man einst geglaubt hat. Befände sich die Erde in größerer Nähe zur Sonne, etwa dort, wo jetzt Venus ihre Bahn zieht, so würde sie auch der Venus ähnlich werden. Die Ozeane würden verdampfen und jenen bekannten Treibhauseffekt erzeugen, so daß der Planet in einem solchen Maß aufgeheizt würde, daß auf ihm kein Leben mehr möglich wäre.

Rückten wir hingegen die Erde an die Stelle des Mars, so würden unsere Ozeane gefrieren; das jedenfalls nehmen einige Wissenschaftler an. Daneben wurden weitere Möglichkeiten angedeutet, wie etwa eine mittlere Temperatur, bei der zwar längs des Äquators eine warme Zone verliefe, die Atmosphäre aber aus CO_2 bestünde, so daß sie lediglich für niederes Leben, nicht jedoch für höher entwickelte Formen geeignet wäre.

Da der Durchmesser des Mars nur etwas mehr als die Hälfte des Erddurchmessers beträgt, war der Planet offenbar nicht in der Lage, seine Innentemperaturen zu halten. Als unsere Erde noch von Dinosauriern beherrscht wurde, also bis vor 100 Millionen Jahren, waren auf dem Mars jedenfalls Vulkane tätig, die ihre Gase in die Atmosphäre „spuckten". Irgendwann einmal scheint es dort eine dichte Atmosphäre, wie auch Wasser, gegeben zu haben; jene interessanten, ausgetrockneten Flüsse zeugen davon. Vielleicht auch gab es auf dem Mars erste Anfänge von Leben, das mit dem Erlöschen der Vulkane dann wieder ausstarb. Spätestens zu jenem Zeitpunkt müssen sich sowohl das Wasser auf der Marsoberfläche wie auch die Atmosphäre des Planeten ins All verflüchtigt haben, da die geophysikalische Wärmepumpe nicht mehr funktionierte.

Nach Auffassung von Robert Jastrow können Größe und Masse eines Planeten wichtiger sein als sein Platz im Sonnensystem, da es von Größe und Masse allein abhängt, ob ein Planet Ozeane besitzt oder nicht –, die ihrerseits die Chancen für eine Entwicklung von Leben erheblich vergrößern.

Vorausgesetzt, Jastrow hätte recht, und der Mars wäre tatsächlich größer gewesen und hätte seine Atmosphäre in einer Weise entwickelt, die das Entstehen von Leben begünstigt haben würde, so fänden wir heute zwei belebte Planeten im Sonnensystem vor – mit allen sich daraus ergebenden ungeahnten Folgen.

Solche Vorstellungen und Kontroversen haben auf unsere Wissenschaftler ungemein anregend gewirkt. Sie sind davon überzeugt, daß, wenn letztlich kein Leben auf dem Mars oder irgendwo sonst entdeckt werden sollte, die Erforschung unseres Sonnensystems dennoch eine der aufregendsten und produktivsten Unternehmungen des Menschen sein wird.

„Es muß dort etwas Interessantes geben, selbst wenn sich erweisen sollte, daß die Planeten gänzlich unbelebt sind", das ist die Meinung Carl Sagans. „Es gibt ein ganzes Spektrum von Möglichkeiten, die zum Ursprung von Leben auf einem Planeten hinführen können. Es ließe sich beispielsweise ein Klima vorstellen, in dem sich eine Art vorbiologische, organische Materie entwickeln konnte. Organische Materie wurde bekanntlich auf der Erde produziert, noch bevor überhaupt Leben vorhanden war; offensichtlich wurde dieses Material benötigt, um Leben zu schaffen. Gäbe es einen Ort, wo zwar niemals Leben existiert hat, doch organische Substanzen vorhanden waren, dann lägen dort die Bausteine des Lebens sozusagen unmittelbar vor uns, und wir wären in der Lage, Genaueres über den Ursprung des Lebens zu sagen.

Möglicherweise ist auf einem Planeten Leben entstanden und später wieder ausgestorben, so daß wir nach fossilen Zeugnissen und anderen Beweisen fahnden können. Ebensogut ist es denkbar, daß auf einem Planeten zwar Leben entstand, doch in seiner Entwicklung nicht allzu weit kam und noch immer in dieser primitiven Form existiert. Wir haben unzählige Möglichkeiten vor uns, selbst im Fall eines unbelebten Planeten besteht die Chance, höheres Leben zu entdecken, oder darauf zu stoßen, daß zwar niemals Leben existierte, wohl aber eine vorbiologische, organische Materie. Sogar bei solch außergewöhnlichen Objekten wie Meteoriten, die vermutlich von Asteroiden abstammen, auf denen es weder Luft noch Wasser gibt, finden wir eine Fülle organischer Moleküle aus ihren Muttersternen. Deshalb würden wir mit Sicherheit auf einem unbelebten Planeten einiges über den Ursprung des Lebens erfahren."

Die Bedeutung der Kontinentalverschiebungen

Damit sich das Leben durch den Türspalt der Evolution zwängen und intelligente Formen hervorbringen konnte, bedurfte es zusätzlicher Umwelteinflüsse. Augenscheinlich mußte ein Planet, um überhaupt Leben beherbergen zu können, ähnliche geologische Prozesse durchlaufen wie unsere Erde. Genauer gesagt, geht es um Plattentektonik und Kontinentalverschiebungen.

Der Begriff Plattentektonik – d. h. Aufbau und Konstruktion – bezieht sich auf die geologische Gestaltung der Erde durch Bewegungen einzelner Platten, auf denen Kontinente und Ozeane ruhen. Diese Platten, mehrere Kilometer dick, bilden die äußere Schale der Erde. Die Hitze des geschmolzenen Erdkerns sowie die beim Zerfall radioaktiver Elemente freiwerdende Wärme halten die Platten in ständiger Bewegung. Wo diese aufeinandertreffen, kommt es zu Erdbeben und einer Veränderung des geologischen Baues der betreffenden Gegend. Vulkane markieren die Ränder der Platten; die Erde verfügt über rund 10 große und 30 kleinere Platten.

Sowohl astronomische Beobachtungen wie auch die Erforschung von Planeten und großen natürlichen Satelliten des Sonnensystems mit Hilfe von Raumsonden haben ergeben, daß Plattentektonik und Kontinentalverschiebung keine Prozesse darstellen, die überall auftreten. Gleichwohl sind sie nicht allein auf die Erde beschränkt.

Es verwundert vielleicht nicht, daß Mond und Merkur keinerlei tektonische Aktivitäten zeigen, da es sich bei beiden um relativ kleine Himmelskörper handelt. Auf dem Mars lassen sich Verwerfungen und erloschene Vulkane erkennen, die darauf hindeuten, daß dort vor langer Zeit einmal geologische Prozesse stattgefunden haben müssen. Heute jedoch wirkt der rote Planet wie ein Bild der Ruhe.

Im Gegensatz zur Erde verfügt der Planet Venus nur über eine einzige Platte. Ungefähr 85 Prozent der Venusoberfläche sind wahrscheinlich mit einem riesengroßen Kontinent aus leichtem Granitgestein bedeckt, das bereits in einem sehr frühen Stadium an die Oberfläche getrieben wurde. Offenbar waren die inneren Temperaturen des „Schwesterplaneten" der Erde in früherer Zeit sehr hoch, entweder weil von vornherein Wasser fehlte oder später verschwand. Die enorme Hitze könnte das Eindringen schweren Basaltgesteins in die untere Kruste des Planeten nachhaltig begünstigt haben, so daß die leichteren Granitgesteine dann an die Oberfläche aufstiegen.

Schließlich finden sich auf der Venus nur wenige tiefliegende Gebiete, die man kaum mit den Ozeanbecken der Erde vergleichen kann, die immerhin fünf Sechstel der Oberfläche bedecken. Sollte es je tektonische Aktivitäten auf der Venus gegeben haben, so scheinen sie sehr früh zum Erliegen gekommen zu sein.

Der einzige Himmelskörper in unserem Sonnensystem, der wirklich geologisch aktiv ist, ist der Jupitermond Io. Im Frühjahr 1979 passierte das amerikanische Raumfahrzeug „Voyager I" den Jupiter und funkte einige spektakuläre Bilder von Vulkanausbrüchen auf Io zur Erde. Nicht weniger als sieben Vulkane waren gleichzeitig in Aktion. Obwohl Io kleiner als die Erde ist und alles Wasser, das dort möglicherweise einst vorhanden war, vor langer Zeit verloren hat, sind die Vulkane, die ihre Gase mit einer Geschwindigkeit von 2000 km/h fast 160 Kilometer hoch in die Atmosphäre schleudern, trotz ihrer Verschiedenheit denen auf der Erde ähnlich.

Die vulkanischen Aktivitäten auf Io zeigen, daß dort geologische Umwälzungen im Gange sind, beispielsweise Transport von Oberflächengestein oder mechanische Zerstörung von Krustenmaterial. Der Io ist zu klein, um einen geschmolzenen Kern zu besitzen oder radioaktives Material in seinem Innern zu enthalten – er ist einfach nicht groß genug, um über solche Energiequellen verfügen zu können. Die Bewegungen des Io-Gesteins werden vielmehr durch eine, den Gezeiten entsprechende, Anziehungskraft des Jupiter verursacht.

Obwohl die Energiequelle, die auf Io für Plattentektonik sorgt, eine ganz andere als bei uns ist, beweist die Tatsache, daß auf zwei Himmelskörpern in unserem Sonnensystem ein ähnlicher Prozeß im Gange ist, daß die Erde in dieser Hinsicht vielleicht doch kein Einzelfall ist.

Dies ist wichtig zu wissen, denn Plattentektonik und Kontinentalverschiebung könnten für die Entstehung intelligenten Lebens auf dem festen Land von entscheidender Bedeutung gewesen sein.

Zunächst ist daran zu erinnern, daß durch das Auseinanderbrechen des Superkontinentes Pangaia eine Vielzahl von Kontinenten und Inseln und damit ein großer Reichtum an ökologischen Schauplätzen und Nischen geschaffen wurde, die sich das Leben zunutze machen konnte. Im Verlauf von Kollisionen, Aufspaltungen und neuen Zusammenstößen der Kontinente entstanden völlig neue Umgebungen und Situationen, neue Arten tauchten auf, und unterschiedlichste Lebewesen und Lebenstypen mischten sich. Ganze Herden von Tieren strömten in die Gebiete ein, die durch Landbrücken erschlossen worden waren: die Invasion Südamerikas durch nordamerikanische Plazenta-Säugetiere ist dafür ein eminentes Beispiel (vgl. Kapitel 4, „Der Zickzackkurs der Evolution auf der Erde"). Ohne solche Wanderungen und Zusammenstöße von Kontinenten hätte die Evolution möglicherweise einen gänzlich anderen Verlauf genommen.

Ohne Plattentektonik und Kontinentalverschiebung beispielsweise wäre die ganze Erde von einem einzigen riesigen Ozean bedeckt. Tatsächlich gab es vor langer Zeit ein solches endlos weites Meer, das den ganzen Planeten überzog, bevor die Kräfte der Plattentektonik einen Teil der Erdkruste nach oben drückten und so einzelne Kontinente entstehen ließen. Wie wir kurz zuvor gesehen haben, bildete der größte Teil der Venusoberfläche, auf der es so gut wie kein Wasser gibt, einen riesigen, den Planeten umspannenden Kontinent – und das wäre wahrscheinlich auch das Schicksal der Erde geworden, wäre sie nicht reichlich mit Wasser gesegnet gewesen. Während die Entwicklung von Leben auf einem völlig mit Wasser bedeckten Planeten durchaus möglich ist – auch auf der Erde hat das Leben ja im Ozean begonnen –, wird Leben auf einem Planeten, der eine reine Ozeanwelt *bleibt,* von wesentlich bescheidenerer Art sein, als das uns heute auf der Erde vertraute (vgl. Kapitel 6, „Ozeanreiche und Insektenwelten").

Plattentektonik und Kontinentalverschiebung schmiedeten ebenfalls die Materialien, die der Zivilisation auf unserer Erde zum Durchbruch verhalfen. An den Nahtstellen der Platten wurden chemische Bestandteile geschmolzen, wieder kristallisiert, und unter Druck in metallische Erze verwandelt. Oft finden sich beträchtliche Erzvorkommen an den Grenzen von Kontinentalplatten; solche Lager begegnen uns sowohl an früheren, wie auch gegenwärtigen Plattengrenzen. Auf Zypern etwa, wo die afrikanische Platte an die europäische anstößt, kommt reines Kupfer vor; Blei und Silber lassen sich im Westen der Vereinigten Staaten, an der Grenze zur ostpazifischen Platte, finden.

Riesige Kohlevorkommen entstanden auf unserer Erde durch in tropischen Breiten zusammenstoßende Kontinente. Die tropischen Urwälder an den Küsten dieser Kontinente versanken später langsam im Meer; ganze Lagen von Vegetation wurden mit Wasser bedeckt, noch ehe sie verfaulen konnten. Neue Wälder wuchsen auf ihnen empor und gingen ihrerseits erneut unter. Durch Deformationsprozesse, die aufgrund des Zusammenstoßes der Platten zustande kamen, wurde nicht nur Kohle gebildet, sondern auch so unterschiedliche Rohstoffe, wie etwa Öl und Düngererde, verdanken ihren Ursprung den gewaltigen geologischen Prozessen.

Merkwürdigerweise waren die Vorkommen von Metallerzen, fossilen Brennstoffen und von fruchtbaren Böden überwiegend auf der nördlichen Halbkugel konzentriert – bequem erreichbare Ressourcen, die von der sich entwickelnden Zivilisation mühelos als Rohstoffquellen genutzt werden konnten.

Dieses faszinierende Wechselspiel von Entstehung und Entwicklung des Lebens einerseits, und physikalischen und chemischen Prozessen auf einem Planeten andererseits, wird außerhalb unserer Welt in neuen Formen wiederkehren und zweifellos von entscheidender Bedeutung sein.

Ist die Erde als Planet lebendig?

In jüngster Zeit haben Wissenschaftler ein Konzept des irdischen Lebens entwickelt, das in globalere Zusammenhänge integriert ist. Sie begreifen die Erde als einen lebenden Planeten. Ihr Konzept wurde nach der altgriechischen Erdgöttin Gaia benannt; entworfen haben es die amerikanischen Wissenschaftler James E. Lovelock und Lynn Margulis.

Wie beide annehmen, reagiert Leben auf Veränderungen im Kosmos, indem es die Verhältnisse auf der Erde umgestaltet, damit auf diese Weise ein Fortbestand des Lebens gesichert werden kann. Die Sonne etwa strahlt mehr Hitze auf die Erde, je älter sie wird, da sich ihre Temperatur erhöht; hierauf reagiert das Leben, indem es die Atmosphäre und die geologische Ausbildung der Erdoberfläche verändert, um somit das Klima einigermaßen konstant zu halten. Ein anderes Beispiel für die Reaktionsweise Gaias ist der permanent gleichbleibende Anteil von Sauerstoff in der Erdatmosphäre; er beträgt unverändert genau 21 Prozent. Würde sich der Prozentsatz erhöhen, so stiege in bedrohlichem Maße die Gefahr von Waldbränden, die durch Blitzschlag ausgelöst werden. Kurz: nach Ansicht jener beiden Wissenschaftler besteht Leben aus einem einzigen Baustein – ein ernüchternder, wenngleich nicht ungebührlicher Gedanke.

Die Existenz Gaias läßt sich nur indirekt beweisen. Dennoch steht es außer Frage, daß die Wechselwirkungen zwischen der Erde und dem Leben auf ihr ebenso mannigfaltig wie sichtbar sind.

Dieses Phänomen läßt sich am Beispiel der Anpassung von Tieren an ihre Umgebung veranschaulichen. Anpassung gehört zu den Hauptthemen der Evolution; ein ebenso wichtiges Thema ist die Vielfalt vorhandener Lebensformen. Sie stellen die zwei Seiten ein und derselben Medaille dar, handelt es sich doch in beiden Fällen um die Fähigkeit des Lebens, sich mit Erfolg seiner Umwelt anzupassen.

Anpassung und Vielfalt entwickeln sich immer dann, wenn sich mit einem Mal ein neuer Freiraum in der Umwelt auftut und Gruppen von Organismen in bis dahin ungewohnte Lebensweisen verwickelt.

Auf ihrer Suche nach Nahrung und Schutz wurden Lebewesen nach und nach zu immer größeren Spezialisten, wie beispielsweise die Spechte und Frösche. Durch Anpassung an eine neue Umwelt können, wie das schöne Beispiel der Darwinschen Galapagos-Finken verdeutlicht, aus einer einzigen Art zahlreiche spezialisierte Individuen hervorgehen. Die Notwendigkeit, in einer neuen Umgebung zu überleben, zwingt noch viele andere Wesen dazu, ihre Lebensweise grundlegend zu ändern; dies geschah etwa bei den Vorläufern der Delphine, als sie das Festland gegen das Meer als Lebensbereich eintauschen mußten.

„Das Leben", so schrieb der bekannte amerikanische Genetiker Theodosius Dobzhansky, „neigt dazu, sich überall auszubreiten und jede nur in Frage kommende Existenzmöglichkeit zu nutzen, gleichgültig, wie eng und beschränkt sie auch sein mag."

Im Verlauf seiner Ausbreitung wird jedes Leben von zweierlei Faktoren geprägt: von seinen genetischen Möglichkeiten wie auch den Grenzen seiner Umwelt, in der es selbst und seine Vorfahren entstanden sind. So besteht das Körpergewebe von Tieren auf der Erde überwiegend aus einem Stoff, in dem die Vorfahren dieser Tiere heimisch waren: das Salzwasser. Der Salzgehalt unseres Blutes, der dem der ersten Ozeane ähnelt, erinnert uns daran, woher wir stammen."

Den erstaunlichen Formenreichtum, den wir heute auf der Erde finden, verdanken wir der Tatsache, daß tierisches Leben neue Probleme in immer wechselnden Umgebungen auf stets neue Weise zu lösen versuchte. Das Gesetz der Evolution lautet schlicht: „Paß' dich an oder stirb!" Tiere, die den Kampf mit den Herausforderungen der Umwelt dadurch erfolgreich bestanden haben, daß sie sich eng begrenzte Lebensräume mit nur wenigen Feinden aussuchen konnten, haben interessanterweise in Jahrmillionen ihre Form nicht verändert. Frösche sind dafür ein bekanntes Beispiel.

Neben genetischen Einflüssen und Umweltfaktoren sind die Beziehungen verschiedener Lebewesen zueinander für die Evolution der Tiere von entscheidender Bedeutung.

Als vor Millionen von Jahren beispielsweise die ersten Raubtiere in großer Zahl in den Meeren auftauchten, gingen alle möglichen Meeresbewohner plötzlich daran, sich schützende Schalen und Außenskelette zuzulegen. Als sich auf dem Land die Amphibien vermehrten, entstanden geflügelte Insekten, die rasch fliehen konnten. Als Riesenreptilien die Meere eroberten, waren die Haie gezwungen, sich wirksamere und aggressivere Methoden des Selbstschutzes anzueignen.

Veränderungen der Umwelt nehmen zudem Einfluß auf Lebensweisen. Ein typisches Beispiel ist das Pferd: anfangs ein kleiner Waldbewohner, kaum größer als eine Katze, ernährte es sich von zarten Schößlingen. Als die Waldgebiete jedoch kleiner wurden, wanderte das Pferd in Präriegebiete ein, begann rauhes Gras zu fressen und wurde immer größer, um dadurch mit seinen Feinden besser fertigwerden zu können.

Wie wir mittlerweile wissen, gibt es zahlreiche Möglichkeiten, sich der jeweiligen Umwelt anzupassen. In unterschiedlichen natürlichen Umgebungen etwa wurden diverse Methoden entwickelt, um Sauerstoff zu gewinnen. Landtiere entwickelten Lungen, während Wasserbewohner Kiemen ausbildeten. Viele Lebewesen passen sich dem Wechsel der Jahreszeiten an, indem sie ihre Farbe ändern, um so in immer wieder anderen Umgebungen überleben zu können. Das Fell des Schneehasen beispielsweise ist im Sommer braun, im Winter aber legt er sich ein weißes Fell zu. Die Flunder kann ihre Farbe noch weitaus schneller wechseln. Auf sandigem Boden trägt sie kleine Flecken zur Schau; doch vor einem Kiesel- oder Geröllhintergrund vergrößern sich diese Flecken bis auf die jeweilige Größe der Steine.

Anpassungen, die den Grad der Vollkommenheit erreichen, finden nicht allzu häufig statt; bisweilen kommt es nicht einmal zu der Fähigkeit, mit unvorhergesehenen Ereignissen fertig zu werden.

Obgleich immer wieder Arten aussterben, halten Evolutionsforscher diesen Befund für nicht überraschend. Fossile Zeugnisse weisen darauf hin, daß das Aussterben von Arten die Regel ist, obwohl ihre Zahl im Laufe der Zeit beträchtlich variierte.

Früher einmal vermuteten Wissenschaftler, ganze Tiergeschlechter hätten in Form von Lebenszyklen existiert, entsprechend denen der Individuen: von der Jugend über die Reife bis hin zu Alter und Tod. In diesem Zusammenhang prägten sie den Begriff des „Alterns der Rassen".

In jüngster Zeit hat sich jedoch erwiesen, daß solche Vorstellungen in keiner Weise zu begründen waren. Veränderungen, die man fälschlicherweise als Anzeichen des Alterns interpretiert hatte, waren in Wirklichkeit Anzeichen für Anpassungsprozesse. Es handelte sich in Wahrheit um Umweltveränderungen und keineswegs um das vorherbestimmte Altern einer Art; jene allein bewirkten das Aussterben einzelner Tierarten.

Selbstverständlich können auch Vorgänge außerhalb des Planeten das Leben auf ihm beeinflussen. Dies ist möglicherweise auf der Erde geschehen. So wurde zum Beispiel die These vertreten, ein explodierender Stern habe Veränderungen auf der Erde ausgelöst, die zum Aussterben der

Dinosaurier sowie anderer damaliger Lebewesen geführt hätten. Weiterhin meinte man, die Ursache für den Tod einiger Meereslebewesen sei das Ausfließen des arktischen Ozeans gewesen, von dem man annahm, er sei zu Urzeiten ein riesiger Süßwassersee gewesen. Der Zustrom von Süßwasser habe den Salzgehalt des Ozeans erheblich verringert, folglich jene Arten zum Aussterben verurteilt, die nicht fähig gewesen seien, sich anzupassen.

Mit Hilfe keiner der bisher aufgestellten Theorien läßt sich jedoch erklären, warum so viele Arten – etwa die Hälfte aller damals lebenden – von der Erdoberfläche verschwanden. Wir können nicht ausschließen, daß es „eine Bananenschale auf der letzten Evolutionsstufe war, mithin eine schnelle, schlagartige Katastrophe, die die Dinosaurier erledigt hat", so formulierte es Dr. William Clemons, Professor für Paläontologie an der University of California in Berkeley. Gegen Ende des Reptilienzeitalters, so viel steht fest, haben offenbar über Jahrmillionen Veränderungen stattgefunden, die auf verschiedene Tierarten unterschiedlichste Auswirkungen hatten.

Wie Dobzhansky und seine Mitarbeiter betonen, kommt es vor allem darauf an, zu begreifen, daß es im Rahmen der Evolution nichts Vorhersehbares gibt. Die Evolution sorgt zwar für eine Anpassung der Arten an vorhandene Lebensbedingungen, doch wenn diese sich für bestimmte Arten zu schnell ändern und sie sich nicht rechtzeitig umzustellen vermögen, gehen sie zugrunde. Als sich ihre Umwelt entscheidend veränderte, konnten die Dinosaurier jedenfalls nicht Schritt halten. Es wäre falsch zu meinen, die Dinosaurier seien ein Fehltritt der Natur gewesen – schließlich haben sie die Erde länger, weitaus länger als der Mensch beherrscht. Und hätten sie es geschafft, zu überleben, dann wäre unter Umständen der Mensch niemals in Erscheinung getreten, sondern allenfalls eine Art intelligenter Reptilien.

Es ist demnach das Prinzip einer natürlichen Auslese, das uns sowohl für den erstaunlichen Artenreichtum irdischen Lebens, wie auch für das Verschwinden einzelner Arten eine Erklärung bietet. Wir können deshalb davon ausgehen, daß sich auch Lebewesen auf anderen Planeten die natürlich gegebenen Verhältnisse zunutze machen – die Luft, das feste Land und die Meere. Ebenso wird es zutreffen, daß nirgendwo einzelne Arten unsterblich sind.

Das irdische Leben stellt nur einen Ausschnitt aus dem Lebensspektrum des gesamten Weltalls dar. Offensichtlich spielt in der Evolution der Zufall eine wichtige Rolle; wären die Dinosaurier de facto durch Zufall zugrunde gegangen, so würde auch der Mensch seine Existenz einem Zufall verdanken. Und doch läßt die Geschichte der Evolution vermuten, daß die Anpassung durchaus keine zufällige Rolle bei der Artenentwicklung gespielt hat. Das bedeutet: bestimmte Bahnen, in denen sich Tiere ihrer jeweiligen Umwelt anpassen, lassen sich voraussagen. Der Zwang zur Veränderung resultiert aus einer Kombination physikalischer und genetischer Bedingungen sowie aus Umwelteinflüssen. Wenngleich diese Faktoren für die Gesamtrichtung der Evolution verantwortlich sind, so engen sie diese doch nicht in einer bestimmten einzigen Richtung ein; mit den Worten Carl Sagans: „Bei uns macht sich die beunruhigende Tendenz bemerkbar, anzunehmen, alles was wir sehen können, sei auch bereits alles, was es gibt und geben kann. Doch ist inzwischen erwiesen, daß die heutigen Organismen anders aussähen, wenn nur unbedeutende Prozesse vor Milliarden von Jahren in anderer Weise vonstatten gegangen wären; dies gilt speziell für den molekularbiologischen Bereich. Unbezweifelbar tritt eine konvergente Evolution dann ein, wenn es für ein bestimmtes physikalisches Problem nur eine einzige optimale Lösung gibt, wie etwa Sinneswahrnehmung von Licht mit bestimmten Frequenzen, oder: Fortbewegung im Wasser mit Höchstgeschwindigkeit. Aber wozu benötigt man fünf Finger? Und warum überhaupt Finger und nicht besser Tentakeln? Warum werden Daten in unserem Nervensystem so quälend langsam verarbeitet? Warum besitzen wir keine multispektrale Infrarot-Wahrnehmung? Man könnte sich mühelos ein ganzes Spektrum von Anatomien, Physiologien und Arten der Sinneswahrnehmung vorstellen, die sich bisher weder der Mensch noch irgendein anderes Wesen auf der Erde zu eigen gemacht hat."

Einige dieser Möglichkeiten werden wir im folgenden Kapitel genauer untersuchen.

SECHSTES KAPITEL

Ozeanreiche und Insektenwelten

Im Weltall, das von einer unvorstellbaren Lebensvielfalt geprägt ist, stünde fast allen erdenklichen Kreaturen der Weg zu höherer Intelligenz offen. Selbst auf der Erde, wo der Mensch sich als Herrscher des Planeten rühmt, gab es stets für zahlreiche andere Lebewesen Chancen, diese Rolle zu übernehmen. Auf anderen Welten könnten derartige Möglichkeiten durchaus von so unterschiedlichen Wesen wie Kraken (oder seinen Artverwandten), Insekten, ja selbst Vögeln genutzt worden sein. Bei allen, sogar den niedersten Geschöpfen, deuten die Zeichen auf eine Entwicklung höherer Intelligenz hin. „Wenn im Lauf der Evolution aus schneckenartigen Vorfahren ein Krake werden kann", so Dr. Berrill, „dann ist so gut wie alles möglich. Unter gewissen Bedingungen könnte sich einfach bei jeder Art von Leben Intelligenz entwickeln".

Eine Welt, in vieler Hinsicht unserer eigenen ähnlich, und doch völlig anders, wäre etwa ein Planet, den ein einziger riesiger Ozean bedeckte. Wie wir im vorigen Kapitel gesehen haben, könnte es hierzu auf einem Planeten mit einer anderen, weniger stürmischen biologischen Vergangenheit als der unsrigen kommen, dort, wo Kontinente es niemals geschafft haben, an die Oberfläche „durchzubrechen". Vermutlich wäre ein solcher Planet größer als die Erde, da er vergleichsweise mehr Wasser aus seinem Inneren an die Oberfläche fördern würde.

Tatsächlich war ja auch die Erdoberfläche nach Bildung der ersten festen Kruste bis vor etwa 4 Milliarden Jahren von einem gewaltigen Ozean bedeckt. Dann setzte eine Art kosmischer Kanonade ein: Erde, Mond und andere „terrestrische" Planeten wurden von riesigen Asteroiden und Meteoriten bombardiert, die möglicherweise Überreste eines Planeten waren, der einst zwischen Mars und Jupiter seine Bahn gezogen und beim Auseinanderbrechen nur den Asteroidengürtel von sich übrig gelassen hatte. Der Einschlag dieser kosmischen Geschosse erzeugte mächtige Kraterketten, von denen einzelne Krater einen Durchmesser bis zu 1000 km besaßen. Diese „Vertiefungen" wurden zu den ersten Ozeanbecken auf der Erde.

Die Entstehung der Kraterbecken wirkte sich verhängnisvoll auf die geologische Beschaffenheit der Erde aus. Die Topographie des Meeresbodens veränderte sich drastisch, da die ursprünglichen Einschlagskrater bis zu 16 km tief waren. Sie ließen teilweise die Erdkruste unter den Meeren schmelzen, so daß tiefe Risse entstanden, aus denen basaltische Lava hervorquoll. Schließlich hatten diese Einschlagsbecken starke Temperaturschwankungen in der Erdkruste zur Folge, die die Bildung von Grabenstrukturen und Bergen begünstigten. Das Entstehen der Kontinente zeichnete sich ab.

Allerdings blieb der größte Teil der Kontinente von sogenannten epikontinentalen Meeren bedeckt, Flachmeeren von einigen hundert Metern Tiefe. Die großen, weiten Flächen, ausreichend vom Sonnenlicht bestrahlt und durch die Wasserschicht vor schädlicher ultravioletter Strahlung geschützt, wurden zu den ersten „Plattformen des Lebens". Die Flachmeere waren folglich die Geburtsstätte des Lebens, sie blieben für weitere zwei Milliarden Jahre seine Heimat. Hier entwickelte sich eine bemerkenswerte Vielfalt: Schwämme, Quallen, Seeanemonen, Schnekken, Muscheln, Tintenfische, Krebse, Hummer, Seeigel, Seesterne, Kraken und vieles andere. Meereslebewesen waren in der Lage, feste Körper mit schützenden Schalen auszubilden, waren sie doch keineswegs gezwungen, eine größere Dichte als die des Meerwassers, das sie umgab, zu besitzen; nur in größerer Tiefe wäre dies unbedingt erforderlich gewesen. Hier jedoch bewies sich der Festlandssockel als eine ideale „Plattform", um ihre Körper abzustützen.

Bis zum heutigen Tag bevorzugen es viele Meeresorganismen, auf den Festlandssockeln statt in den Tiefen der Ozeane zu leben. Seichtes Wasser begünstigte möglicherweise auch chemische Reaktionen, aus denen die ersten Organismen auf der Erde hervorgingen –, wenngleich entsprechende Meerestiefen auch dort vorkommen konnten, wo Kontinente noch nicht „aufgetaucht" waren.

Die Vorfahren mancher Tiefseebewohner, beispielsweise der Riesenkraken und anderer in der Tiefe des Ozeans lebender Wesen, waren ursprünglich auf den überfluteten Schelfen beheimatet. Im Meer entwikkelten sich überdies zwei extrem verschiedene Grundformen lebender Wesen: die sternförmige Gestalt des Seesterns sowie der zweiseitig symmetrische Körper des Tintenfischs. Manche dieser Seetiere – Anemonen, Quallen und Seesterne – besaßen auffallend schöne, symmetrische Körper, doch entwickelten sie keine Intelligenz.

Andere waren unvorstellbar häßlich, ja furchterregend. *Vampyroteuthis infernalis*, „der teuflische Vampir-Tintenfisch", mit einem maskenhaften Körper, an dessen vorderem Teil zehn Fangarme angesetzt sind, hat bis zum heutigen Tag überlebt. Er sieht nicht weniger unheimlich und finster aus als jede der Kreaturen, die je von Science-Fiction-Autoren ersonnen wurden (vgl. Abb. auf Seite 184 im Kapitel 7). Glücklicherweise wird die einzige überlebende Art jener Geschöpfe kaum länger als 35 cm, sie lebt in Tiefen von 600 bis 3000 Metern – ein Mensch dürfte sie daher kaum zu Gesicht bekommen. Wäre der Vampir-Tintenfisch größer und leichter aufzuspüren, hätte er mit Sicherheit seinen festen Platz im berühmten „Monsterkabinett".

Selbst auf unserer Erde, die „nur" zu 71 Prozent von Ozeanen bedeckt ist, leben immerhin von den fast zwei Millionen Arten 150000 in den Meeren.

Den immensen Reichtum und die bunte Vielfalt des Lebens in unseren heutigen Ozeanen können wir hier allenfalls andeuten; wie ein Märchenland aus tausenden glitzernden Weihnachtsbäumen überwältigt es den Betrachter, indem es vor seinen Augen in den Tiefen der Meere die phantasievollsten Geschenke in bezaubernsten Verpackungen ausbreitet.

Es ist eine Welt, die uns in vielem noch immer fremd und wenig bekannt ist, eine Welt, in der seltsame Wesen das Dunkel der Tiefe mit phantastisch anmutenden Biolumineszenz-Organen erhellen, in der Riesenkraken, deren gelegentliches Auftauchen an der Meeresoberfläche all die Mythen von Seeungeheuern inspiriert hat, mit riesigen Walen kämpfen; in der Meeresströmungen, so stark und schnell wie unsere mächtigsten Ströme, unsichtbar in der Tiefe dahinfließen. Ein wichtiger Unterschied zwischen Meer und Land besteht darin, daß anders als auf dem Festland, die Umweltbedingungen im Ozean einigermaßen stabil sind. Die Ausbreitung von Meeresorganismen wird dadurch begünstigt, daß sie beinahe überall in den Ozeanen vorkommen.

Wären die Kontinente niemals entstanden, wäre die Erde, oder ein anderer Planet, völlig mit Wasser bedeckt, welcher Art von Leben könnte sich ein solcher Planet rühmen, und welchen Grad von Intelligenz könnten jene Formen des Lebens erreichen?

Zunächst einmal müßten wir von unserer Betrachtung alle Meeressäugetiere ausnehmen, deren Vorfahren einst Landbewohner waren und später ins Meer zurückwanderten: die Delphine, Wale, Walrosse, Robben, Seekühe sowie eine große Zahl anderer Arten.

Die „endemische Bevölkerung" eines Ozeans besteht naturgemäß aus zwei Hauptgruppen, deren Vertreter ausschließlich Meerestiere sind: da sind zunächst die Weichtiere, wie beispielsweise Kraken, langgestreckte Tintenfische, Venus-Muscheln und Austern, sodann gibt es die Gruppe der Stachelhäuter mit Seesternen, Seeigeln und anderen Artverwandten. Fische, wie wir sie heute kennen, würden nicht dazugehören, da sie sich anfangs in Süßwasserströmen entwickelten; erst später wanderten einige von ihnen ins Meer und wurden zu Urahnen der Knorpelfische, wie beispielsweise des Hais. Auch dieser muß also beiseite gelassen werden; offenbar war die damalige Welt friedvoller als die heutige.

Auf einem ausnahmslos mit Wasser bedeckten Planeten träfen wir demnach seltsame fischähnliche Organismen an, wie sie auf unseren Farbtafeln dargestellt sind.

Diese fischähnlichen Kreaturen besäßen biegsame Wirbelsäulen zur Stütze ihrer Körpermuskeln. Ihre beschleunigte Fortbewegung würde nach dem Raketenprinzip erfolgen, wie bei Kraken und langgestreckten Tintenfischen; durch wellenartige Bewegungen ihrer flossenförmigen Körper würden sie sich gewissermaßen selbst nach vorn drücken, ähnlich den Wasserschnecken. Weil dieser „Fisch" aus einer Schnecke hervorgegangen wäre, würden ihm jene Flossenarten, die uns vertraut sind, fehlen.

Trotz allem erschiene uns das Leben auf einem „Wasserplaneten" nicht nur befremdlich: denn mit hoher Wahrscheinlichkeit würde die Evolution dem „Weichtier-Prinzip" folgen, d. h. wir begegneten Tintenfischen und krakenähnlichen Tieren. Sie wären teils groß, teils klein, und obgleich etwas verschieden von denen in unseren Ozeanen, doch nicht völlig fremdartig. Ähnlichkeiten in der äußeren Form werden, wie wir gesehen haben, durch physikalische Gegebenheiten erzwungen, die dem Leben eine praktikable Bahn vorschreiben. So besäßen schnelle Schwimmer eine eher fischähnliche Gestalt, während Gebilde, die sich langsam fortbewegen, eine sternförmige Symmetrie, wie Seesterne und Kraken, aufwiesen.

Selbstverständlich gäbe es daneben bedeutsame Unterschiede. Da die Schwerkraft auf einem großen, mit Wasser bedeckten Planeten höher wäre, hieße das: seine Bewohner wären in ihrem Körperbau leichter konstruiert. Ozeanische Leichtgewichte, an eine ziellos-treibende Lebensweise gewöhnt, würden eine größere Körperoberfläche brauchen, sei es in Gestalt von Fasern oder wurzelähnlichen Fortsätzen, und Bodenbewohner würden zur Fortbewegung auf dem Meeresgrund stabilere Beine benötigen. Aktive Schwimmer müßten in der Lage sein, ihre Oberfläche entsprechend ihrem Körpergewicht zu vergrößern, und zwar dadurch, daß sie sich in die Länge streckten und schlangenähnlich würden. Dadurch wird einerseits der Frontwiderstand bei jeder Vorwärtsbewegung geringer, andererseits die Tragfähigkeit des Wassers besser genutzt und so ein schnelles Absinken verhindert. Alle Wesen, deren Körpergewebe und

Skelett schwerer als Wasser sind, würden von solchen „Verwandlungen" profitieren. Auf der Erde ist es Kopffüßlern, die in großen Tiefen leben, offenbar gelungen, diese Schwierigkeiten dadurch zu überwinden, daß sie ihre physikalische Dichte der des Wassers angepaßt und sich zu transparenten, merkwürdig breit gespreizten „Gespenstern der Tiefe" entwickelt haben.

Von allen Meereslebewesen hätte ein krakenartiges Geschöpf die besten Chancen, zum Herrscher eines Ozeanreiches zu werden und sich zu einer Art Super-Oktopus zu entwickeln, wie es unser Bild auf der Seite 149 zeigt. Dieser König der Meere besäße gegebenenfalls zwei teleskopartige Augen, die zum Licht hin, zur Meeresoberfläche, gerichtet wären. In der Mitte des Kopfes wäre ein ganzer Ring großer Linsenaugen denkbar, ebenso zwanzig bis vierzig Fangarme, jeder mit drei spitz zulaufenden, beweglichen Fingern ausgestattet. Die Greiftentakeln müßten zumindest 30 Meter lang sein, um kleine Krebse und sonstige Delikatessen fangen zu können. Wenn zwei Riesenkraken einander begegneten, würden sie sich durch einen schnellen Wechsel ihrer Körperfarbe verständigen.

Trotz seines nur walnußgroßen Gehirns gehört der Krake zu den hochintelligenten Tieren, die in der Lage sind, ihren Gefühlen auf mannigfache Art Ausdruck zu geben –, eine Auffassung, die sich langsam durchsetzt, obwohl Kraken für die meisten Menschen relativ unbekannte Wesen sind.

In der Vergangenheit hat man dem Kraken oft Böses nachgesagt. Mythen und Erzählungen stellen ihn als finsteres, hinterhältiges Monstrum dar. Doch Tiefseeforscher wie Kapitän Jaques-Yves Cousteau erlebten den Oktopus als ein schüchternes und zurückgezogenes Wesen, das sich außer Sichtweite unter großen Felsen verborgen hält. „Krakenhäuser" zeigen unterschiedlichste Formen und Gestalten: große Felsen, Anhäufungen von Steinen, oder auch Berge aus verschiedenen Materialien und Metallstücken, die mit Muschelschalen geschmückt sind.

In seinem zusammen mit Philippe Diolé verfaßten Buch *Octopus and Squid (Kraken und andere Tintenfische)* erinnert sich Cousteau mit großem Wohlwollen an die Entdeckung seiner „Krakenstadt" vor der Küste der Mittelmeerinsel Porquerolles. Cousteau und seine Mitarbeiter hatten auf einem ebenen Meeresgrund eine Reihe kleiner Hügel bemerkt, und in jedem dieser Hügel – den „Krakenhäusern" – fanden die Forscher einen Kraken, der dort in seiner eigenen kleinen Hütte hauste.

Sie fühlten sich wie Eindringlinge, als sie auf die kuppelförmigen Krakenaugen mit ihren schwarzen, fast balkenförmigen Pupillen starrten;

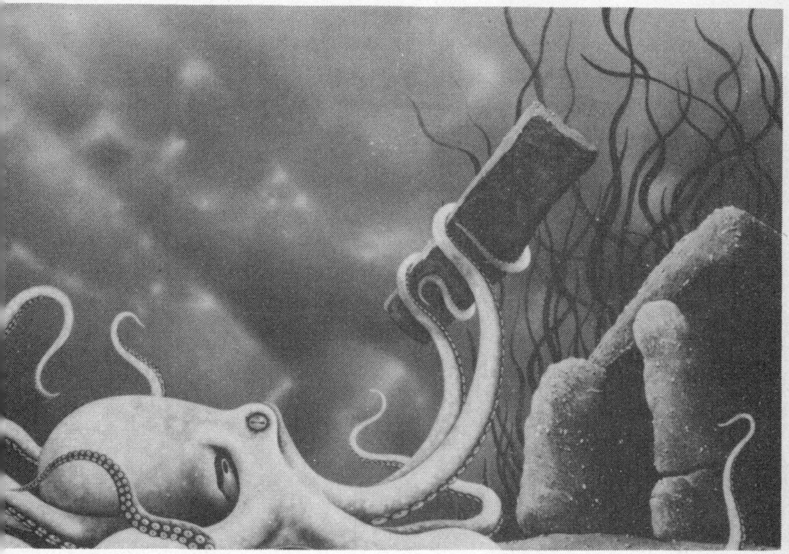

der Blick der Tiere ließ dieselbe Neugier erkennen, mit der auch sie die seltsamen Hausbesitzer musterten – eine Begegnung zweier verschiedener Welten.

Offenbar bauen die Kraken derartige Häuser als Ersatz für Höhlen, die sie normalerweise als Heimstatt bevorzugen. Bei ihrem Häuserbau zeigen die Kraken einen erstaunlichen Einfallsreichtum. So waren Cousteau und seine Freunde außerordentlich überrascht, als sie einen Kraken sahen, der unter einem Baumstamm lebte, den er mit Steinen gestützt und sich auf diese Weise als Unterschlupf konstruiert hatte. (Ein außerirdischer Krake könnte möglichenfalls noch weitaus kompliziertere Konstruktionen zustande bringen, wie sie auf unserem Bild angedeutet sind.)

„Handelte es sich hier wirklich um eine Form von Intelligenz?" fragte sich Cousteau. „Ich glaube immer noch sagen zu können: ja."

Taucher, die den Kraken sehr nahe kamen, bemerkten dabei, daß die Tiere ihren Schutzwall mit ausgestreckten Armen verteidigten, wobei sie ihre Farbe veränderten und die menschlichen Eindringlinge mit ihren Augen unablässig verfolgten. Sie fingen an, kleinere Steine und Muschelschalen vor ihren Eingängen aufzuschichten, als wollten sie den Fremden

den Weg versperren. Beobachter wie Cousteau sind überzeugt, daß Kraken „eine viel höher entwickelte Intelligenz besitzen, als wir sie uns je vorgestellt haben“.

Darüberhinaus haben einige Forscher die Erfahrung gemacht, daß Kraken nicht etwa versuchten, sie zu verschlingen, sondern ihnen im Gegenteil nach einer Weile erlaubten, mit ihnen zu spielen, so als wären sie harmlose Haustiere.

Wenn ein Krake bis an die Oberfläche gelangt – mit seinem Kopf eines weisen alten Mannes, die Fangarme unter dem herabfließenden Mantel beinahe verborgen –, so macht er ganz den Eindruck eines außerirdischen Wesens, fast könnte man meinen, er gehöre zu den Passagieren einer fliegenden Untertasse, fremdartiger könnte kein sonstiges irdisches Wesen anmuten.

So befremdend er auch aufgrund seiner eigenwilligen Evolution wirkt, so ist er doch mit Organen ausgestattet, die wir auf den ersten Blick wiedererkennen: mit einem Herzen, Linsenaugen, einem Magen und Kiemen zum Atmen. Dies alles entwickelte sich, obwohl die gemeinsamen „Urahnen“ der Kopffüßler und Säugetiere in weiter, ferner Vorzeit angesiedelt sind.

Es ist unbestritten, daß Säugetiere im weitesten Sinne von Fischen abstammen, die über solche Organe bekanntlich schon verfügten. Gleichzeitig jedoch entwickelten sich derartige Organe auch bei Wirbellosen und Insekten, was wir am Beispiel der vergleichenden Darstellungen von Katze, Heuschrecke und Krake auf den Seiten 151/152 erkennen können.

Die Organe sitzen jedoch nicht immer dort, wo wir sie eigentlich erwarten. Bei den Insekten etwa verläuft das Nervensysten an der Unterseite des Körpers, ihr Herz liegt über und hinter dem Verdauungstrakt, und ihre Gehörorgane befinden sich oftmals an ausgefallenen Stellen, bei Heuschrecken und Motten am Hinterleib, bei Grillen an den Vorderbeinen.

Erwartungsgemäß lassen sich wichtige Unterschiede zwischen Meeres- und Landbewohnern erkennen. Weichtiere wie der Krake und ebenso Krebse haben in ihrem Blut Hämocyanin, das auf Kupfer basiert, weshalb es eine bläuliche, bzw. blaugrüne Färbung zeigt. Der Mensch hingegen ist, wie auch alle übrigen Säugetiere und die meisten Fische, mit dem eisenhaltigen Pigment Hämoglobin ausgestattet, wodurch sich ihr Blut rot färbt.

Insektenblut kann die verschiedensten Farben haben, entweder gelb oder grün, fast niemals aber rot. Das Blut der Landinsekten ist allein

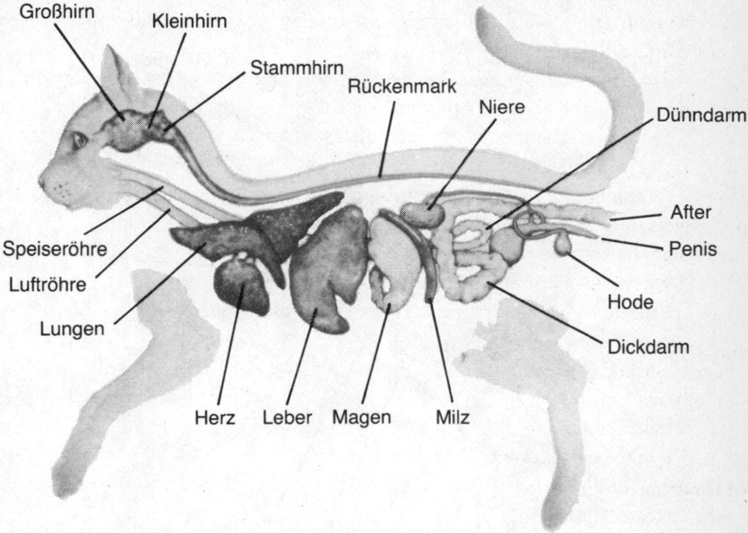

Vergleich der anatomischen Strukturen von Katze, Heuschrecke und Krake

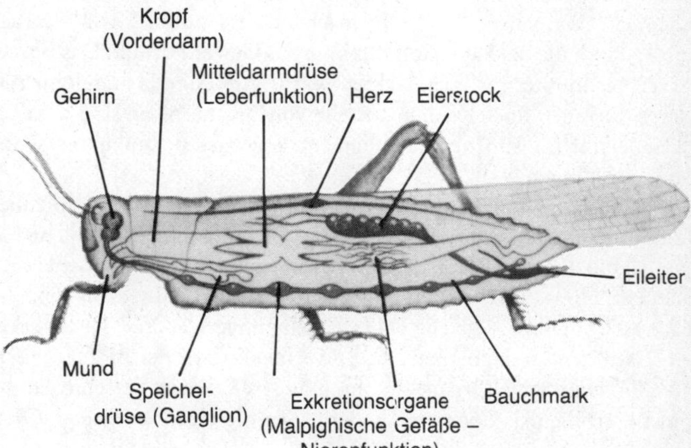

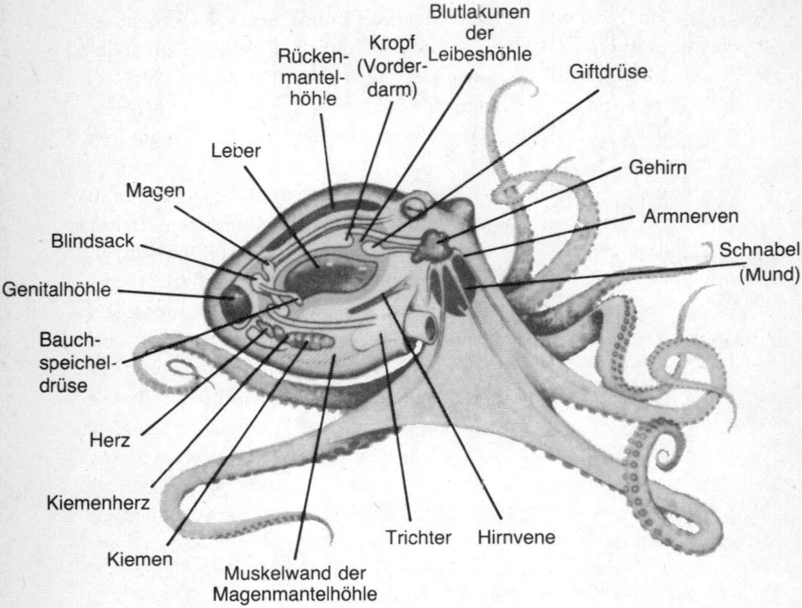

deshalb nicht rot, weil sie eine spezielle Methode der Atmung entwickelt haben, die Pigmente überflüssig macht, da sie mithilfe von Tracheen atmen, durch die der Sauerstoff direkt in das Gewebe dringt. Das Blut der Larven bestimmter „Wasserinsekten“ enthält indessen Hämoglobin; jene Larven verfügen über Kiemen anstelle von Tracheen, sie sind daher auf das sauerstofftransportierende Pigment angewiesen, um unter Wasser atmen zu können.

Was noch einmal betont werden muß: nicht die unterschiedliche Gestalt der inneren und äußeren Organe, nicht ihre ungewöhnliche Lage oder gar die diversen Blutarten sind das an jenen Tieren Bemerkenswerte. Vielmehr ist es die Tatsache, daß sich parallele Entwicklungen, d. h. gleiche Organe und Gewebe bei fast völlig unverwandten Tieren erkennen lassen, wodurch abermals die universale Einheit der Biologie zutage tritt. Obwohl jene Organe in ihrer äußeren Form verschieden sein können, erfüllen sie doch erwiesenermaßen dieselben Aufgaben. Ob im

Meer, auf dem Land oder in der Luft: das Grundschema des Lebens ist letzten Endes überall dasselbe. Das bedeutet, auch Lebewesen auf anderen Planeten könnten zu ähnlichen Lösungen gelangt sein. Ein „Wasserplanet" würde demnach Lebensformen beherbergen, die unseren Meerestieren weitaus mehr ähnelten, als außerirdische Landorganismen unseren Landbewohnern.

Ein kraken-ähnliches Lebewesen anderswo müßte eine gleichermaßen ausgeprägte Lernfähigkeit wie ein gutes Gedächtnis besitzen. Unser Krake ist zwar ein entfernter Verwandter der Austern und Muscheln, an Intelligenz aber ist er jenen schwerfälligen Geschöpfen weit überlegen. Er vermag verschieden große Gegenstände wahrzunehmen, ist in der Lage, aus komplizierten Mustern von Linien und Formen auszuwählen, und erkennt – wie ein Test erwiesen hat –, auf welchen Wegen er durch ein Labyrinth zu einem Krebs gelangen kann, den er vorher durch eine Glasscheibe gesehen hat; selbst das Öffnen eines Glasbehälters gelingt ihm, um an einen Hummer heranzukommen, den Wissenschaftler zuvor dort hineingesetzt hatten.

Die Art seiner Fortbewegung unterscheidet den Krake von den meisten übrigen Meeresbewohnern. Um vor seinen Feinden fliehen oder sich im offenen Meer voranbewegen zu können, benutzt der Krake eine Art Düsenantrieb. Er füllt seine Mantelhöhle mit Wasser und stößt es durch eine röhrenförmige Düse wieder aus. Jagen Kraken allerdings Krebse, so „schlendern" sie mit seltsam fließenden Bewegungen auf dem Meeresgrund entlang.

Ein Krake kann sich überdies seiner hochentwickelten Sinnesorgane rühmen. Seine Linsenaugen beispielsweise sind fast ebenso gut wie die des Menschen. Er vermag sein Aussehen, seine Form und Farbe, in erstaunlichster Weise zu verändern, sei es zur Tarnung, oder um Gefühle auszudrücken. Obendrein haben Kraken Arme, die ggf. geschickter als menschliche Hände operieren können, denn durch ihre Saugnäpfe besitzen sie einen so feinen Tastsinn, wie ihn Menschen nicht kennen. Alles in allem ist der Krake ein vielversprechender Anwärter darauf, sich unter geeigneten Bedingungen zu einer weitaus intelligenteren Kreatur zu entwickeln, als er es ohnehin schon ist.

Murray Leinster, Verfasser von Science Fiction-Romanen, hat uns mit seiner Zukunftsvision von einem „weisen Gelehrten der Meere" einen entsprechenden Vorgeschmack gegeben. In seiner Kurzgeschichte „De Profundis" entwirft Leinster das Bild eines geheimnisvollen intelligenten Wesens, das in abgründigen Tiefen des Meeres lebt und nicht die geringste

Vorstellung davon zu haben scheint, was sich auf der Oberfläche abspielt. Diese Kreatur ist eine Mischung aus Krake, Tintenfisch und Muschel, sie besitzt lange Tentakeln und achtzig Augen wie die Kammuschel. Das riesenhafte Wesen kommuniziert mit seinesgleichen durch Telepathie, wobei es allerdings einen interessanten Trick benutzt: als eingeschworener Kannibale bewahrt es stets Stillschweigen darüber, wo genau seine „Häuser" liegen, aus Furcht davor, von seinen eigenen Artgenossen aufgefressen zu werden.

Leinster dürfte mit seinen Vorstellungen in etwa recht haben, zumindest was die Größe jener Kreaturen anbelangt. Die größten Kraken, die bisher in Ozeanen von Tauchern gesichtet wurden, hatten etwa einen Durchmesser von zehn Metern und wogen bis zu 225 Pfund.

Noch weitaus größere Kraken bevölkern die Tiefen der Meere. Wenn es bisher auch niemals gelungen ist, diese Giganten lebend zu fangen, so hat man doch hin und wieder Überreste ausfindig gemacht. Der größte Kadaver einer Krake wurde 1897 am Strand von St. Augustine in Florida entdeckt; er wog fünfeinhalb Tonnen. Das Tier muß über 60 Meter lang gewesen sein, mit einem Körperdurchmesser von rund acht Metern und 25 bis 30 Meter langen Armen.

Der kanadische Paläobiologe Dale A. Russell ist der Meinung, daß krakenähnliche Wesen durchaus Gehirne von menschlicher Größe und eine noch ausgeprägtere Geschicklichkeit bei der Handhabung von Gegenständen hätten entwickeln können, als es ohnehin schon der Fall ist, und zwar unter der Voraussetzung idealer Entwicklungsbedingungen, also reichlich vorhandener organischer und anorganischer Nährstoffe, bei geeigneten Temperaturen und weiten flachen Meeren. Eine derartige Entwicklung könnte innerhalb von 500 Millionen Jahren, wie Russell annimmt, zum Abschluß kommen, mithin in kürzerer Zeit als die Entwicklung von jenen ersten mehrzelligen Metazoen bis zum *Homo sapiens*, die immerhin 700 Millionen Jahre in Anspruch nahm. „Diese Geschöpfe", so meinte Russell zum Thema intelligente Kraken, „hätten höchstwahrscheinlich hohe Stoffwechselraten und erreichten ein hohes Lebensalter, wiesen hingegen niedrige Geburtsraten auf und würden den größten Teil ihres Lebens auf die Pflege ihrer Jungen verwenden."

Gewiß kann ein in der Tiefe des Meeres oder selbst in Flachmeeren angesiedeltes Tier nicht allzu viel von seiner Zukunft erwarten. Ein Leben auf dem Festland bietet ungleich mehr Möglichkeiten, vor allem im Hinblick auf die Entwicklung geistiger und physischer Besonderheiten. Wir wollen die Kraken einmal auf dem Land wohnen lassen und uns einen der Erde ähnlichen Planeten mit Kontinenten und entsprechender Vegetation vorstellen, allerdings ohne Landlebewesen, möglicherweise mit Ausnahme von Insekten. Verwandeln wir unseren Kraken also in eine „Landratte", geben wir ihm ein Rückgrat, eine wasserdichte oder halbdurchlässige Haut sowie Lungen und schon wäre er für ein Leben auf dem Land geeignet, würde relativ problemlos existieren können und geistig wie körperlich ein passables Wesen abgeben.

„Angenommen, urzeitliche Meeresweichtiere hätten eine äußere biegsame Schale besessen, die ein Teil ihres Körpers geworden wäre, ähnlich dem Panzer der Insekten, nur etwas flexibler", so führte Dr. Berrill aus, „dann hätten sie die Fähigkeit besessen, Wasser und Salze in ihrem Körper zu speichern, wie die Fische und andere Wirbeltiere. In Wirklichkeit aber gehen Kraken, Tintenfische oder Meeresschnecken zugrunde, sobald man sie aus dem Wasser nimmt – sie trocknen einfach aus, obwohl ein Krake noch eine Weile lang mit Hilfe seiner Fangarme auf dem Trockenen herumkrabbeln kann. Hätten seine Vorfahren einen Schutz gegen Austrocknung entwickelt, so wäre für die Kraken sehr wohl der Sprung vom Meer aufs Land möglich gewesen, ohne daß sie wie die Fische einen Umweg über das Süßwasser hätten machen müssen. Wäre es den Kraken gelungen, außerhalb des Wassers zu überleben, dann hätte es für sie kaum mehr Grenzen gegeben."

Ihr möglicher Weg zu den Sternen hat mit den Fangarmen der Kraken zu tun. Nicht alle ihre Tentakeln sind nämlich gleich gebaut: einige sind zum Fühlen und Greifen geeignet und dienen als Fanginstrumente; mit ihnen erforscht der Krake seine Umgebung. Mit den anderen Armen liest er kleine Steine im Geröll auf, aus denen er Schutzwälle um sein Haus baut; gleichzeitig fängt er mit ihnen auch seine Lieblingsnahrung, die Krebse. Im Gegensatz zu diesen Rückenarmen dienen ihm die Baucharme dazu, sich an Felsen oder an seinem Haus festzuklammern. Alles in allem zeigt der Krake ein großes Geschick dabei, seine Bewegungen aufeinander abzustimmen; während er etwa mit einem Arm einen Krebs fängt, vermag er mit dem anderen einen Widersacher abzuwehren.

Lebte der Krake auf dem Land, so könnte er diese Fähigkeiten entscheidend verbessern. Er würde sich auf vier Armen, in Beine verwandelt, voranbewegen, und hätte seine vier weiteren Arme für alle sonstigen Tätigkeiten frei. Aufgrund seines bereits vorhandenen Talents als Baumeister könnte ein Landkrake zu einem bewundernswerten Architekten werden.

Das Gehirn eines auf dem Festland lebenden Kraken würde sich im

Lauf der Zeit erheblich vergrößern, während es im Meer für ihn nur wenige wirkliche Herausforderungen gibt, die eine solche Entwicklung erzwingen könnten; die Gehirngröße der Delphine und anderer Säugetiere, deren Vorfahren vom Festland ins Meer zurückwanderten, bildet bekanntlich eine Ausnahme. Vermutlich war bereits das Gehirn ihrer Vorfahren enorm ausgeprägt. Wie dem auch sei, das Gehirn eines Delphins ist jedenfalls oft größer als das eines Menschen, während es der Krake in dieser Hinsicht nicht einmal mit dem Eichhörnchen aufnehmen kann.

Auf größeren Schauplätzen, die zahlreiche Anregungen böten und höhere Anforderungen stellten, würde der Krake zweifellos ein größeres Gehirn entwickeln und in einer Weise leben, die für ihn im Meer undenkbar wäre. Als ohnehin geschickter Baumeister würde er möglicherweise die Kunst erlernen, Feuer zu entzünden und damit vielleicht den Grundstein zu einer technischen Zivilisation legen. Gleichwohl ist ein derartiger Entwicklungssprung für ein intelligentes Wesen nicht unbedingt erforderlich. Es wäre denkbar, daß ein auf dem Land lebender Krake es vorzöge, sich nicht höher zu entwickeln als bis etwa auf das Niveau eines geschickten und talentierten Gärtners. Wie wir wissen, spricht ein Mangel an technischem Vermögen keineswegs gegen die Intelligenz eines Lebewesens. Im Gegenteil: ein solcher Mangel kann sich unter Umständen als Vorteil herausstellen und bestimmten Tierarten ein Überleben ermöglichen, denn: Mangel an Technik reduziert ggf. die Mittel der Zerstörung (vgl. Kapitel 10, „Kontakt!").

Eine weitere Gruppe von Lebewesen, deren Vorfahren ebenfalls den Ozeanen entstammten, die Insekten, hätten sozusagen auf einer schnurgeraden Evolutionsbahn nach oben gelangen können, wenn ihnen nicht andere Lebensformen die Vorherrschaft streitig gemacht hätten. Wären nicht Süßwasserfische, aus denen Amphibien und andere Wirbeltiere entstanden, in jene seichten Tümpel eingewandert, die sich vor 400 Millionen Jahren an den Küsten des Superkontinents Pangaia befanden, so würden die Insekten gute Chancen gehabt haben. Ohne diese Tümpel wäre vermutlich schon die Eroberung des Landes durch die amphibischen Abkömmlinge jener Fische unmöglich gewesen; dieses Beispiel beweist erneut, wie eng der Türspalt zur Evolution de facto war, durch den alle Säugetiere, einschließlich des Menschen, auf die Bühne des Lebens schlüpften.

Für Insekten würde sich eine schwüle, dampfend-feuchte Dschungelwelt ausnehmend gut eignen. „Der Dschungel ist wie für Insekten geschaffen", konstatierte der bekannte Harvard-Biologe Carroll M. Williams. „Wer Insekten einmal richtig erleben will, der braucht sich nur in tropische Regenwälder zu begeben."

Wenngleich sich Insekten auf der Erde an die unterschiedlichsten natürlichen Umgebungen angepaßt haben, von Sandwüsten bis zu Gletscherwänden, so begegnet man doch den meisten von ihnen in den Tropen. Das hat seinen Grund; Insekten brauchen zum Leben viel Wärme; außerdem müssen sie sich in den Tropen weniger spezialisieren und können daher ihre Gestalt müheloser verändern als ihre spezialisierten Verwandten in anderen Gegenden.

Hätten Insekten je die Gelegenheit gehabt, eine „Lücke" in der Evolution zu füllen – beispielsweise jene Nischen, die ohne Amphibien, Reptilien oder Säugetiere frei geblieben wären –, es wäre für sie ein Leichtes gewesen, alle freien Schauplätze scharenweise zu besiedeln. Wie wir im vierten Kapitel „Der Zickzackkurs der Evolution" gesehen haben, verdankt die breitgefächerte Tierwelt Australiens ihre Existenz einem einzigen Beutel-Opossum. In ähnlicher Weise hätten sich auch die Insekten vermehren und diversifizieren und mithin jene Nischen besetzen können, die heute von anderen Tieren besiedelt sind.

Hatte die Erde folglich eine Chance, zum „Planeten der Insekten" zu werden, so läßt sich nicht ausschließen, daß vergleichbare Situationen auch auf unzähligen fremden Himmelskörpern entstehen können.

Es spricht nichts dagegen, sich Insekten als „fliegende Jäger" in weiten Ebenen vorzustellen, als Grasfresser oder Fleischfresser, dabei naturgemäß beträchtlich größer als irdische Vögel oder Säugetiere. Eine Welt also von nie verstummendem Gezirp, widerhallend vom Gepfeife vogelähnlicher Insekten, die durch die Lüfte jagen – vielleicht ein Alptraum, dennoch keine unmögliche Vorstellung.

In einer weiteren „Insektenwelt" könnten Säuger und andere Wirbeltiere von übermächtigen Insekten vielleicht sogar in Schach gehalten werden. Die Rollen von Insekten und Wirbeltieren wären hier vertauscht: riesige Insekten würden winzige Säugetiere jagen.

Es gibt tatsächlich auf der Erde Insekten, die höhere Tiere jagen. Eine Libellenlarve beispielsweise reift unter Wasser heran, wo sie kleine Fische und Kaulquappen, die doppelt so groß sind wie sie selbst, angreift und verschlingt. Auch Wanderameisen versuchen alles und jedes zu bekämpfen und zu überwältigen, was sich ihnen auf ihren zielstrebigen Märschen in den Weg stellt. Eine große in Australien lebende Spinne vermag Netze von solcher Stärke zu „knüpfen", daß sie kleine Vögel in ihnen fängt.

Nur ihre relativ geringe Größe hielt die Insekten auf der Erde von einer buchstäblichen Machtübernahme ab. Wäre es dazu gekommen, dann hätten Insekten gewiß jene Nischen besetzt, die heutzutage von Vögeln und Säugetieren gehalten werden. Der Schwärmer, der wie ein Kolibri „en petit" aussieht und sich auch wie ein solcher verhält, beweist die Möglichkeiten entsprechender Ausbreitung, selbst gegen die Konkurrenz der Vögel.

Auf einem von Insekten beherrschten Planeten würden große und intelligente Kreaturen leben, ähnlich denen, die auf unseren Farbtafeln abgebildet sind. Damit jedoch Insekten größer werden können als ihre „irdischen Modelle", wäre eine völlige Umstrukturierung des Insektenkörpers erforderlich.

Zwei Faktoren sind für die geringe Größe der Insekten auf der Erde verantwortlich: einmal befindet sich ihr Skelett auf der Außenseite, so als säßen die Tiere in gepanzerten Wagen. Und zweitens besitzen sie keine Lungen, sie müssen daher ihrem Körpergewebe Sauerstoff über Luftkanälchen – Tracheen – zuführen. Würde man nur die Größe eines Insekts verdoppeln, so vergrößerte sich seine Gewebemasse um das Dreifache, d. h. sie würde zu schwer für das chitinöse Ektoskelett. Es wäre demnach erheblich mehr Sauerstoff erforderlich, als durch die Luftkanälchen gelangen könnte.

Trotz allem gibt es keinen vernünftigen Grund, weshalb ein insektenähnliches Wesen auf einem anderen Planeten nicht einen großen funktionsfähigen Körper und zusätzlich ein gutes Gehirn entwickeln sollte. (Man denke nur daran, was eine Biene alles zu leisten vermag, obwohl ihr Gehirn nicht größer ist als ein Samenkorn.)

Würden Insekten ihren Herz-Blut-Kreislauf zur Atmung nutzen, statt ihrer Tracheen, so könnten sie sich zu größeren und widerstandsfähigeren Lebewesen entwickeln, d. h. den Pfad zu höherer Intelligenz beschreiten. Weil es Reptilien, Vögel und Säugetiere auf der Erde gab, war ihnen diese Entwicklungsmöglichkeit verwehrt. Da sie von Anfang an unterdrückt waren, entschieden sie sich für den Weg, den zahlreiche kleine Lebewesen einschlugen – vergleichbar übrigens den weiblichen Kraken, die hunderttausende von Eiern auf einmal legen, um sicher zu gehen, daß zumindest ein Teil ihrer Brut den Räubern des Meeres entgeht und am Leben bleibt. Ohne „Unterdrückung" wäre in vielen Fällen die Bahn der Evolution frei.

Unter bestimmten Voraussetzungen könnten Insekten größer werden, auch ohne daß sie ihre Methode der Atmung verändern müßten. Auf einem Planeten mit dichter Sauerstoffatmosphäre gelänge es ihnen beispielsweise, ihr Gewebe stärker mit Sauerstoff zu versorgen und somit zu wachsen. Auf einem solchen Planeten würde in erster Linie die Flugtauglichkeit prämiert werden. Die Luft wäre mit allen erdenklichen fliegenden Lebewesen bevölkert, in Form und Funktionsweise unseren Flugzeugen ähnlich, entsprechend den Gesetzen der Umwelt.

Eine andere Möglichkeit, es zu größerer Gestalt zu bringen, bestünde für die Insekten darin, dem Vorbild ihrer Krebs-Verwandten zu folgen. Solche Tiere, wie etwa Hummer und Krabben, sind – wie die Insekten – Gliederfüßler; sie gehören also zu jenem Stamm, der u. a. Spinnen, Zecken, Tausendfüßler und Hundertfüßler umfaßt. Mit mehr als 900 000 Arten, zu denen sich immer wieder neue Entdeckungen gesellen, sind die Insekten die größte Gruppe der Gliederfüßler und stellen fast die Hälfte aller Tierarten auf der Erde.

Gliederfüßler besitzen Beine, die aus mehreren Gliedern, durch Gelenke verbunden, bestehen; darauf weist die griechische Bezeichnung „Arthropoden“ hin. Krebse, ebenso wie Spinnentiere, unterscheiden sich von Insekten dadurch, daß sie mindestens acht anstelle von sechs Beinen besitzen. Kopf und Brust (Thorax) sind bei Krebs- und Spinnentieren zu einem sogenannten Cephalothorax zusammengewachsen – bei Insekten dagegen sind Kopf, Thorax und Hinterleib voneinander getrennt. Häufig besitzen sie zudem Flügel und ein Paar Fühler. Der größte Unterschied zu den Insekten besteht jedoch darin, daß Krebse mit einem Blutkreislauf ausgestattet sind, und Kiemen, anstelle der Tracheen bei Insekten, ausgebildet haben. Dies ermöglicht zum Beispiel den Hummern, bis zu zwanzig Kilogramm schwer zu werden, größer, als je ein irdisches Insekt. (Das Blutpigment der Krustentiere ist übrigens das Hämocyanin, das, wie wir bereits gesehen haben, auf dem Kupferatom basiert und nicht auf dem Eisenatom aufgebaut ist, wie das Blutpigment Hämoglobin beim Menschen. Unser Blut ist deshalb rot und nicht bläulich gefärbt.) Wenn Hummer wachsen, häuten sie sich, das heißt, sie werfen ihr Außenskelett ab. Sie führen ein Leben vergleichbar dem der Wasserinsekten, wenngleich sie ein besseres Atmungssystem entwickelt haben. Man könnte sich fragen, ob ein Insekt, das sich zu einem komplexeren oder zumindest größeren Gebilde entwickelt hätte, seinen Namen noch zurecht trüge, oder nicht vielmehr ein Wesen „aus Fleisch und Blut“, wie Hummer oder Krebs, genannt werden müßte. Vermutlich hinge dies von den speziellen Bedingungen auf dem betreffenden Planeten ab. Bei hohem Sauerstoffgehalt der Atmosphäre könnten die Insekten ihr vertrautes Aussehen beibehalten, bei niedrigerem Sauerstoffgehalt dagegen sähen sie vielleicht wie

Krebse aus, auch wenn sie nicht unbedingt Kriechtiere sein müßten. Auf ihren Hinterbeinen würden sie einigermaßen aufrecht gehen können, wobei sie wie eine groteske Karikatur des Menschen aussähen.

Fest steht jedenfalls, daß Insekten, gleichgültig in welcher Gestalt, eine höhere Stufe der Intelligenz erklimmen könnten. Zu unrecht klassifiziert man sie oft als eine niedere Form des Lebens. Weit gefehlt! Ihre komplexe anatomische Struktur, die Arbeitsleistungen ihrer Organe, ihre einzigartigen Sinnesorgane, ihre bemerkenswerten Lebensgemeinschaften und Staaten, sowie nicht zuletzt die raffiniert konstruierten Behausungen, lassen sich durchaus mit entsprechenden Fähigkeiten und Fertigkeiten höherer Wirbeltiere vergleichen, ja sie übertreffen diese oft noch.

Auf der Erde gehörten die Insekten unter allen Lebewesen zu den erfolgreichsten.

Einen Ansatzpunkt dafür, wie weit sie es tatsächlich bringen könnten, bieten einige ihrer bemerkenswerten Leistungen hier auf der Erde.

In Insektengesellschaften existieren so hochentwickelte Merkmale wie Arbeitsteilung und Sozialhierarchie, etwa in einem Bienenstock oder Ameisenhaufen; hinzu kommt das imposante Schauspiel, das lange Marschkolonnen von Wanderameisen uns auf ihren Beutezügen darbieten.

Daneben üben Ameisen sich als Farmer und halten Blattläuse als „Kühe". Sie veranlassen winzige Insekten dazu, Blatthonig abzusondern, von dem sie selbst sich ernähren. Was noch beeindruckender ist: diese Ameisenart baut aus papierähnlichem Material Schutzkonstruktionen um die Pflanzenstengel, auf denen Blattläuse „grasen"; sie tragen die Läuse von Pflanze zu Pflanze und schützen sogar deren Eier während der kalten Monate, indem sie diese mit in ihre eigenen unterirdischen Nester nehmen. Obwohl dies aus einem instinktgesteuerten Verhalten geschieht, liegt ihm doch ein gewisser „intelligenter" Plan zugrunde.

Die sozialen Strukturen in den Palästen der Bienen, Wespen, Ameisen und Termiten lassen erste Ansätze zu noch weitaus komplexeren Gesellschaften erkennen, die intelligente Insekten anderswo weiter vervollkommnen könnten.

Krebse kann man im übertragenen Sinne als Super-Insekten auffassen. Ihre Marschroute zu höherer Intelligenz ist unter Umständen für Insekten auf anderen Welten ein Vorbild. Ähnlich den Krebsen zeigen die Insekten verschiedene Arten von Reflexverhalten: wie etwa beim Öffnen und Schließen ihrer Zangen, bei Verteidigung, Flucht und Ernährung. Das alles ist noch nicht ungewöhnlich. Überraschender hingegen mag es für viele sein, daß Krebse sowohl hochentwickelte „Werbe- und Hochzeitsriten" besitzen, als auch eine besonders sorgfältige Brutpflege betreiben. Bei Winkerkrabben finden wir beispielsweise eine gemeinschaftlich organisierte Nahrungsaufnahme, und innerhalb der Familiengruppen begegnen uns männliche Tiere als Herrscher, was zeremonielle Kämpfe zwischen den Männchen einschließt. Viele Arten der Krebse verständigen sich untereinander durch visuelle Signale oder mit Hilfe von Tönen, die sie durch Aneinanderreiben der Beine erzeugen.

Wenn man im Fall der Insekten von Intelligenz spricht, so mag dies merkwürdig erscheinen; doch ist es Wissenschaftlern gelungen, Bienen so weit zu trainieren, daß sie sich in verwirrenden Labyrinthen zurechtfinden, auf verschiedene Reize, wie Farbmarkierungen, reagieren und als Antwort bis zu zehn Umdrehungen hintereinander vollführen.

Außerdem hat sich durch Experimente bestätigt, daß Bienen über ein gutes Gedächtnis verfügen. Sechs bis acht Tage lang vermögen sie sich an den genauen Ort eines Futterplatzes zu erinnern, bisweilen sogar noch zwei bis drei Monate später.

Auch Ameisen kann man beibringen, durch Labyrinthe zu krabbeln; ihr Aufnahmevermögen ist nur zwei- bis dreimal so langsam wie das der Ratten.

Mittlerweise wurde zudem der Beweis dafür erbracht, daß viele Insekten in der Lage sind, dieselben Dinge zu begreifen, die man höheren Tieren beibringen kann. Sie gewöhnen sich beispielsweise an regelmäßige Reize und sind zu assoziativem Lernen fähig – d. h., entsprechende Belohnungen begreifen sie in direktem Zusammenhang mit vorherigen Reizen, die für sie bis dahin keine Bedeutung hatten.

So überraschend und vielleicht unglaubhaft es auch klingt, daß Insekten derartige Kunststücke vollführen, so ist doch daran zu erinnern, daß die relativ geringe Größe des Insektengehirnes durch seine entsprechend „kompakte" Struktur ausgeglichen wird. Die Neuronen, d. h. die Nervenzellen, des Insektengehirnes sind kleiner als bei Wirbeltieren, folglich enger „zusammengepackt".

Weiterhin gleichen Insekten die geringe Größe ihres Gehirns dadurch aus, daß sie Nerven und Sinnesorgane über den ganzen Körper verteilen. Mit ihren Beinen fühlen sie Temperaturen, mit Hilfe von Spezialorganen, ebenfalls an den Beinen, können sie hören; und mit ihren Fühlern nehmen sie über Kilometer hinweg Gerüche wahr.

Winzige Härchen am Körper der Insekten registrieren Luftschwingungen und Erschütterungen des Erdbodens, und warnen so vor drohenden Gefahren. Dank der verstreuten Lage des Nervensystems und der Sinnesorgane arbeiten die drei Abschnitte des Insektenkörpers – Kopf, Thorax, und Hinterleib – halbwegs unabhängig voneinander. Sie können Reflexhandlungen in eigener Regie ausführen und sind nicht auf das Gehirn als „Befehlszentrale" angewiesen.

Wenn auch die genannten Besonderheiten und Mittel der Kompensation uns einige Hinweise darauf geben, wie Sinnesorgane bei Kreaturen auf anderen Welten angeordnet sein könnten, so ist dies alles unbestreitbar nicht ausreichend, um die hiesigen Insekten auch nur auf das geistige Niveau einfachster Wirbeltiere anzuheben. Das Insektengehirn ist einfach zu klein, obwohl es ihnen offensichtlich gute Dienste geleistet hat und sie zur erfolgreichsten Tiergruppe der Erde gehören. Während die Insekten den Wirbeltieren, was angeborene Verhaltensweisen betrifft, wahrscheinlich nicht nachstehen, sind diese ihnen an Lernfähigkeit weit überlegen. Konfrontiert man sie mit unbekannten Problemen, so sind sie in der Regel unfähig, das Gelernte auf neue Situationen anzuwenden. Insekten, die es geschafft hatten, einen Weg durchs Labyrinth zu meistern, zeigten sich ratlos, wenn sie dieselbe Strecke rückwärts gehen sollten; diese Aufgabe erschien ihnen wie ein völlig neues Problem. Ratten und andere Wirbeltiere dagegen nutzen zuvor erworbene Kenntnisse, weshalb sie mühelos den Weg zurück fanden.

Diese Beobachtungen legen den Schluß nahe, daß in Sozietäten lebende Insekten sozusagen komplette Verhaltensmuster vererben. Gleichwohl handelt es sich nicht, wie Wissenschaftler früher meinten, um „Reflexmaschinerien". Insekten können vielmehr innerhalb eines bestimmten Spektrums von Möglichkeiten auswählen, doch da die Zahl begrenzt ist, führen unterschiedliche Reaktionen und Verhaltensweisen stets zu denselben Resultaten.

Die hier auf der Erde entwickelte Arbeitsweise von Insektengemeinschaften kennt wenig Veränderung und Flexibilität, obwohl die Lebensweisen der Insekten äußerst differenziert sind. In einigen Aspekten übertreffen Insektenstaaten zwar die menschlichen Gemeinschaften – insbesonders was ihren Zusammenhalt, die Arbeitsteilung, Spezialisierung einzelner Kastenmitglieder und ihren Einsatz für das Gemeinwohl anbetrifft. Und dennoch hat die Struktur der Insektengesellschaften, trotz ihrer arterhaltenden Kräfte, nicht zu hochentwickelten Formen sozialer Interaktion geführt. Sie scheinen vielmehr in ihrer Entwicklung auf der Erde eingefroren zu sein. Möglicherweise haben sich die Insekten hier bei uns sämtliche soziale Strategien zunutze gemacht, die für sie innerhalb der Grenzen ihres Verstandes möglich waren.

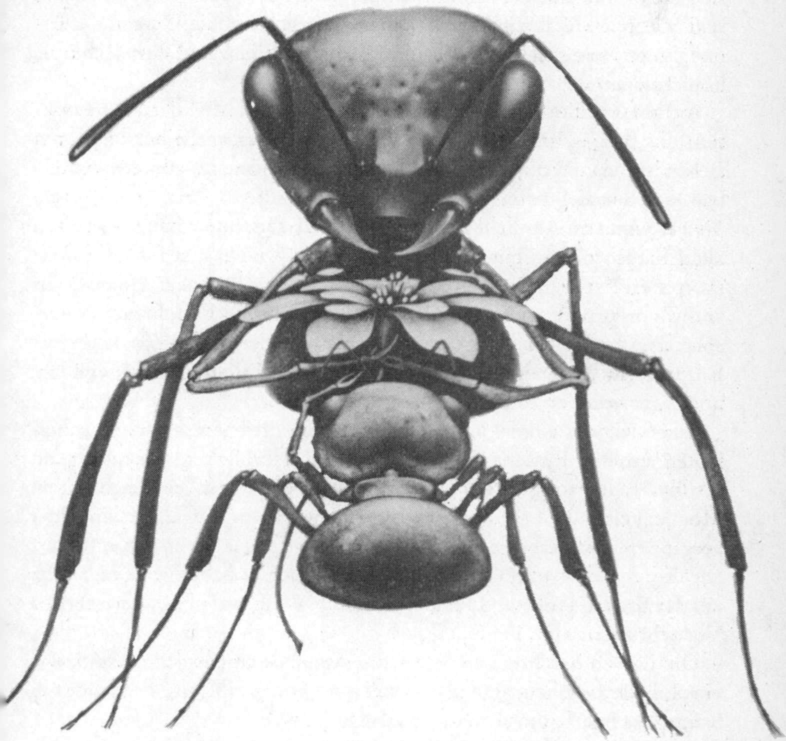

Das könnte sich selbstverständlich bei Insektenwelten auf anderen Himmelskörpern anders verhalten. Aufgrund von größeren Gehirnen würden Insekten dort weitreichendere Anpassungsfähigkeiten gewinnen, die es ihnen erleichtern, neue soziale Beziehungen einzugehen, ohne daß sie dabei die für sie typischen Instinkte einbüßten.

Das Individuum würde an Bedeutung gewinnen, die Beziehungen zwischen einzelnen Wesen menschenähnlicher werden. Ein Beispiel hierfür ist auf unserer Abbildung festgehalten: eine Insektenmutter, die ihrer kleinen Tochter eine Blume überreicht.

Solche Erwägungen anzustellen heißt nicht: menschenähnliche Verhaltensweisen und menschliche Motivationen schlichtweg auf andere Lebensformen zu übertragen. Aufschlußreiche Parallelen bei irdischen Insekten zum menschlichen Verhalten zeigten sich insbesondere in der Art und Weise, wie Insekten mit Werkzeugen umgehen und Unterschlüpfe konstruieren.

Auch das mit dem Wort Altruismus bezeichnete Verhalten der Insekten, die Bereitschaft etwa einer Wanderameise oder Arbeitsbiene, ihr Leben für das Wohl der Kolonie oder des Stocks zu opfern, ist ein weiteres Beispiel für menschenähnliches Verhalten.

Diese Art von Ähnlichkeit weist auf innere Zusammenhänge zwischen allen Lebensformen hin. Das Universum muß nicht erst für anthropomorph erklärt werden – es hat sich bereits in mehrfacher Hinsicht als anthropomorph erwiesen. Jedes Verhalten ist letztlich biologischen Ursprungs, wie uns der neue Wissenschaftszweig der Soziobiologie gelehrt hat, und ein Großteil von Verhaltensweisen ist bei allen Tieren ähnlich, und zwar von der Ameise bis zum Menschen.

Sehen wir uns einmal unter diesem Aspekt die bautechnischen Fähigkeiten unserer irdischen Insekten an. Im Hinblick auf Typen- und Strukturvielfalt birgt die Welt der Insekten einen solchen Reichtum an Möglichkeiten, daß er von insektenähnlichen Kreaturen anderswo leicht vergrößert und verbessert werden könnte. Beispiele besonders raffiniert angelegter Konstruktionen, die Ameisen errichtet haben, gibt es bereits auf der Erde in Hülle und Fülle – nicht nur Wohnbauten, sondern ebenso Vorrichtungen zum Beutefang.

Die Larven der Ameisenlöwen, die, wenn sie ausgewachsen sind, wie eine Libelle aussehen, graben beispielsweise trichterförmige Fallgruben in Sand oder Staub, um Ameisen zu fangen.

Sitzt eine Ameise in der Falle, so beginnt der Ameisenlöwe mit einem besonderen Speiseritual. Zuerst spritzt er seinem Opfer ein tödliches Gift ein; später sodann seine Magensäfte. Anstatt seine Beute zu zerstückeln, (eine Aufgabe, für die er morphologisch ohnehin nicht ausgerüstet ist), löst er die Weichteile der Ameise mit seinen Magensäften buchstäblich auf. Dann nimmt der Ameisenlöwe die flüssige Nahrung durch eine Rinne in seinen Mandibeln, bestimmten Mundwerkzeugen, auf elegante Weise zu sich. Da die Nahrung außerhalb des eigenen Körpers verdaut wird, fallen keine lästigen Abfallstoffe an – eine formvollendete Methode der Nahrungsaufnahme, die auch von weitaus größeren Insekten auf anderen Planeten angewendet werden könnte.

Einige Ameisen benutzen zum Bau ihrer Wohnstätten höchst phantasievolle Werkzeuge. Weberameisen in tropischen Gebieten Asiens bauen ihre Nester in Bäumen, indem sie einzelne Blätter mit dichten Seidengespinsten „zusammenweben". Da diese Ameisen jedoch keine „Spinndrüsen" besitzen, fragten sich Wissenschaftler lange Zeit, wie es den Weberameisen gelingen könne, solche Gebilde zustandezubringen. Sie fanden schließlich heraus, daß die Ameisen zunächst die Ränder der Blätter zusammenziehen, und dann mit Hilfe einer Brücke aus lauter lebenden Ameisen den verbleibenden Zwischenraum überwinden, der für ein einziges Tier zu breit wäre.

Eine der eindrucksvollsten Demonstrationen dessen, wie geschickt Werkzeuge von der Tierwelt gehandhabt werden können, ist der Vorgang, wenn Arbeitsameisen ausgewachsene Larven in Nester transportieren. Indem sie die Larven mit ihren Mundwerkzeugen festhalten – so wie wir etwa eine Tube Uhu zwischen den Fingern halten –, drücken sie die Larven gegen die Blattoberfläche und veranlassen sie auf diese Weise, durch den Mund Seidenfäden auszuscheiden, mit denen sie die Blattränder, die von anderen „Arbeitern" gehalten werden, „zusammennähen."

Wenn schon die Ameisen auf der Erde ihre Instrumente auf so intelligente Weise handhaben können, so scheint es nicht weit hergeholt, von wesentlich größeren und begabteren Insekten anderswo zu erwarten, daß sie Werkzeuge ebenso geschickt einzusetzen vermögen wie der Mensch auf der Erde.

Solche intelligenten Insekten auf anderen Welten könnten vergleichsweise die Baumeister und Architekten unter den irdischen Insekten bei weitem übertreffen. Die Termiten sind hierin vorbildlich. Ihre Hügel erreichen hin und wieder riesige Ausmaße und ragen wie Obelisken empor. Die Kompaßtermiten Australiens z. B. errichten beeindruckende Bauwerke mit einer Höhe bis zu fünf Metern und einer Breite bis zu drei Metern in baumlosen Prärien. Auf menschliche Verhältnisse übertragen bedeutet das: sie errichteten ein Gebäude von fast anderthalb Kilometer Höhe, viermal so hoch wie das mächtige New Yorker Empire State Building.

Die Schmalseiten der Bauwerke liegen jeweils nach Norden und Süden zu, wodurch die Oberfläche nur kurze Zeit der sengenden Mittagssonne ausgesetzt ist. Die Breitseiten sind der kühleren Morgen- oder Abendsonne zugewandt. Termiten gehen ähnlich wie Bienen vor: mit Hilfe magnetischer Felder legen sie die genaue Ausrichtung ihrer „Wolkenkratzer" fest.

In den tropischen Regenwäldern dagegen bauen bestimmte Termiten schirmartige Dächer über ihre Behausungen, um so den Regen abzuhalten.

Die „Klimaanlagen" der Termitenbauten sind wahre Wunder technischen Erfindungsreichtums. Da einige Hügel von Millionen Termiten bevölkert sind, würden die Tiere ohne Ventilation bald ersticken. Also haben die Termiten ausgeklügelte Systeme von Luftkanälen und Hohlräumen ersonnen, um einen Austausch von Kohlendioxid gegen Sauerstoff zu ermöglichen.

Stellt man sich die Leistungen, Bauten und Gesellschaftsformen der irdischen Insekten in größerem Maßstab vor, so entsteht vor unseren Augen eine wahre Märchen- und Sagenwelt. Man meint, förmlich das Gerassel der Mundwerkzeuge hören zu können, wenn Insekten, die in ihren Panzern mittelalterlichen Rittern ähneln, sich in einen Kampf auf Leben und Tod einlassen. Furchterregende Ungeheuer bevölkern den Himmel; vogelartige Insekten machen Jagd auf träge am Boden dahinkriechende Artgenossen, sie schießen wie Falken auf sie herab und zielen auf sie mit pfeilartigen Stacheln.

Sind keine anderen gefährlichen Tiere vorhanden, so bekämpfen sich Insekten gegenseitig. Aus hartem Material, Chitin, bilden sie hochspezialisierte Freß- und Kampfwerkzeuge. Besonders eindrucksvoll ist diese Ausrüstung bei den Wanderameisen. Einige von ihnen haben Mandibeln entwickelt, die wie Dolche gekrümmt und mit haarfeinen Nadelspitzen ausgestattet sind. Schnappen sie damit zu, schmerzt der Biß selbst größere Wirbeltiere so sehr, daß sie es größtenteils vorziehen, die Ameisen nicht zu belästigen. Andere erzeugen mit Hilfe bestimmter Drüsen klebrige oder giftige Substanzen, die sie mehrere Zentimeter weit auf ihre Feinde spritzen können. Die Möglichkeiten, noch raffiniertere Waffen zu erfinden, scheinen durchaus nicht erschöpft zu sein.

Insektenähnliche Geschöpfe anderswo könnten überdies die bei irdischen Tieren bereits hochentwickelten Formen des Parasitismus weiter verfeinern und die Taktiken ihres Überraschungsangriffs verbessern. So benutzen etwa manche Insekten auf der Erde andere Artgenossen als bewegliche Vorratslager für ihren Nachwuchs, indem sie ihre Larven dort ablegen. Was schließlich den Überraschungsangriff anbelangt, so können es nur wenige Tiere mit der Hinterhältigkeit gewisser Ameisenköniginnen aufnehmen. Sie „überreden" fremde Arbeiterinnen dazu, sie in das Nest des fremden Volkes zu tragen, indem sie sie mit selbsterzeugten süßschmeckenden Substanzen „bestechen"; sofort erobern sie dann die fremden Kolonien, indem sie deren Königinnen „erwürgen" oder ihnen buchstäblich den Kopf abschneiden.

So verwundert es kaum, daß uns Insekten fremd vorkommen, wie aus einer anderen Welt. „Insekten haben etwas an sich", so schrieb Maurice Maeterlinck in seinem Buch *Das Leben der Ameisen,* „das mit den Gewohnheiten, Moralvorstellungen und der Philosophie dieser Welt nicht in Einklang zu bringen ist, so als stamme dies alles von einem anderen Planeten, aus einer viel ungeheuerlicheren, entschlosseneren, gefühlloseren, grausameren und teuflischeren Welt als der unsrigen."

Insekten besitzen außerordentlich ausgeprägte Sinneswahrnehmungen, mit denen wir nicht konkurrieren können: die Bahn ihres Fluges etwa richten sie nach dem polarisiertem Sonnenlicht aus, die Stärke ihrer Zellwände messen bis auf Bruchteile von Millimetern exakt aus und ultraviolette Strahlung behindert nicht im geringsten ihr Sehvermögen. Eine solche Ballung von Fähigkeiten könnte sie anderen Orts in den Stand setzen, ganze Städte und andere Gebilde von ungeheurer Größe und Schönheit zu errichten.

Würden sie noch andere Werkzeuge herstellen und benutzen, so wären sie unter Umständen in der Lage, einen hohen Grad von technologischer Zivilisation zu erreichen.

Die Kunst des Feuermachens als Grundstein technologischer Entwicklung könnten Insekten anderswo auf viel elegantere Weise erlernen als der urzeitliche Mensch. Anstatt zwei Stöckchen aneinander zu reiben, um die fürs Feuer notwendige Hitze zu erzeugen, würde ein intelligentes Insekt Sonnenstrahlen „einfangen", beispielsweise mit Hilfe einer Linse aus gallertartiger Substanz, die von den Tieren selbst hergestellt würde. Mit ihren natürlichen Werkzeugen, die geschickter als unsere Hände sind, könnten diese intelligenten Insekten Werkzeuge und Instrumente erfinden, für die wir wegen fehlender Hilfsmittel jahrhundertelange Herstellungszeiten benötigt haben.

Von der Größe einmal abgesehen, könnten Insekten ein dennoch beachtliches Gehirn entwickeln, ihre Atmungsorgane verbessern und ihr Lebensalter bei weitem erhöhen. Aufgrund ihrer einzigartigen Sinnesorgane könnten sie zu einer Art hochgezüchteter „biologischer Maschinen" werden, zum Typ jener fortschrittlichen Roboter, die von Science-Fiction-Autoren besonders geschätzt werden. Nichts hinderte diese außerirdischen Insekten daran, so groß wie Menschen zu werden, fähig zu sein, bei ultravioletter Strahlung deutlich zu sehen, Geräusche mit Hilfe ihrer Beine wahrzunehmen, über einen genauen Zeitsinn zu verfügen und magnetische Felder aufzuspüren – kurz, sie wären die geborenen Wissenschaftler.

Da sie ohnehin Tunnelsysteme in den Baumwipfeln anzulegen vermögen, um sich vor feindlichen Artgenossen und den Naturgewalten zu schützen, könnten solche Kreaturen ebenfalls ausgeklügelte Systeme von miteinander verbundenen Wohnstätten konstruieren, wo sie dann komplizierteren Tätigkeiten nachgingen (Vgl. unsere Farbtafel).

Zwischen verschiedenen Insektenarten käme es ggf. zu merkwürdigen Formen der Zusammenarbeit. Auf der Erde werden die großen Armeen der normalerweise blinden Wanderameisen von einer bunten Schar seltsamer „Marketender" begleitet, wie den Tausendfüßlern, die zusammen mit den Wanderameisen in der Marschkolonne dahinziehen; auch Käfer, ihren Brotgebern in Gestalt und Form erstaunlich ähnlich, befinden sich unter ihnen, manche haben es regelrecht darauf abgesehen, von Ameisen adoptiert zu werden. Sie „beschenken" die Ameisen mit „Besänftigungs-" und „Adoptionssubstanzen", die von den Drüsen abgesondert werden. Zum Dank tragen die Ameisen die Käfer in ihre Nester und lassen sie dort leben.

Auch verstärkte landwirtschaftliche Tätigkeiten ließen sich bei den Insekten vorstellen. Die Ameisen der Gattung *Atta* liefern uns dafür ein Beispiel. Sie betreiben den Anbau winziger Pilze, die sie verzehren. Viele Arten dieser Ameisengattung „schneiden" ganze Stücke aus frischen Blättern, die sie dann in ihre unterirdischen Behausungen transportieren. Kleine Arbeiterinnen begleiten die „Blattschneider"; ihre einzige Aufgabe besteht darin, Angriffe von parasitischen Fliegen abzuwehren, die ihre Eier gern in den Nacken der blattschneidenden Ameisen legen. Die Schutzmannschaft der Arbeiterinnen reitet auf den kleinen Blattstücken, die von den „Blattschneidern" wie Sonnenschirme getragen werden, und wappnet sich gegen den Angriff der Fliegen mit weit geöffneten Kiefern.

Zu Hause angelangt, beginnen die Arbeiterinnen sofort mit der Pflege ihrer Pilzgärten, eine der fesselndsten Vorgänge in der Insektenwelt. Die Arbeiterinnen zerkauen die kleinen Blattstücke zu Krümeln, vermischen sie mit Speichel und düngen sie mit ihrem Kot. In diesem schaumigen Material werden die Pilze von den Arbeiterinnen kultiviert. Einige Triebe der Pilze beißen sie eigens ab, damit die Pflanzen kohlkopfähnliche Formen entwickeln können, jene Delikatesse, von der eine Ameisenkolonie lebt. Die jeweils gezüchtete Pilzart wird von einer Ameisengeneration an die nächste weitergegeben. Gründet eine Königin ein Nest, so bringt sie in einer Tasche ihrer Mundhöhle ein kleines Stück des besonderen Pilzes mit.

Derartig komplexe Tätigkeiten lassen Ansätze landwirtschaftlichen Geschicks erkennen, das von Insekten anderswo ausgebaut und weiterentwickelt werden könnte. Es beweist aufs neue, daß konvergente Evolutionen sich nicht nur auf das Aussehen der Tiere beziehen, sondern auch auf ihre Lebensweise. Ameisen und Menschen sind so weitläufig miteinander verwandt wie nur irgend denkbar und dennoch sind beide landwirtschaftlich tätig.

In jeder Insektenwelt gäbe es ein reiches pflanzliches Leben, denn einerseits sind Insekten auf pflanzliche Ernährung angewiesen und andererseits wollen viele Pflanzen von Insekten befruchtet werden.

Einige Pflanzen, beispielsweise Nadelbäume oder Getreide, verlassen sich bekanntlich auf die Tätigkeit des Windes als eine Art Mittler zur Befruchtung; ihre Blüten sind daher relativ unauffällig. Von Insekten abhängige Pflanzen dagegen tragen gewöhnlich leuchtende, farbige Blüten und sondern oftmals Nektar ab. Im Grunde ist die farbenprächtige Blütenwelt der Pflanzen der Entwicklung der Insekten zu verdanken.

Die wechselseitige Abhängigkeit von Pflanzen und Insekten in außerweltlichen Lebensräumen wäre einer der faszinierendsten Aspekte einer Insektenwelt.

Wir wollen kurz die Beziehungen zwischen beiden auf der Erde betrachten. Manche unserer Pflanzen leben in einer eigenartigen Symbiose mit Insekten. Im Rahmen solcher Lebensgemeinschaften stellen beispielsweise einige tropische Pflanzenarten den Ameisenkolonien eigens für sie konstruierte Wohnstätten zur Verfügung, etwa Kammern in den Hohlräumen der Pflanzenstengel, die als Vorratslager für Fette und Proteine dienen und die Ameisen anlocken sollen. Die Ameisen ihrerseits übernehmen für die Pflanzen die Rolle einer Art Verteidigungsarmee, sie vertreiben schädliche Insekten und selbst grasendes Vieh und andere Säugetiere, indem sie sie stechen und dadurch verjagen.

Auf der anderen Seite machen sich einige Insekten Pflanzen dadurch zunutze, daß sie ihre Larven auf Blättern oder Zweigen ablegen. Die Larven scheiden bestimmte Wachstumssekrete aus, die von Pflanzenzellen umwachsen und mit einer Art Schutzwall umgeben werden, etwa von der Größe eines Baseballs. Wenn die Larve wächst, stößt sie sich ihren Weg ins Freie oder frißt sich allmählich durch. Bei einer bestimmten Insektenart ist das Wachstumssekret der Larve so programmiert, daß es zur Bildung einer Art Stöpsel kommt, der herausspringt, sobald die Larve ausgewachsen ist.

Doch sind die Beziehungen zwischen Insekten und Pflanzen nicht nur friedlich und von gegenseitigem Nutzen bestimmt. Einige Pflanzen auf der Erde haben den Spieß herumgedreht und sich zu Fleischfressern entwickelt. Es gibt etwa fünfhundert Arten fleischfressender Pflanzen, die Insekten auf verschiedenste Weise fangen – entweder lassen sie ihre Blattfallen zuschnappen, lähmen ihre Beute wie Fliegenfänger auf klebrigen Blattoberflächen, oder ertränken sie in becherförmigen Blüten voll Wasser.

Mikroskopisch kleine Pilze wenden eine Fangtechnik an, die so raffiniert erscheint, daß man glauben könnte, sie basiere auf höherer Intelligenz. Diese Pilze sind mit winzigen, handschellenähnlichen Schlingen ausgerüstet, die sofort zuschnappen, wenn ein winzig kleiner Fadenwurm, ein Nematode, durch sie hindurchkriecht. In bis zu drei dieser Schlingen gefangen, wird der Fadenwurm so lange festgehalten, bis die Pilzfasern in ihn eindringen können und ihn somit töten.

Man stelle sich nach diesen Beobachtungen eine fremde Welt vor, in der sich ein ähnliches Verhalten abspielte, nur in weitaus größeren Maßstäben. Es ginge um den Beweis, wer die größeren geistigen Fähigkeiten besäße, ein Kampf zwischen Pflanzen und Insekten bräche aus, der ungleich dramatischer wäre als ihre Auseinandersetzungen auf der Erde.

Ein Intelligenzkampf zwischen Pflanzen und Insekten also?

Warum eigentlich nicht?

Wir dürfen den Begriff Intelligenz nicht zu eng auslegen. Intelligente Pflanzen würden höchstwahrscheinlich nicht nur wie Pflanzen aussehen, sie wären daneben mit Sinnesorganen ausgerüstet, die sie auf Anhieb intelligent aussehen ließen. Auf der Erde kommen, wie wir wissen, nur Pflanzen vor, die auf Berührung, Hitze, oder sonstige Reize ebenso stark reagieren wie Insekten. „Eine Gottesanbeterin hockt die meiste Zeit über starr und unbeweglich da", so erzählt Peter Carlson, ein führender Pflanzengenetiker an der Michigan State University, „doch dann auf einmal greift sie gierig nach einem Stück Nahrung, das in ihre Reichweite gelangt. Gewiß, dies ist eine instinktive Reaktion, aber ich bin nicht sicher, ob dieses Verhalten anders zu bewerten ist, als das einer Pflanze, die sich dem Licht zuwendet." Auch in den Meeren kommen ja bekanntlich Pflanzen vor, deren Verhalten sich von dem der Tiere wenig unterscheidet.

Wie aber könnten Pflanzen Nervensysteme entwickeln? Dazu noch einmal Peter Carlson: „Ich bin nicht der Ansicht, daß wir uns die Definition der Nervensysteme von den Strukturen vorschreiben lassen sollten, die uns bei höheren Tieren begegnen. Dort handelt es sich um Rückenmark, Nervenenden und spezialisierte Zellen. Pflanzen kommunizieren auf andere Art. Ihre Zellen verständigen sich in der Sprache der

Hormone. Einige halten das für einen schleppenden Prozeß; verglichen mit der Geschwindigkeit des elektrischen Impulses in Nervenzellen haben sie sogar recht, doch könnte ich mir durchaus einen schnelleren Informationsfluß auf der Basis von Hormonen vorstellen. Das bedeutete bereits, wie ich meine, von einem Nervensystem sprechen zu können. Nervenzellen und ein Gehirn sind in der Tat nicht erforderlich, um das Ganze ein Nervensystem zu nennen. Es muß nur die Möglichkeit geben, Informationen zu verbinden und alles so interpretierbar zu machen, daß die Pflanze darauf reagiert."

Mit derartigen Nervensystemen ausgerüstet, könnten Pflanzen auf anderen Welten ein viel aktiveres Leben führen als ihre irdischen Vertreter. Auf dem „Planeten der Pflanzen" wäre ihr Verkehr mit Insekten vermutlich wesentlich aggressiver als hier auf der Erde, sowohl in den Formen ihrer Zusammenarbeit, wie auch im Fall gegenseitiger Angriffe.

Denkbar ist ebenfalls, daß sich Pflanzen auf einem Planeten ohne Insekten und andere Tiere ansiedeln. Zahlreiche Pflanzen auf der Erde befruchten sich entweder selbst oder vertrauen in dieser Hinsicht auf den Wind. Sie sind demnach auf Tiere, bzw. Insekten, zur Fortpflanzung nicht angewiesen. Und was die Photosynthese und den chemischen Kreislauf anbelangt, so benötigen die Pflanzen keine Hilfe von Tieren, da sie alles in eigener Regie zustande bringen: sie selbst sorgen ja für den regelmäßigen Austausch von Sauerstoff und Kohlendioxid, Stoffe, die sie von sich aus produzieren.

Würden sie von Tieren nicht gefressen werden können, so wäre für die Pflanzen die Bahn frei, sich auszubreiten und alle leeren Nischen zu besetzen, die normalerweise von Tieren gehalten werden; manche Pflanzen würden in einem gewissen Grad zur Fortbewegung fähig, so daß sie dazu übergingen, auf andere Pflanzen Jagd zu machen. Aus Erfahrungen bei Zuchtversuchen mit Pflanzen wissen wir, daß entsprechende genetische Anlagen durchaus vorhanden sind, und sich die Pflanzen auf der Erde in einem ständigen Prozeß der Weiterentwicklung befinden. Deshalb werden sich die Pflanzen auf einem „Planeten der Insekten" sehr wohl gegen gepanzerte Horden durchsetzen und diese immer wieder durch neue Formentwicklungen überraschen.

Kraken, Insekten und Pflanzen stellen nur eine kleine Auswahl aus der Vielzahl intelligenter Lebewesen dar, die möglicherweise im Universum anzutreffen sind. Es wird daneben jüngere Planeten als die Erde geben, auf denen Leben noch nicht über die Stufe einzelliger Bakterien hinausgelangt ist. Einige ältere Planeten mögen selbst heute noch ein solches Leben beherbergen; vielleicht hätte es auch das Leben auf der Erde nicht weiter gebracht, wären keine pflanzlichen Einzeller entstanden, die dazu beitragen, atmosphärische Bedingungen zu schaffen, unter denen sich das uns bekannte höhere Leben entwickeln konnte; anderenfalls wäre es unter Umständen nie zur Sauerstoffatmung gekommen.

Urweltliche Planeten wären gewiß weniger interessant für uns als solche, auf denen intelligente Organismen mit uns vertrauten Strukturen leben. Könnte es sein, daß solche Lebewesen ganz anderen „Plänen" folgen als wir? Gibt es „Leben" von einer Art, wie wir es nicht kennen? Das ist das Thema unseres nächsten Kapitels.

SIEBENTES KAPITEL

Darwin und das Leben danach

Nach den Vorstellungen so mancher Science-Fiction-Autoren und einiger Wissenschaftler ist das Weltall von einer verwirrenden Vielfalt grotesker, bizarrer und unheimlicher Kreaturen bevölkert, die, wenn überhaupt, wenig mit der uns bekannten Art von Leben gemein haben.

Dieses Thema, mit dem sich unzählige Science-Fiction-Romane der Gegenwart beschäftigen, wurde schon gegen Ende des 19. Jahrhunderts von H. G. Wells in seinem klassischen Werk *Der Krieg der Welten* intoniert; dabei beschrieb er die Mars-Eroberer wie folgt:

„Sie waren, wie ich mit einem Mal sah, die unirdischsten Wesen, die man sich nur vorstellen kann: gewaltige runde Körper, oder eher Köpfe, etwa eineinhalb Meter im Durchmesser, mit je einem Gesicht an der Vorderseite ihres Körpers. Diese Gesichter hatten keine Nasenlöcher – offenbar sind die Marsmenschen ohne Geruchssinn – aber sie besaßen ein Paar riesig großer, dunkelfarbiger Augen, und gleich darunter eine Art fleischigen Schnabel. Auf der Rückseite dieses Kopfes oder Körpers – ich weiß kaum, wie ich es nennen soll – saß ein einzelnes, straff gespanntes „Trommelfell", anatomisch mittlerweile als Ohr identifiziert, obwohl es in unserer dichten Atmosphäre fast unnütz gewesen sein muß. Rund um den Mund sah man sechzehn dünne, fast peitschenähnliche Tentakeln, zu zwei Bündeln von je acht zusammengefaßt."

Wells' Marsmenschen zeigten daneben eine besondere Vorliebe für Menschenblut.

Die Visionen kosmischer Lebensformen sind mit der Zeit kaum origineller geworden. Ihre Namen, aus Konsonanten beliebig zusammengewürfelt, mögen zwar in den Basaren von Belutschistan wie Musik klingen; für unsere Ohren aber sind sie schrill, und die Bewohner von Science-Fiction-Welten überfordern uns schlichtweg, wenn sie ernst genommen werden wollen.

Sehen wir uns beispielsweise Chulpex an: ein vierarmiges Wesen, das in einem Tunnellabyrinth tief im Innern seines Planeten lebt.

Oder Czill: eine intelligente Pflanze, die laufen und sprechen kann.

Oder Dirdir: ein gewaltiges Ungeheuer mit Hufen an den Füßen und Antennen am Kopf.

Oder Ixtl: ein zylinderförmiges Geschöpf mit vier Beinen und vier Armen, das, mit geheimnisvollen Kräften ausgestattet, feste Materie zu durchdringen vermag.

Oder Pnume, eine skelett-ähnliche Kreatur, die bei Bedarf zum Vierbeiner werden kann, normalerweise aber auf zwei Füßen läuft.

Oder Thrint, ein einäugiges, telepathie-begabtes, froschähnliches Weltraumungeheuer mit messerscharfen Zähnen, das sich beim Appell in ein Ptavv verwandelt.

Oder Ruml, ein bepelzter Katzenmann mit einer großen Leidenschaft für Duelle.

Oder Uchjinian, ein nicht auf Kohlenstoff basierender, freundlich-umgänglicher Materieklumpen, der auf einem Planeten mit Heliumatmosphäre lebt.

Und das ist erst der Anfang der Parade.

Indem sie sich mit einer Art heiterer Gelassenheit über die Grundlagen von Biologie und Wissenschaft hinwegsetzen, tischen uns einige Science-Fiction-Schreiber felsartige und unbewegliche Geschöpfe auf, die „irgendwie" per Funk miteinander kommunizieren (doch erst, nachdem sie die Funkerlaubnis von einer „Königin" eingeholt haben, die eher nach einer „Frauen-Fernmeldebehörde" klingt); außerdem kombinierte Pflanzen-Tiere, die wie Puppen aus der Sesamstraße aussehen; oder dreibeinige Geschöpfe mit Schwimmhäuten an Händen und Füßen, die es nichtsdestotrotz fertigbringen, Raumschiffe zu bauen, die mit 99% Lichtgeschwindigkeit durchs All jagen. Selbst heute noch, da Silicium-Monster längst unter dem Gelächter des Publikums ins Dunkel der Kulissen verbannt worden sind, versuchen einige Science-Fiction-Amateure nach wie vor, uns Silicium-Wesen zu verkaufen, etwa in Form von intelligenten Bäumen aus Glas.

Wenn uns Science-Fiction-Autoren ohnedies schon in dem Glauben bestärkt haben, außerirdische Wesen müßten ein unvorstellbar groteskes Aussehen besitzen, so hat Hollywood ein übriges getan und sie mit hirnlosen Horror-Attributen ausgeschmückt oder, ins andere Extrem verfallend, sie als Spiegelbilder des Menschen entworfen.

Ironischerweise aber verhält es sich so, daß die den vernebelten Hirnen spekulierender Träumer entsprungenen Monster und Kuriosa noch nichts sind im Vergleich zu dem, was die Natur – wahrscheinlich ohne daß die Phantasten-Zunft und die Filmproduzenten auch nur das geringste darüber wissen – an Wunderdingen auf der Erde hervorgebracht hat.

Einige dieser überraschenden Produkte der Evolution, von denen einige bis heute überlebt haben, sehen wir auf den diversen Abbildungen, die in dieses Kapitel eingeblendet wurden.

Die Zeichnungen scheinen die Bemerkung Dr. Berrills zu bekräftigen, wonach man bei „allem, was man sich nur vorstellen kann, später die Erfahrung macht, daß die Natur – wie im Märchen vom Hasen und Igel – immer schon vor einem dagewesen ist."

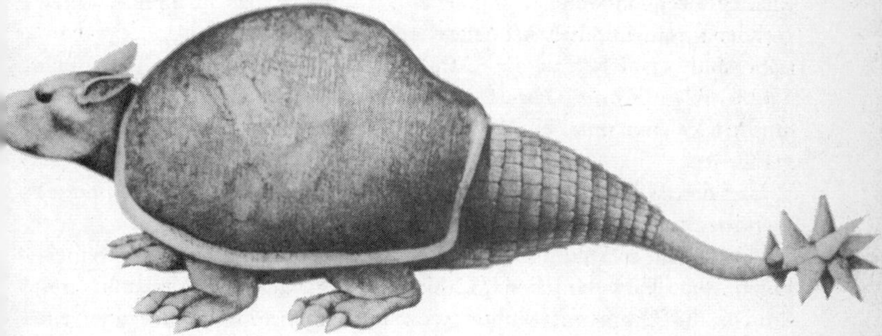

Oben *Der gürteltierähnliche* Doedicurus, *der einst in Südamerika lebte.*
Unten *Der nashornähnliche* Styracosaurus, *der einst Nordamerika durchstreifte.*

Um den Science-Fiction-Schreibern Gerechtigkeit widerfahren zu lassen, müssen wir fairerweise feststellen, daß es auch bemerkenswerte Ausnahmen von der Regel allgemeiner Einfallslosigkeit in den Romanen über Roboter- und Räuberpistolen im Strahlengewehrzeitalter gegeben hat, sofern sie von Lebensformen auf anderen Planeten handelten. Arthur C. Clarke macht uns in seinem fesselnden Buch *Rendezvous with Rama*, 1973 erschienen, mit einigen glaubwürdigen biologischen Robotern bekannt, und auch weniger angesehene Autoren haben in ihren Werken durchaus plausible Lebensformen erdacht.

So sind beispielsweise die „Athshteans" in Ursula K. Le Guins Buch *The Word for World is Forest (Das Wort für Welt heißt Wald)* menschenähnliche Wesen mit Fell, die von auf Bäumen lebenden Primaten abstammen.

Und die „Dilbians" in Gordon R. Dicksons *Spacepaw (Weltraumtatze)* begegnen uns als bärenähnliche, intelligente Geschöpfe.

James Blish erzählt in seinem Buch *A Case of Conscience* von zweibeinigen Reptilienwesen, den „Lithians", die jeweils im Verlaufe ihres Lebens die gesamte Evolution vom Fisch zum Amphibium über ein känguruh-ähnliches, niederes Säugetier bis zum ausgereiften Erwachsenenstadium durchqueren.

In Brian M. Stablefords geistreichem Roman *Wildblood's Empire* werden die Amphibien, von ihm „Salamen" genannt, vor die Wahl gestellt, sich in ihrer Entwicklung entweder für erwachsene Wasserlebewesen zu entscheiden oder aber für die Gestalt jugendlicher, luftatmender Landbewohner.

Doch solche phantasiereich weitergesponnenen Möglichkeiten biologischer Evolution bilden angesichts der Produktionsschwemme kosmischen Unsinns rühmliche Ausnahmen. Fast immer scheitern Science-Fiction-Autoren bei ihren Versuchen, glaubwürdige Weltraumwesen zu beschreiben, daran, daß sie ihre Spekulationen selten auf der Grundlage realer Entwicklungsmöglichkeiten der Evolution vorantreiben. Statt dessen beginnen sie einfach mit jeder x-beliebigen, ausgefallenen, verrückten und grotesken Idee, die ihnen gerade durch den Kopf schießt. Die Handlungsknoten werden je nach Bedarf gelöst, wissenschaftliche Möglichkeiten und Grenzen dabei gänzlich außer acht gelassen. Offensichtlich gibt es in dieser Art von Zukunftsromanen keinerlei wissenschaftliche Ambitionen.

Jene Science-Fiction-Fabrikanten stehen indessen mit ihren wilden Phantastereien keineswegs allein da. Sie teilen ihren zweifelhaften Ruf

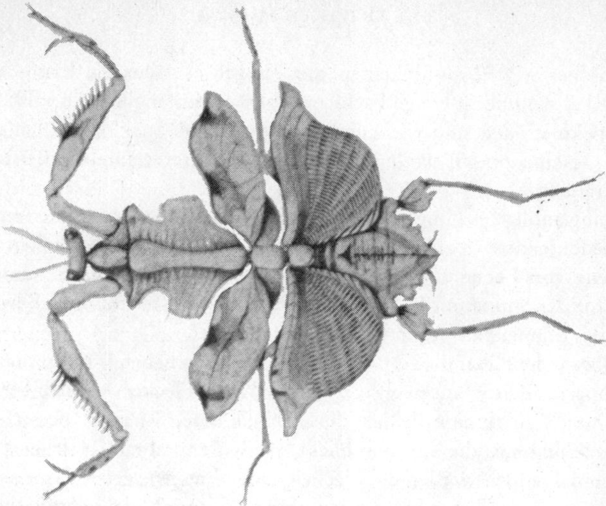

OBEN *Der* Deroplatus sarawaca *ähnelt Figuren aus einem Rorschachtest; er lebt in Borneo.*
UNTEN *Der seit langem ausgestorbene* Pseudosuchians longisquama *könnte für ein außerirdisches Lebewesen gehalten werden.*

kosmischer Mythenproduzenten mit einigen Wissenschaftlern – was zeigt, daß zumindest einige Fachleute ebenso empfänglich für willkürliche Spekulationen sind wie Laien. Diese Art von Spekulation hat eine lange Geschichte; wir wollen uns hier auf die interessantesten Beispiele beschränken.

So unglaublich es klingen mag: noch im 19. Jahrhundert spielten einige der bedeutendsten damaligen Wissenschaftler mit dem Gedanken der Existenz von Leben auf der Sonne. Theorien wurden erdacht, um die Struktur der Sonne mit Hilfe sogenannter Solarien, mythischen Bewohnern des Sonnenballs, zu erklären.

Insbesondere über die Natur der Sonnenflecken haben Wissenschaftler in früheren Zeiten ausgiebig gegrübelt. Diese Flecken erscheinen uns gewöhnlich als dunkle Felder, die man Umbrae, Schatten, nennt. Die graue Randzone, die sie umschließt, heißt Penumbrae, Halbschatten. Manchmal jedoch werden die Flecken auch ohne jene graue Zone sichtbar, bzw. sie selbst wirken grau. Hinzu kommt, daß häufig helle, wolkenähnliche Flecken, sogenannte Flocculi, mit Sonnenflecken in Verbindung gebracht werden, obwohl sie auch unabhängig von diesen in Erscheinung treten.

Wie gewöhnlich setzten Wissenschaftler alles daran, dieses Rätsel aufzuklären. Einen ersten Versuch unternahm im Jahr 1774 Alexander Wilson, Professor für Astronomie an der Universität Glasgow; Sir William Herschel, der berühmte Begründer der Astronomie als Wissenschaft und Entdecker des Planeten Uranus, gelang es in der Folge, eine schlüssige Erklärung anzubieten.

Herschels Deutung zeugt nicht nur von großem Einfallsreichtum, sie ist interessant, weil sie ein historisches Bindeglied zu vergleichbaren heutigen Spekulationen über die Natur fremden Lebens darstellt, die von scheinbar seriösen Wissenschaftlern vorgetragen werden.

Herschel betrachtete die Sonne als eine dunkle, in zwei verschiedene atmosphärische Schichten eingebettete Kugel. Unterschiedliche Arten von Wolken trieben durch beide Schichten. In der unteren Lage waren sie dicht und lichtundurchlässig, ähnlich den Wolken der Erdatmosphäre, und reflektierten das Licht. Über ihnen schwebten phosphorhaltige Wolken, die für die Leuchtkraft der Sonne sorgten. Herschel verglich diese Wolken mit den Nordlichtern in unserer Atmosphäre, wobei jedoch ihre Leuchtkraft wesentlich weiter ins All hinausreichen sollte.

Die Sonnenatmosphäre mit ihren natürlichen Veränderungen galt damit als Erklärung für jene Sonnenflecken. Schenkte man Herschel Glauben, so paßte alles wunderbar ins Bild. Wurden von der Erde aus dunkle Flecken beobachtet, so bedeutete das: man sah durch die beiden Wolkenschichten hindurch bis auf die Sonnenoberfläche. Nahmen die Beobachter dagegen graue Flecken wahr, sahen sie in Wirklichkeit die Oberfläche der undurchsichtigen unteren Wolkenschicht an denjenigen Stellen, die von den leuchtenden Wolken der Oberschicht nicht bedeckt waren. Auch die Flocculi ließen sich demzufolge mühelos erklären: als in Wirklichkeit größere Anhäufungen leuchtender Wolken.

Doch damit nicht genug. Unterhalb dieser phantasiereichen, für ihre Zeit immerhin scharfsinnig ausgeklügelten Atmosphärenpyramide, siedelte Herschel auf der Sonne ein Volk glücklicher Wesen an, die in einem Klima ewigen Frühlings einem sorglosen Leben nachgingen. Die undurchsichtige Wolkenschicht schützte sie vor Hitze und Helligkeit der Leuchtwolken und gab ihnen zudem ein gleichbleibendes Tageslicht sowie ein Klima, das vom einen zum anderen Pol nicht wechselte. Beim gelegentlichen Aufreißen der Wolken – für uns Sonnenflecken –, konnten die Solarier einen flüchtigen Blick ins Universum werfen. „Die Sonne", so folgerte einer der Anhänger Herschels, „mag, soweit wir es wissen können, die bei weitem glücklichste bewohnte Welt des ganzen Systems sein." Wenn sich auch wenig dahinter verbarg, so stellte das ganze doch ein höchst phantasievolles und bezauberndes Bild dar.

Ähnlich unterhaltsam waren die Mythen, die um die terrestrischen Planeten des Sonnensystems gewoben wurden; man nannte sie terrestrisch, weil man noch bis vor kurzem glaubte, sie seien der Erde in vielem ähnlich. Noch vor dreißig Jahren legten einige Astronomen genauestens dar, die Planeten seien in umgekehrter Reihenfolge entstanden – Pluto, der äußerste als erster und dann weiter bis zum innersten, dem Merkur.

Nach diesem Schema rangierte die Venus in ihrer Entwicklung Jahrmillionen hinter der Erde, sie war also in großem Rückstand, während man den Mars zu einem betagten Planeten erklärte.

Im Einklang mit dieser Vorstellung wurden die Planeten mit Wesen bevölkert, die dem Alter des jeweiligen Gestirns angepaßt waren. Da die Bewohner der Venus jünger zu sein hatten, stattete man sie mit spielerischen, leicht frivolen Charakteren aus. Kenneth Heuer, ein amerikanischer Astronom, dachte im Jahr 1951 über einige rätselhafte Züge der Venus nach, wobei er zu einer bemerkenswerten Schlußfolgerung gelangte. Es ging ihm um den fahlen Lichtschimmer, der in unbeleuchteten Gebieten auf der Schattenseite des Planeten aufscheint. Heuer verkündete, er halte es, solange das Rätsel nicht gelöst werden könne, „eher mit

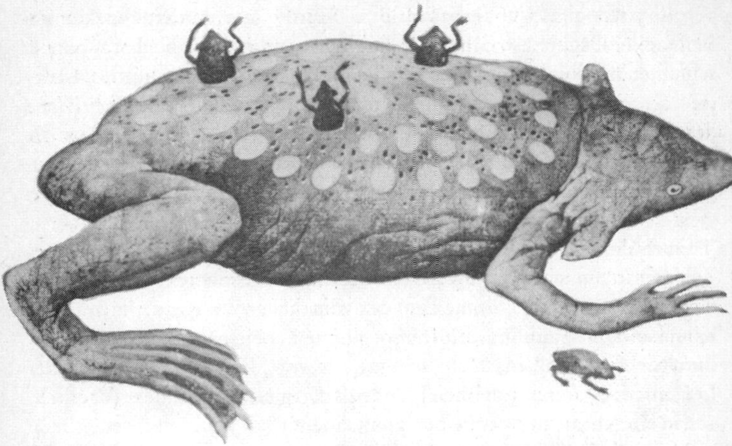

OBEN *Die Wabenkröte entwickelte eine ungewöhnliche Methode zum Tragen ihrer Jungen.*
UNTEN *Der Tiefseeangler-Fisch ähnelt einem Ungeheuer.*

Gruithuisen, einem Wissenschaftler, der im 19. Jahrhundert Direktor des Münchner Observatoriums war, und der annahm, das fahle Licht auf der Venus stamme von Feiern und großen Festbeleuchtungen, die die Bewohner des Planeten bei besonderen Anlässen installierten. Diese Feiern werden wahrscheinlich bei politischen Machtwechseln oder im Rahmen religiöser Festwochen veranstaltet."

In ähnlicher Manier schrieb Heuer über den Mars: „Vielleicht gibt es dort eine riesige unterirdische Zivilisation, die durch ein raffiniertes Tunnelsystem die Bewohner in Verbindung bleiben läßt."

Um schließlich auch die Asteroiden nicht leer ausgehen zu lassen, siedelte Heuer auf ihnen „lebende Mineralien – singende Steine und sprechende Felsen . . ." an (*Men of Other Planets*, 1963; *Menschen auf anderen Planeten*).

Für Heuer präsentierte sich Jupiter als eine unheimliche, von phantastischen Tieren und Pflanzen bevölkerte Welt.

Man täuscht sich indessen, wenn man annimmt, unsere wissenschaftlichen Spekulationen über nicht-biologisches Leben im Weltall seien seit den Tagen Herschels oder Gruithuisens qualifizierter oder origineller geworden.

Die heutigen Mutmaßungen geben sich zwar wissenschaftlich, doch sind sie in ihrem Kern oft ebenso amüsant und unterhaltsam wie Herschels Sonnenmärchen.

Um den Weg erkennen zu können, auf den uns die heutigen Spekulanten führen wollen, müssen wir uns noch einmal kurz vergegenwärtigen, wie unsere Art von Leben auf der Erde aussieht.

Unser irdisches Leben basiert auf Kohlenstoff und Wasser, eine allgemein gültige Definition.

Derart strikt sind die Erfordernisse eines biologischen Systems, daß nur bestimmte Arten elementarer Stoffe als unverzichtbare Bausteine in Frage kommen. Um Überleben zu können, benötigt ein Organismus ein Minimum an aufbauenden Strukturen. Sind diese nicht vorhanden, so muß er die Strukturen aus seiner Umgebung „ansammeln", was letztlich ein Aufbieten von Energie erfordert. Um jedoch diese Energie erzeugen zu können, benötigt der Organismus abermals eine Menge komplexer Substanzen, mit deren Hilfe er Energie zu produzieren vermag. Nur Strukturen, die auf einer Kohlenstoff-Chemie basieren, können diesen Anforderungen in allen Punkten gerecht werden.

Wie wir in Kapitel 4, „Der Zickzackkurs der Evolution" gesehen haben, sind sowohl Silicium als auch Bor – beides Stoffe, die häufig als

Kohlenstoffersatz vorgeschlagen wurden –, nur begrenzt in der Lage, die notwendige Anzahl komplexer Verbindungen zu bilden. Kohlenstoff dagegen ist in dieser Hinsicht geradezu einzigartig. Er gehört zu den am reichlichsten vorhandenen Elementen im Weltall, zusammen mit den drei übrigen elementaren Bausteinen des Lebens: Sauerstoff, Wasserstoff und Stickstoff.

Bei ihnen handelt es sich um jene Elemente, die von sich aus an die Oberfläche eines Planeten drängen, da sie leicht sind und folglich dazu neigen, vom Kern nach oben zu steigen. Aus diesem Grund bevorzugt die Natur offenbar diese Stoffe. Ist aber ein lebendes System erst einmal organisiert, so muß ihm auch Energie zugeführt werden. Der einzige Weg für die Sonnenenergie, die Oberfläche des Planeten zu erreichen, führt durch die Atmosphäre – jedenfalls gilt das für jede brauchbare Art von Energie, aus der die schädlichen Bestandteile herausgefiltert sind. Aktives Leben kann sich also nur auf der Oberfläche entfalten, die in Reichweite einer Strahlungsenergie aussendenden Energiequelle liegt. Wärme allein reicht nicht aus, um ein lebensfähiges System anzukurbeln. Kein Lebenssystem kommt in Gang, wenn man in dieses lediglich Hitze pumpt. Man muß gewissermaßen Wärme herauspumpen lassen, um Energie hineinzubekommen; einfach ist das keineswegs. Leben kommt folglich nur unter besonderen Umständen zustande. Eben jene Umstände existierten in Form bestimmter Umweltbedingungen auf der Erde.

Wie könnten solche Bedingungen auf der Oberfläche eines Sterns oder auf extrem heißen Planeten erfüllt werden? Gibt es überhaupt die Möglichkeit, daß sie erfüllt werden? Kann es also irgendwo tatsächlich eine uns vollkommen unbekannte Art Leben geben?

Einige Spezialisten haben sich redlich mit diesen schwierigen Problemen abgemüht. V. A. Firsoff, ein britischer Astronom, hat sich versuchsweise Welten ausgedacht, auf denen Wesen Fluor atmen, Fluorsäure trinken, und wo Wasserstoffsulfid an Stelle von Wasser verwendet wird. Auf Planeten mit einem hohen atmosphärischen Druck und hohen Temperaturen, bis zu einigen Tausend Grad Celsius, hält Firsoff Siliciumkreaturen für möglich.

Firsoff sah sich indes zu der Schlußfolgerung gezwungen, wie er in seinem Buch *Life Beyond the Earth (Leben jenseits der Erde)* aus den fünfziger Jahren einräumte, daß „wahrscheinlich nicht alle chemischen Lösungen, selbst wenn sie theoretisch befriedigten, in genügender Menge und in der richtigen Temperatur auf einer Planetenoberfläche zu finden sind, um als Basis eines Lebenssystems dienen zu können.“ Er gesteht ein, daß viele seiner Voraussetzungen auf rein theoretische Annahmen begrenzt seien. Fluor beispielsweise ist derart reaktionsfreudig, daß es in kürzester Zeit chemisch gebunden und als Element von der Oberfläche des Planeten verschwunden wäre.

Man schlug deshalb Chlor als Ersatz für Fluor vor. Nach dem neuen Schema würde ein Planet Tetrachlorkohlenstoff in seiner Atmosphäre enthalten, den die Pflanzen als Gegenstück zum Kohlendioxid in der irdischen Luft nutzen würden, um aus ihm ein Kohlenstoffchlorid-Gegenstück zur Stärke herzustellen.

Wenngleich sich alternative, oder zumindest etwas verschiedene Formen chemischer Systeme nicht völlig ausschließen lassen, so spricht doch die Vorherrschaft von Kohlenstoff und Wasser im Weltraum gegen derartige Systeme. Wann immer die Natur vor der Wahl zwischen einer eleganten und einer plumpen Lösung steht, so entscheidet sie sich stets für die elegantere. Lederartige Kreaturen mit feuerfester Haut und säurebeständigem Schlund wären eine plumpe Lösung, Wesen mit einem Kohlenstoff-Wasser-Chemismus dagegen sind elegant.

Mit Hilfe anderer chemischer Substanzen jene unvergleichbaren Möglichkeiten eines auf Kohlenstoff und Wasser basierenden Lebens nachzuahmen, ist, wie wir gesehen haben, äußerst schwierig. Aus solchen Ersatzstoffen könnten nicht einmal sich selbst verdoppelnde Moleküle gebildet werden, viel weniger noch vollständige Organismen. Es ist daher kaum nachzuvollziehen, wie jene alternativen chemischen Systeme zu irgendeiner Art von Leben führen könnten.

Gleichwohl haben solche Überlegungen einige Wissenschaftler nicht davon abhalten können, uns noch ausgefallenere Vorschläge zu unterbreiten. Abgesehen von der Idee eines völlig fremden chemischen Mechanismus gaben sich einige Physiker die größte Mühe, zu beweisen, daß Leben auf einer physikalischen statt biologischen Basis anderswo entstanden sein könnte – eine moderne Variante der Solarier Herschels.

Ohne Zweifel ist Leben ein chemisches *wie auch* physikalisches Phänomen; beruhen doch alle uns bekannten Lebensprozesse auf Elektromagnetismus. „Nur durch ein elektromagnetisches Feld wird der Harem von Elektronen um jeden Kern zusammengehalten, so daß atomare Systeme entstehen können"; davon ist der angesehene Physiker D. Allan Bromley aus Yale überzeugt. (Elektromagnetische Kräfte entstehen durch positive und negative Ladungen, die in den Atomen enthalten sind.) „Das elektromagnetische Feld hält die Atome so zusammen, daß sie in der Lage sind, Moleküle zu bilden, selbst so unglaublich komplizierte Moleküle wie die

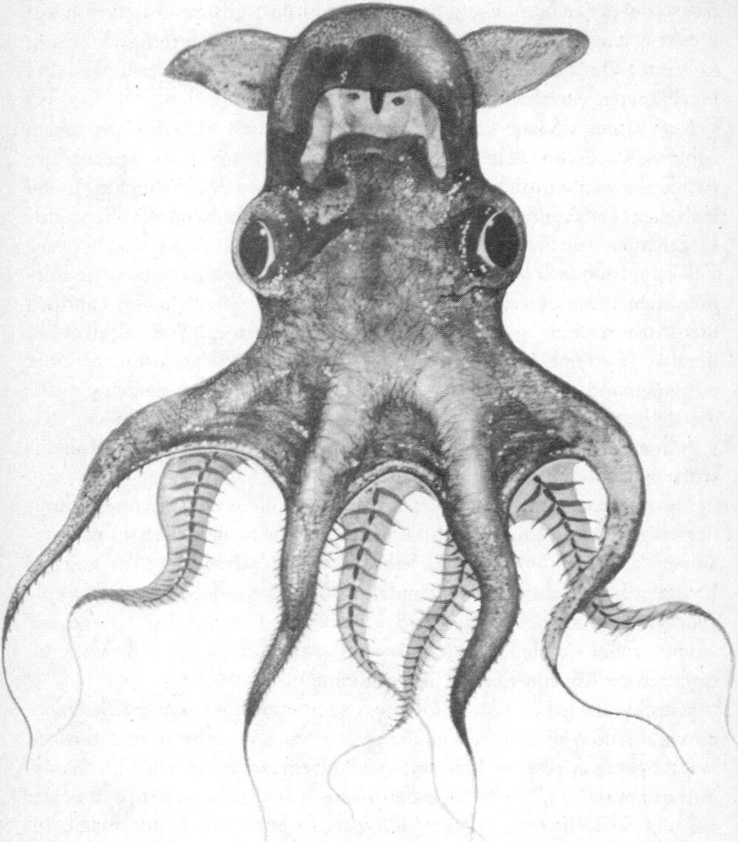

Der Vampir-Tintenfisch wird – glücklicherweise – nicht größer als etwa 35 cm und lebt in tiefen Gewässern.

Bausteine des Lebens; erst die elektrochemischen Prozesse aktivieren die Struktur eines jeden lebenden Systems von großer Komplexität."

Wissenschaftler indessen, die ein Leben auf physikalischer Basis im Gegensatz zu einer biologischen für möglich erachten, haben im Grunde ein erweitertes System vor Augen. Der Kontakt zwischen einzelnen Molekülen – Kennzeichen der uns geläufigen lebenden Systeme – soll hier durch eine undurchsichtigere Anordnung ersetzt sein. In diesem Modell sind einzelne Atome und Moleküle, die als Bestandteile des jeweiligen Organismus gelten, über weite Entfernungen durch elektromagnetische Felder verbunden. Dr. Bromleys Anmerkung dazu: „Dies wirft natürlich, je nach der Größe solcher Systeme, eine fundamentale Frage auf. Da keine Information schneller als mit Lichtgeschwindigkeit übermittelt werden kann, haben wir uns entweder damit abzufinden, daß der Größe der ‚Organismen' nach oben hin Grenzen gesetzt sein dürften, oder daß dabei allenfalls ein ziemlich ‚träges Vieh' herauskommen wird."

In jüngerer Zeit gingen einige Annahmen dahin, fremde Wesen könnten aus Energie statt Chemikalien aufgebaut sein – auch dies keine brandneue Idee innerhalb der Science-Fiction-Welt. Laien neigen zwar in der Regel dazu, eine solche Idee ernster zu nehmen, wenn sie von Wissenschaftlern öffentlich bekräftigt wird, wenngleich dadurch natürlich keinerlei Garantie für die Glaubwürdigkeit eines solchen Systems gegeben wird.

Herschel und seine Solarier mögen zwar längst tot sein, die Idee von einem Leben auf oder sogar in den Sternen lebt dennoch weiter. Die modernen Versionen scheinen auf Prinzipien der Thermodynamik, einem Zweig der Physik zu beruhen, der sich mit den Relationen zwischen Wärme und Arbeit beschäftigt. (Auf einer unserer Farbtafeln ist ein Wesen abgebildet, das dadurch lebt, daß es einer Pflanze in ungewöhnlichster Weise Energie entzieht.) Wärme ist bekanntlich eine Form von Energie, die durch die Bewegungen der Moleküle in einem Stoff entsteht.

Wissenschaftler, die über physikalisches Leben zu spekulieren begonnen haben, berufen sich häufig auf die beiden grundlegenden Gesetze in der Thermodynamik. Der erste thermodynamische Hauptsatz stellt fest, daß Energie weder erschaffen, noch vernichtet werden kann; sie kann lediglich aus einer Form in eine andere überführt werden. Mit anderen Worten: eine bestimmte Menge mechanischer Energie kann in Wärme verwandelt werden und umgekehrt.

Nach dem zweiten thermodynamischen Hauptsatz verringert sich die im Universum gespeicherte Energie fortwährend, da Wärme nicht aus eigenem Antrieb von einem kälteren auf einen wärmeren Körper übergehen kann.

Nur in komplexen Systemen kann der allmähliche Wärmeverfall aufgehalten werden, vorausgesetzt, die Energiebilanz ist positiv. Diese Situation herrscht auf der Erde vor, da die Sonne hier sowohl als Energiequelle für pflanzliches Wachstum wie auch für den Fortbestand der Tierwelt dient, da diese sich ja von Pflanzen ernährt. Andererseits fungiert die Umwelt als „Wärmeabfluß", d. h. sie fängt all die „Abfallwärme" auf, die von Tieren und Pflanzen abgegeben wird.

Mit Hilfe thermodynamischer Gesetze – so argumentieren einige Wissenschaftler –, läßt sich nicht nur erklären, wie Wärmegeneratoren bei Pflanzen und Tieren zustande kommen, sondern auch, wie physikalische „Wärmemaschinen" entstehen, die man mit lebenden Wesen vergleichen kann. Fängt ein System erst einmal damit an, Energie zu speichern, so wird es zwangsläufig hochorganisiert. Es wird nach und nach dazu übergehen, in einzelnen Bereichen Kontrollfunktionen auszuüben und dadurch die Entwicklung dieser Teilbereiche zu manipulieren – ein Veränderungsprozeß also, in dem sich ein zielgesteuertes Verhalten manifestiert. Alle einzelnen Wirkungen zusammengenommen führen dann möglicherweise zu einer Art Informationsspeicher, und von dort zu rudimentären Ansätzen eines dem Leben vergleichbaren Organismus.

Die Verfechter physikalischen Lebens – genauer: von Mustern und Konfigurationen, die bestimmte Merkmale des Lebens besitzen – sind ferner der Auffassung, daß die Informationsspeicherung, die in einzelnen chemischen Bausteinen auf der Erde zustande kommt, nur eine Möglichkeit unter vielen anderen darstelle. Sie behaupten, die Prinzipien der Thermodynamik erlaubten die Entwicklung organisierter Informationssysteme, die eher auf physikalischer denn chemischer Grundlage basierten. Derartige Systeme, so wird weiterhin vertreten, könnten in den verschiedenartigsten Umgebungen existieren – in der unermeßlichen Hitze, die im Inneren der Neutronensterne herrsche, bis hin zur gefrorenen Oberfläche des Jupiter.

Diese Systeme seien aus Atomen oder deren Bestandteilen aufgebaut und würden von magnetischen Feldern reguliert.

Die vermeintlichen Lebewesen pflanzten sich auf magnetischem Weg fort und ernährten sich von Sonnenstrahlen. Sie wären so klein wie mikroskopische Magnetfeldmuster, oder auch so groß wie elektromagnetische Felder mit einem Durchmesser von mehreren Lichtjahren.

Kürzlich behauptete einer jener Wissenschaftler, die physikalischen

Lebensformen auf der Oberfläche von Neutronensternen bestünden überwiegend aus Eisenkernen. Das bedeutet: diese Wesen hätten die siebenmillionenfache Dichte von Wasser, das entspräche einer Amöbe, die ungefähr siebzig Kilogramm wiegt. Sie würden sich auf magnetischen Feldern fortbewegen, wären auf Grund der Hitze weißglühend und hätten Augen an langen Stielen, um nicht von der Strahlung ihrer „Körper" geblendet zu werden. Wie es unter solchen Bedingungen überhaupt noch Augen geben könne, wird freilich nicht erklärt.

Andere Wissenschaftler haben über lebende Organismen spekuliert, die im Innern einzelner Sterne in Form von Ladungen existieren, die sich unter dem Einfluß magnetischer Felder verändern; einige sollen angeblich untereinander Strahlungen in Form von gebündelten Laserstrahlen austauschen.

Wieder andere gingen in ihren Vorstellungen weit darüber hinaus: sie betrachteten die Milchstraßensysteme schlichtweg als kosmische Superorganismen, mit anderen Worten: als immense Ballungen von Molekülen. In diesem Modell tritt also die Schwerkraft an die Stelle des Elektromagnetismus, der unsere Art Leben zusammenhält. Umgekehrt wäre auf Neutronensternen das Entscheidende die Lebenskraft – sie hielte die Atomkerne zusammen.

Die Befürworter eines Lebens auf der Basis von Schwerkraft räumen allerdings ein, daß das Universum noch nicht lange genug existiert, um der Entwicklung einer solchen Art Leben zum Durchbruch verhelfen zu können – auch wenn diese grundsätzlich möglich sei.

Auf Neutronensternen würden Lebensformen indessen nur für den Bruchteil einer milliardsten Sekunde existieren können. Es versteht sich damit von selbst, daß wir keine Möglichkeit hätten, mit dieser Art Leben in Verbindung zu treten, bzw. es auch nur zu entdecken, da es ggf. völlig unsichtbar wäre.

Mit solchen Ideen sind wir von Science-Fiction-Visionen nur noch wenig entfernt. Würde man sie als solche präsentieren und mit etwas Geschick und Phantasie entsprechend würzen, so würden sie zweifellos eine unterhaltsame Lektüre bieten. Der namhafte englische Physiker Fred Hoyle beispielsweise veröffentlichte den meisterhaften Roman *The Black Cloud (Die schwarze Wolke)*, in dem eine riesige Weltraumwolke als gigantisches Gehirn durchs All reist und bei seinem kurzen Besuch auf der Erde den hiesigen Bewohnern von den Wundern des Universums erzählt. Ähnlich wie bestimmte Meeresorganismen, die sich zu Kolonien zusammengeschlossen haben, besteht auch Hoyles Wolke aus kleinen Einheiten, die unterschiedliche Funktionen ausüben. Elektromagnetische Ströme sorgen für ein entsprechendes »Denkvermögen« der Wolke.

Gibt man hingegen solche Ideen als Wissenschaft aus, so büßen sie – trotz einzelner physikalischer Begründungen – jede Glaubwürdigkeit ein; die Struktur der erdachten Lebensformen bleibt schlicht zu simpel. Mehr noch als Organismen, die auf Silicium und sonstigen Kohlenstoff-Ersatzstoffen basieren, wären diese Lebensformen benachteiligt; denn: der hier mögliche Grad an Komplexität wäre weitaus geringer als der des einfachsten Systems, das auf Kohlenstoff aufgebaut wäre.

Eine Vielzahl anerkannter Wissenschaftler zieht grundsätzlich die Idee physikalischer Lebensformen (anstelle von biologischen) in Zweifel. »Organisierte Magnetfelder oder Atome und Moleküle, die Laser-Strahlen aussenden, sind in der Tat derart simpel, daß sie keinerlei Anspruch darauf haben, Leben genannt zu werden«, meint denn auch Dr. Jesse L. Greenstein, berühmter Astrophysiker am California Institute of Technology, der vor kurzem emeritiert wurde. „Fest steht, daß viele Dinge, die wir lebend nennen, aufgrund einfacher physikalischer und chemischer Gesetze auf ihre Umwelt reagieren. Man könnte z. B. davon sprechen, daß ein Natriumatom, um Salz zu bilden, ein Chloratom ‚auffrißt'. Und dennoch würden wir diesen Vorgang im Reagenzglas noch lange nicht als ‚Leben' bezeichnen."

Die bisher in Erwägung gezogenen physikalischen Lebensformen, so fügte Greenstein hinzu, ließen sich an Komplexität nicht einmal mit einem einfachen Virus vergleichen.

Die Verfechter der These physikalischer Lebensformen gehen davon aus, daß der zweite thermodynamische Hauptsatz – demzufolge eine natürliche „Unordnung" mit der Komplexität eines Systems zum allmählichen Stillstand kommt – in natürlichen Umwelten nur selten in Kraft tritt.

„Magnetfelder ‚fressen' sich nicht gegenseitig auf", erklärte Dr. Greenstein. „Die Energie der elektrischen Ströme, durch die Magnetfelder zustande kommen, wird in Wirklichkeit durch atomare ‚Zusammenstöße' gestreut und schließlich in Wärme verwandelt."

Trotz gelegentlicher Beteuerungen, ihre Ideen hätten mit Science Fiction nichts zu tun, bringen uns die Urheber der genannten Vorstellungen doch kaum einen Schritt voran auf unserer Suche nach den Geheimnissen der Natur außerirdischen Lebens. Nur das eine ist ihnen gelungen: uns klarzumachen, daß jene Lebensformen, die sie sich vorstellen, mit aller Wahrscheinlichkeit nicht existieren.

Eine weitere, auf physikalischen Grundlagen basierende Idee, die in der

Science-Fiction-Literatur immer wieder auftaucht und sogar von Wissenschaftlern vertreten wird, ist die Vorstellung von einem seßhaften, in Kolonien lebenden Supergehirn. Mit dem Vordringen elektronischer Computer wurde diese Idee aufs neue populär, sind doch häufig Spekulationen darüber, was im Weltraum möglich sein könnte, nichts anderes als Reflexe unseres eigenen technologischen Fortschritts.

Nach manchen Versionen stellt dieses Gehirn einen Supercomputer dar, der alles bisherige Wissen und alle vom Menschen je erreichten schöpferischen Leistungen speichert und sie darüber hinaus weiterentwickelt. Das Supergehirn kommuniziert mit niemandem außer mit sich selbst. Anderen Varianten zufolge, erreicht das Superhirn eine Intelligenz, größer als die eines ganzen Planeten, bis sie schließlich Teil eines großen interplanetarischen Netzwerkes würde.

Auf unserer Erde lassen sich durchaus Beispiele kolonialer Organismen finden, von denen einige in höchstem Maße fesselnd sind – etwa die Korallenkolonien. Korallenriffe sind aus Kalkstein aufgebaut, der von unzähligen einzelnen Korallenpolypen ausgeschieden wird. Stirbt eine bestehende Kolonie ab, so wachsen auf ihr neue Polypen.

Charles Darwin vertrat als erster die Auffassung, daß sich Korallenpolypen um absinkende Berge herum entwickeln. Da sie in ihrer Generationenfolge über Jahrmillionen tätig sind, bilden sie um die Bergspitze ein Riff, wobei sich die lebenden Korallen nur auf der Oberfläche der mächtigen Kalkablagerungen befinden.

Die Korallen vermehren sich durch Teilung; auch wenn die einzelnen Polypen winzig klein sind, so wächst der Bau der Korallen als ganzer doch sehr rasch.

Die Körperwände der nahe zusammensitzenden Polypen sind miteinander verbunden. Zur Nahrungsaufnahme strecken die Polypen ihre Tentakeln heraus, doch sie ziehen sich rasch wieder in ihre Kalkskelette zurück, sobald Gefahr droht.

Daß dies kein Anzeichen höherer Intelligenz, sondern lediglich eine Art Reflexreaktion ist, versteht sich von allein. Daneben gibt es ebenso frei bewegliche koloniale Organismen. Ein Beispiel hierfür sind die Siphonophora (Staatsquallen), die zur Klasse der Hydrozoa gehören und entfernt an solitäre Quallen erinnern, von denen viele ebenfalls zu den Hydrozoa gehören. Mit ihren bewehrten Tentakeln fangen die Hydrozoa kleine Fische und andere Lebewesen. Etwa dreihundert Arten dieser sonderbaren Organismen sind uns bekannt.

Staatsquallen und andere Tiere aus der Gruppe der Hydrozoa scheinen auf den ersten Blick Einzel-Organismen zu sein, in Wirklichkeit aber bestehen sie aus vielen kleinen spezialisierten Einheiten, den sogenannten Zooiden.

Einige von diesen sorgen für die Bewegung, andere für die Antriebskraft, wieder andere übernehmen die Funktion von Verdauung und Fortpflanzung. Neue Zooide bilden sich gewöhnlich in speziellen Wachstumszonen.

Kennzeichnend für Staatsquallen ist, daß sie sich ursprünglich aus einfacheren Kolonien entwickelt haben. Einzelne Untereinheiten primitiver Staatsquallen zeigen im Laufe ihrer Entwicklung merkwürdige Veränderungen: manche büßen ihre Fortpflanzungsfähigkeit ein, andere, auf Fortpflanzung spezialisierte Einheiten, verlieren die Fähigkeit, sich selbst zu ernähren.

Interessanterweise besteht bei den *Muggiaea*, einer Siphonophor-Art, der schwanzähnliche Anhang aus Einheiten, die sich abtrennen und für sich leben können, um sich dann vielleicht später erneut ihrer Kolonie anzuschließen. Offenbar stellen diese Wesen eine Entwicklungsstufe zwischen einer echten Kolonie und einem vollständigen Organismus dar. Sie ähneln entfernt jenen in Kolonien lebenden Insekten, die bekanntermaßen auch physisch voneinander getrennt leben und zu eigenständiger Fortbewegung fähig sind.

Das zweifellos Faszinierendste an diesen seltsamen Wesen ist die Art und Weise, wie sie aus einzelnen Organismen Organe hervorbringen. Andere höhere Tiere sind indessen der kolonialen Marschroute nicht gefolgt, sondern haben von Anfang an ihre Organe aus dem eigenen Gewebe entwickelt.

Hier begegnet uns abermals ein Beispiel für konvergente Evolution: es verdeutlicht, daß verschiedene Wege zum selben Ziel zu führen vermögen, eine Möglichkeit, die auch Wesen auf anderen Welten ergreifen könnten.

Die Vielzahl kolonialer Lebensformen auf der Erde vermittelt uns in etwa eine Vorstellung davon, wie koloniale Organismen anderswo sich möglicherweise entwickeln. Einige parasitische Pilze etwa bilden nach erfolgreichem Durchdringen einer Pflanzenwand eine feste und zusammenhängende Masse. Schwämme, ein weiterer kolonialer Organismus, bestehen aus relativ unabhängigen Individuen, die zusammen ein Ganzes bilden; und frei schwimmende Planktonfresser, als *Thaliacea* oder Salpen bekannt, sind im wesentlichen „Freßeinheiten", die sich zu einem gemeinsamen „Magen" hin öffnen.

Seit eh und je waren Biologen von der kolonialen Organisation bestimmter Schleimpilze fasziniert. In ihrem Frühstadium treten sie als einzelne, amöbenähnliche Kreaturen auf, die sich später häufig teilen. Solange genügend Nahrung vorhanden ist, pflegen die einzelligen „Amöben" ihr isoliertes Leben fortzusetzen. Sobald jedoch das Angebot knapp wird, finden sie sich zu Kolonien zusammen und verwandeln sich in früchtetragende Körper, die wie winzige Bäume aussehen. Ihre Sporen, die an langen Stielen wachsen und aus einzelnen Zellen bestehen, verstreuen sich dann nach und nach, um so ihre Nahrungssuche aufs neue aufzunehmen.

Seßhafte Kolonien haben jedoch keinerlei Form von Intelligenz entwickelt. Dies stünde auch im Widerspruch zu allen sonstigen Erfahrungen im Bereich der Evolution. Bewegliche Insektenkolonien hatten in dieser Hinsicht weitaus mehr Erfolg; sie weisen damit erneut darauf hin, daß nur eine tätige, „explorative", keineswegs aber eine seßhafte Lebensweise die Entwicklung eines großen Gehirns ermöglicht. Wissenschaftler, die die Idee computerähnlicher, seßhafter Superhirne kultivieren, können sich folglich nicht auf die geringsten Erfahrungen in der Natur berufen.

Ein weiteres Problem der wissenschaftlichen Spekulationen über Lebensmöglichkeiten jenseits der Darwinschen Evolution liegt darin, daß die Naturwissenschaften allgemein sich erst relativ spät auf solche Gedankenspiele eingelassen haben. Von der Zunft der Science-Fiction-Autoren wurde dieses Terrain indessen bereits vor langer Zeit erkundet, wobei sie überdies mehr Einfallsreichtum und ein größeres Talent zur Unterhaltsamkeit bewiesen haben.

Die eher praktische Schwierigkeit im Umgang mit unbekannten Lebensformen ist darin zu suchen, daß sie schwierig zu entdecken sein dürften, und es vielleicht sogar unmöglich ist, sie zu erkennen, selbst wenn sie existieren.

Wie die anhaltende Kontroverse über die biologischen Ergebnisse der Viking-Expedition zum Mars zeigt, war es bereits äußerst schwierig herauszufinden, ob uns bekannte Lebensformen überhaupt auf dem Mars existieren.

Unsere Definition von Leben ist letzten Endes willkürlich. Unter Wissenschaftlern besteht im großen und ganzen Einigkeit darüber, daß Leben entweder nach seinen Merkmalen oder seinen Eigenschaften zu definieren ist. Die vernünftigste Definition scheint die zu sein, daß Leben eine Organisation makromolekularer Substanzen darstellt, die zum

Zweck der Fortpflanzung zusammenwirken. Damit wäre das Wesen einer lebenden Substanz beschrieben.

Ließe sich nach dieser Definition ein Virus als lebend bezeichnen? Vermutlich nicht; zwar vermag er sich selbst zu reproduzieren, nicht aber selbständig zu existieren. Ein vollständiger Organismus indessen zeichnet sich dadurch aus, daß er unabhängig leben kann und zur Art-Fortpflanzung fähig ist. Ein Parasit mag zwar in einem Wirtsorganismus leben, der ihm einen geeigneten Lebensbereich zur Verfügung stellt, aber er ist dabei immer noch ein kompletter Organismus. Ein Virus dagegen erhält lediglich durch den Wirt die Möglichkeit, sich fortzupflanzen. Außerhalb eines Wirtsorganismus ist ein Virus nichts weiter als eine Ansammlung inaktiver chemischer Verbindungen. Der Wirt leistet die ganze Arbeit. Wenn ein Virus in ihn eindringt, „sagt“ er einfach zu ihm: „Fang an!“, und der Wirtsorganismus beginnt, die Viruspartikel zu vermehren. Im Grunde ist ein Virus ein „Nicht-Wesen“. Er erwacht erst dann zum Leben, wenn er die passende Umgebung, eben die des Wirts, gefunden hat.

Wie steht es in diesem Zusammenhang mit Kristallen? Kristalle besitzen eine Eigenschaft, die für jede Art biologischer Aktivität kennzeichnend ist: Sie sind fähig, gleichartige Bausteine aneinanderzureihen. Beim Wachstum der Kristalle setzen sich die Moleküle zu „artspezifischen“ gittermäßigen Anordnungen zusammen, reproduzieren sich also gewissermaßen zu absolut identischen Raumgittern. Doch verfügt ein Kristall über keine sonstigen Eigenschaften des Lebens. Weder gibt es hier Stoffwechselprozesse, noch wird Materie aus Materie erschaffen. In dieser Hinsicht ist ein Kristall einem Virus durchaus ähnlich. Erst die Umgebung bewirkt, daß ein Kristall entsteht, da er sich nur in einer ihm entsprechenden gesättigten Lösung bilden kann. Leben aber entsteht auf diese Weise nicht.

Diese grundlegenden Fakten hatten die NASA-Wissenschaftler zu bedenken, als sie daran gingen, eine Landefähre auszurüsten, mit dem Ziel, Leben auf dem Mars zu entdecken. Sie mußten berücksichtigen, daß in einem biologischen System keine Eigenschaft für sich genommen ausreicht, die Existenz von Leben absolut sicher festzustellen, und, daß es darauf ankam, so viele Eigenschaften als möglich zu registrieren.

Doch nach welchen Symptomen müßten wir Ausschau halten, wenn wir außerirdisches Leben entdecken wollten?

Wir könnten uns beispielsweise zu der irrigen Annahme verleiten lassen, eine Art Silicium-Leben sei möglich, wenn wir Fossilien weniger einzelliger Organismen fänden, die heute als Plankton in warmen Meeren vorkommen und Radiolarien oder Strahlentierchen genannt werden. Diese Tierchen entziehen dem Meerwasser Siliciumdioxid, und bauen daraus wunderschöne Schutzkonstruktionen und Stützstrukturen.

Diese winzigen Silicium-Skelette ähneln Glasgebilden; einige sehen fast wie Schneeflocken aus, andere gleichen Miniaturglocken, vergitterten Kugeln oder sogar kleinen Sonnenblumen.

Gäbe es auf der Erde keine Strahlentierchen, und fänden wir Silicium-Skelette ähnlicher Geschöpfe auf dem Mars, ohne daß wir etwas über derartige Wesen wüßten – würden wir dann nicht unsere Funde als Entdeckung eines Lebens auf Silicium-Basis ausgeben? Die Vermutung liegt nahe, daß genau dies geschähe.

Radiolarien jedoch benutzen Siliciumdioxid aus rein strukturellen Gründen. Kein lebendes Wesen der Erde verwendet Silicium als Baustein für Moleküle mit funktionellen Aufgaben. Bedeutet dies, unsere Möglichkeiten fremdes Leben zu entdecken, seien weitgehend auf Varianten irdischer Lebensformen beschränkt?

Alles scheint auf eben diese Schlußfolgerung hinzudeuten – mit nur einer Ausnahme, auf die wir gleich zu sprechen kommen werden.

Auf Kohlenstoff basierendes Leben wird, wie wir gesehen haben, überall im Universum bevorzugt, kommt CO_2 doch fast überall genauso häufig vor wie auf der Erde. De facto besteht die Materie im Weltall zu 95 Prozent aus jenen vier Hauptelementen, aus denen auch irdisches Leben aufgebaut ist, aus Kohlenstoff, Sauerstoff, Wasserstoff und Stickstoff. Folglich wird ein auf Kohlenstoff basierendes Leben überall die Regel sein, da es die Natur des Universums widerspiegelt.

Es hat daher nichts mit Engstirnigkeit zu tun, wenn wir uns weigern, die Existenz physikalischer oder sonstiger Lebensformen ernsthaft in Betracht zu ziehen, die weder in biologischer noch anderweitiger Hinsicht sinnvoll zu begründen sind. Wenn vorzügliche Materialien vorhanden sind, um Leben aufzubauen, weshalb sollte die Natur dann zu zweit- oder gar drittklassigen Möglichkeiten greifen, oder sich in der Nähe von Feuer und Schwefel anstatt geeigneteren Lebensbereichen ansiedeln?

Verliert damit für uns das Thema außerirdischen Lebens an Reiz und Faszinationskraft?

Im Gegenteil, es wird nur noch reizvoller. Die Schlußfolgerung, nämlich Leben, wie wir es kennen, sei die im Universum vorherrschende Form, wird umso wahrscheinlicher: Wenn wir mit Wesen von anderen Planeten Kontakt aufnehmen oder ihnen begegnen können, so werden wir es mit Erscheinungen zu tun haben, die uns in ihrem Aussehen ähnlich sein werden, wenn es sich auch nicht um „Doppelgänger“ handeln wird; keinesfalls aber werden uns schwefelatmende Ungeheuer begegnen, in deren Adern Ammoniak pulst, ebensowenig wie seltsame Faserwesen oder pure Energiebündel.

Die außerirdischen Kreaturen auf Planeten, deren Alter ungefähr dem der Erde entspricht, werden jedenfalls weitgehend Ähnlichkeiten mit uns zeigen. Das Alter ist hier der entscheidende Schlüssel, sind es doch die in Millionen, ja Milliarden von Jahren bewirkten Veränderungen lebender Wesen, die im einzelnen vorzustellen uns die größte Mühe bereitet.

Obwohl wir erst seit relativ kurzer Zeit existieren, haben wir uns doch entscheidend verändert. Werden Tiere auf Planeten, die um Jahrmilliarden älter als die Erde sind, sich ebenso weit von unseren irdischen Tierarten entfernt haben wie die farbenprächtigen Schmetterlinge von den plumpen Raupen, aus denen sie sich entwickelt haben?

Im nächsten Kapitel werden wir diese Frage zu beantworten versuchen – jedenfalls insoweit sie die Zukunft des Menschen betrifft.

ACHTES KAPITEL

Der Mensch der Zukunft

Der große Unsicherheitsfaktor in der Evolution ist die Zeit. Wie stark ändert sich die Gestalt der Lebewesen auf der Erde oder anderswo im Lauf von Jahrmillionen oder Jahrmilliarden? Oder aber bleiben die Lebewesen von der Zeit weitgehend unberührt? Manche Tiere, die sich bestimmten ökologischen Nischen beinahe bis zur Perfektion angepaßt haben, blieben über Jahrmillionen hinweg unverändert: beispielsweise die Frösche und Schildkröten. Obwohl der Mensch in seiner Entwicklung auf einen wesentlich kürzeren Zeitraum zurückblickt, befindet er sich doch immer noch im Prozeß der Veränderung. Zu Recht wird bezweifelt, ob er einen Zustand der Vollkommenheit erreicht habe – zumindest im Hinblick auf seine Verhaltensweisen, die, wie all seine sonstigen Aktivitäten und sein Körperbau, von seiner biologischen Vergangenheit beherrscht werden. Wie aber sieht die Zukunft des Menschen aus? Man kann sich diesem Problem von mindestens zwei Richtungen aus nähern: erstens, indem man untersucht, in welcher Weise es zur Entwicklung von Intelligenz auf der Erde gekommen ist; und zweitens, indem man sich fragt, was auf Planeten fremder Sterne hätte geschehen können.

Was unsere kosmischen Ebenbilder anbelangt, so ist es unter Physikern zur Mode geworden, anzunehmen, die intelligenten Wesen im Weltall hätten uns in ihrer Entwicklung bei weitem hinter sich gelassen. Um ihre Vorstellungen zu erhärten, machen sie auf die Tatsache aufmerksam, daß die meisten Sterne im Universum viel älter als die Sonne seien. Falls also belebte Planeten jene Sterne umkreisten, so wäre das dortige Leben Milliarden Jahre älter als das auf der Erde, es könnte somit Formen entwickelt haben, die außerhalb unserer Vorstellungskraft liegen.

Diese Annahme basiert auf einer geradlinig fortschreitenden, ununterbrochenen Entwicklung intelligenter Lebewesen. Sie ist insofern naiv, als sie sich durch keinerlei Zeugnisse, die wir von der Evolution auf der Erde besitzen, stützen läßt. Unsere fossilen Funde sind zwar überaus lückenhaft, doch selbst die einzelnen geologischen Zeugnisse liefern bis heute noch keinen Hinweis auf eine „fein abgestufte Kette langsamer und fortschreitender Evolution“, wie David M. Raup, Direktor der Naturwissenschaftlichen Abteilung des Naturhistorischen Museums in Chicago, bestätigt. Vielmehr lassen sich anhand fossiler Funde große Brüche in der Evolution ablesen: neue Arten tauchen unvermittelt auf und verschwinden ebenso plötzlich, bisweilen von einzelnen Arten gefolgt, die man nicht unbedingt als eine biologische Höherentwicklung bezeichnen kann. Damit soll selbstverständlich nicht dem Schöpfungsgedanken das Wort geredet werden, vielmehr lassen sich hier ein sprunghaftes Experimentieren der Evolution, ihre stets neuen Ansätze und Versuche erkennen.

Genauso scheint es sich mit der Entwicklung der Intelligenz zu verhalten. Gemeinhin nimmt man an, biologische Systeme neigten – wenn sie erst einmal in Gang gekommen seien – zu immer höherer Komplexität, ein Prozeß, der naturgemäß zu intelligentem Leben führe. Wie jedoch der evolutionäre Fortschritt nicht von seinem Ende und Ziel her bestimmt wird, so auch nicht die Entwicklung von Intelligenz. Wie Simpson in seinem Buch *Life* aus dem Jahre 1965 feststellt, gibt es lediglich einen einzigen evolutionären Trend, der universal ist: „das Bestreben des Lebens, sich auszubreiten und alle verfügbaren Lebensräume in bewohnbaren Umwelten zu besetzen, auch jene, die durch den Prozeß der Ausbreitung selbst erst geschaffen werden."

Intelligenz entwickelt sich offenbar nicht im Gefolge einer geheimnisvollen Tendenz der Natur zu immer größerer Komplexität, sondern allein deshalb, weil Tiere aus dem jeweiligen Angebot ihrer Umwelt entsprechenden Nutzen ziehen. Räumt man dies ein, so entsteht Intelligenz durch Zufall. Indem sich beispielsweise die Vorfahren des Menschen einen aufrechten Gang aneigneten, konnten ihre Vordergliedmaßen zahlreiche neue Aufgaben übernehmen: das Tragen von Gegenständen, die Herstellung von Werkzeugen sowie andere komplizierte Tätigkeiten. Dadurch erhielt die Entwicklung des Gehirns einen entscheidenden Impuls. Sowohl das Großhirn des Menschen wie auch seine Sprechfähigkeit resultieren somit aus dem Prozeß einer zunehmend spezialisierteren Nahrungssuche und Nahrungsaufnahme. Er bewirkte, daß sich Kiefer und Mundhöhle unserer Vorfahren immer weiter veränderten, wodurch ihnen ein Sprechen ermöglicht wurde. Der Mensch entwickelte sich nicht nur zu einem verstandesbegabten (intelligenten), sondern auch zu einem erkenntnisfähigen (kognitiven) Wesen.

Die Unterscheidung zwischen Intelligenz und Erkenntnisfähigkeit ist außerordentlich wichtig im Hinblick auf die Frage, ob Lebewesen mit menschlicher Verstandeskraft möglicherweise auf anderen Himmelskörpern existieren. Die Abgrenzung zwischen beiden Fähigkeiten geht auf C. Owen Lovejoy von der Kent State University zurück. Definiert man

Intelligenz als Fähigkeit, Beziehungen und Zusammenhänge zu erfassen, dann darf man sämtliche Tiere, die in der Lage sind, Informationen zu speichern und zu verarbeiten, intelligent nennen. Erkenntnis hingegen ist eine höhere Form von Intelligenz, die Fähigkeit nämlich, Symbole zu verwenden (mit Hilfe der Sprache), abstrakte Sachverhalte zu benennen und zum Bewußtsein seiner selbst zu gelangen.

Laut dieser Definition ist der Mensch nicht nur ein intelligentes, sondern auch kognitives Lebewesen – vermutlich die einzige so geartete Spezies auf der Erde, es sei denn, Delphine besäßen ebenfalls kognitive Fähigkeiten. Es ist durchaus denkbar, daß der Mensch in dieser Hinsicht im gesamten Weltall konkurrenzlos dasteht, da Erkenntnisfähigkeit keineswegs das Ergebnis eines evolutionären Trends darstellt, vielmehr das Endprodukt zahlreicher evolutionärer Anpassungsprozesse ist, die schließlich zusammengenommen zu einem kognitiven Wesen, Mensch genannt, geführt haben. Beinahe alle Lebewesen dagegen, die das Darwinsche Universum bevölkern, würde man als intelligent, nicht aber als kognitiv einstufen. Die letzteren dürften im Weltall äußerst rar sein, wohingegen intelligente Kreaturen wohl in großer Zahl vorhanden sein werden.

Das zufällige Entstehen des menschlichen Gehirns könnte darüber hinaus durch geologische Umbrüche bedingt worden sein, die das Tempo der Evolution hin zum Menschen wesentlich beeinflußt haben.

Diese neue Idee wurde kürzlich von Dale A. Russell, Direktor der Abteilung für Paläobiologie am Staatlichen Naturwissenschaftlichen Museum in Ottawa, Kanada, vorgebracht. Sie ist unter Umständen dazu angetan, den Rang des Menschen auf der Skala intelligenten Lebens im Weltall drastisch zu verändern.

Will man herausfinden, wie hoch in etwa die Wahrscheinlichkeit zu veranschlagen ist, daß andere intelligente Wesen im Kosmos existieren, so muß man, Russell zufolge, zunächst jene Faktoren untersuchen, die auf die Entwicklung menschlicher Intelligenz Einfluß nehmen können. Die heute auf der Erde lebenden Wesen müßten, ebenso wie fossile Zeugnisse, die Wirkungen derartiger Faktoren widerspiegeln. Da Russell sich durchaus der mangelnden Vollständigkeit wie auch teilweisen Unzuverlässigkeit des vorliegenden Informationsmaterials bewußt ist, räumt er ein, daß seine Theorie nicht frei von spekulativen Elementen sei. Gleichwohl vertritt er die Auffassung, die Zeit sei längst reif dafür, das Thema der Evolution von Intelligenz mit Hilfe verschiedenster Disziplinen wissenschaftlich zu erforschen.

Aufgrund einzelner geologischer Funde konnte er beweisen, daß Intelligenz auf der Erde sich nicht in gerader Linie entwickelt habe. Die höchsten Formen von Intelligenz, die im Laufe geologischer Zeitabschnitte von Organismen erreicht wurden, hätten, so Russells Folgerungen, stets ein und dasselbe Entwicklungsschema erkennen lassen: daß nämlich die Umweltbedingungen jeweils das Regulativ der Wachstumsgeschwindigkeit von Intelligenz gewesen seien. Berücksichtigt man den fundamentalen Einfluß, den die Umwelt auf die Entwicklung des Lebens ausgeübt hat, so überraschen uns diese Ergebnisse wenig (vgl. Kapitel 5, „Gesetze der Umwelt: Formen des Lebens").

Überraschend aber ist Russells Schlußfolgerung, die Entwicklung von Intelligenz habe sich in zwei verschiedenen Geschwindigkeitsstufen vollzogen. Zuerst, vor ca. 700 Millionen bis 200 Millionen Jahren sei die Entwicklung außerordentlich rasch voran geschritten. Im Frühstadium dieser Periode war das Leben auf die Ozeane beschränkt. Wäre es bei dieser älteren, schnelleren Entwicklung geblieben, hätte der Mensch die heutige Größe des Gehirns schon vor 60 Millionen Jahren erreicht. Genauer: *irgendein* Wesen hätte es zu dieser Größe bringen können, da zu jener Zeit die Säugetiere gerade erst am Beginn ihrer Karriere standen.

Vor etwa 200 Millionen Jahren jedoch trat ein Ereignis ein, das das Tempo der Hirnentwicklung drastisch verlangsamte. Russell nimmt an, die unterschiedlichen Hirnwachstumsraten in jenen beiden Erdzeitaltern seien darauf zurückzuführen, daß der Nahrungsstrom vom Land ins Meer während der Ansiedlung ersten Lebens auf dem Festland unterbrochen wurde. Die Voraussetzungen für die Entwicklung des Gehirns der Landtiere verbesserten sich zwar, aber die faktische „Unterversorgung" der Meeresbewohner führte im Durchschnitt zu einer Verminderung der Hirnwachstumsrate bei allen Lebewesen auf der Erde.

Eine sehr viel langsamere Wachstumsgeschwindigkeit des Gehirns setzte ein – hätte sie bereits seit Beginn des irdischen Lebens geherrscht, so würde sich die menschliche Intelligenz erst nach 20 Milliarden Jahren entwickelt haben. Wäre dies überall die „Normalgeschwindigkeit" der Entwicklung hoher Intelligenz, so bedeutete dies, daß der Mensch gegenwärtig das intelligenteste Wesen im ganzen Universum darstellte – ein durchaus ernüchternder Gedanke als Fazit der Russellschen Forschungen. Aus Russells Argumenten folgt weiterhin, daß die Entstehung von Leben im Vergleich zur Entstehung höherer Intelligenz wesentlich mehr Wahrscheinlichkeit für sich beanspruchen kann. Welche Hirnwachstumsraten jedoch auf anderen Planeten vorherrschen, ist uns bisher nicht bekannt. Gleichwohl ist damit zu rechnen, daß verschiedene Planeten auch verschiedene Geschwindigkeitsstufen aufweisen, so daß der Mensch vermutlich sowohl fortgeschrittenere wie auch entwicklungsmäßig zurückliegende intelligente Nachbarn im Weltraum antreffen wird.

Da sich die durchschnittliche Geschwindigkeit der menschlichen Gehirnentwicklung auf der Erde in den letzten zwei Millionen Jahren verdoppelt hat, wird nach Meinung Russells der Trend in Richtung auf eine Verbesserung der Gehirnfunktion auch weiterhin anhalten. Verliefe alles so weiter wie in der Vergangenheit, wäre das menschliche Gehirn in 900 000 Jahren dreimal so groß wie heutzutage, und die Lebensspanne des Menschen würde sich gleichzeitig verdoppelt haben. Jener neue Mensch, so Russell, müßte bei gleichbleibendem Körpergewicht einen wesentlich kräftigeren Hals besitzen, um das größere Gewicht seines Kopfes tragen zu können. Babys kämen früher und mit einem relativ kleinen Gehirn zur Welt, da anderenfalls der Kopf des Embryos die Geburtswege nicht mehr passieren könnte.

„Als sich die Größe des menschlichen Gehirns während der letzten zwei Millionen Jahre verdoppelte," führt Russell aus, „erwarb der Mensch seine Sprache, brachte es zu Bibliotheken und zu einer Technologie, die ihn befähigten, die Planeten zu erforschen. Mit der zu erwartenden Vergrößerung seines Gehirns könnte ohne weiteres eine proportionale Steigerung seiner geistigen Fähigkeiten einhergehen." Das bedeutet: der Mensch der Zukunft besäße uns gegenüber einen ebenso großen Vorsprung, wie wir ihn gegenüber den Affen besitzen.

Ein derart gewaltiger Sprung nach vorn würde, Russell zufolge, den Menschen in die Lage versetzen, sein Schicksal von dem der Sonne abzukoppeln; die zukünftigen Menschen könnten jener Phase, in der die Sonne zu einem roten Riesen expandiert, dadurch entgehen, daß sie sich an einem entfernten Ort im Sonnensystem Wohnstätten in völliger Unabhängigkeit von der Sonne errichteten.

Wohlgemerkt teilen viele Naturwissenschaftler keineswegs die Überzeugung von einem anhaltenden Fortschritt menschlicher Intelligenz und ihrer ununterbrochenen Höherentwicklung.

Von den bisherigen evolutionären Trends auf die Zukunft zu schließen, bedeutet nach Meinung George Gaylord Simpsons, anzuerkennen, daß solche Entwicklungen nach dem Prinzip einer natürlichen Auslese erfolgen. Evolutionäre Prozesse unterliegen, so lange es sie gibt – und sie währen nicht ewig – dem Gesetz der Anpassung. Aber sie können ebensogut aufhören, eine andere Richtung einschlagen oder sogar sich selbst gegenseitig aufheben.

Simpson gehört zu den wenigen, die die weitverbreitete Annahme eines kontinuierlichen Wachstums des menschlichen Gehirns analog zu dem in der Vergangenheit für äußerst fraglich halten. Seiner Überzeugung nach ist ein solcher Trend weder wahrscheinlich, noch läßt er sich für die jüngste Vergangenheit des Menschen nachweisen. So besaß beispielsweise der „Cro-Magnon-Mensch", unser jüngster direkter Vorläufer, ein ähnlich großes Gehirn wie wir. Die weitaus älteren Neandertaler verfügten anscheinend über noch größere Gehirne als wir – ein merkwürdiges Faktum, das schon Darwin verwundert hatte. Die meisten Naturwissenschaftler betrachten den Neandertaler als einen Seitenzweig der Evolution, der später verkümmerte. Obwohl diese Interpretation nicht unumstritten ist, meint doch eine Reihe von Wissenschaftlern, ein kontinuierlich sich vergrößerndes Gehirn werde heutzutage nicht unbedingt von der natürlichen Auslese gefördert.

Es läßt sich kaum bezweifeln, daß die Veränderungen, denen sich der heutige Mensch gegenübersieht, kultureller Art sind – d. h. sie betreffen eher das, was der einzelne tut und nicht das, was er ist. An die Stelle der biologischen Entwicklung hat der Mensch mit Erfolg die kulturelle und technologische Evolution gesetzt. Seine Fähigkeiten hat er permanent erweitert: vom Laufen und Klettern bis hin zum Fliegen, ja bis zu Weltraum-Expeditionen. Er erfand kompliziertere Instrumente, um sowohl die Geheimnisse des Atoms wie auch des Kosmos erforschen zu können. Mithilfe weltweiter Kommunikationsnetze werden die Entfernungen zwischen Kontinenten und Ozeanen überbrückt. Kulturelle Errungenschaften haben Körper und Geist des Menschen gestärkt, so daß er zum anpassungsfähigsten Lebewesen überhaupt avanciert ist – ironischerweise aber auch zum gefährlichsten Gegner seiner selbst. Gipfel der Ironie ist es wohl, daß der Mensch möglicherweise gerade durch seine Verstandesleistungen jene Beschränkungen weitgehend aufgehoben hat, die andernfalls eine weitere biologische Evolution gefördert und vorangetrieben hätten. Jedenfalls sind einige Wissenschaftler dieser Meinung. Die meisten Biologen hingegen halten daran fest, daß die Evolution des Menschen voranschreitet und dies auch künftig der Fall sein wird, selbst wenn sie sich verlangsamt. Außerdem werde es zu einer Wechselwirkung zwischen Biologie und Kultur kommen, wobei kulturelle Faktoren unter Umständen auf Wesen und Geschwindigkeit der biologischen Evolution Einfluß nehmen werden.

Daher läßt sich auch für hochentwickelte technologische Gesellschaften die Möglichkeit nicht ausschließen, daß eine natürliche Auslese weiterhin wirksam ist. Gleichwohl tun sich Naturwissenschaftler schwer damit, den gegenwärtigen Grad ihrer Wirksamkeit genau zu bestimmen. Zwar wissen sie, daß im Rahmen natürlicher Auslese Faktoren wie pränatale und postnatale Sterblichkeit sowie Fruchtbarkeit von größter Bedeutung sind, da sie ein wichtiges evolutionäres Potential darstellen. Ebenso ist ihnen bekannt, daß im allgemeinen körperliche Gesundheit im Rahmen natürlicher Auslese prämiert wird, obwohl es den Menschen inzwischen weitgehend gelungen ist, selbst mit „schadhaften“ Genen – etwa in Form von Erbkrankheiten – ein normales Lebensalter zu erreichen und sich fortzupflanzen. Die Tauglichkeit der Menschheit insgesamt mag allerdings dadurch auf Dauer beeinträchtigt werden.

Gewiß gibt es inzwischen Mittel, eine mögliche genetische Degeneration der menschlichen Spezies zu verhindern. Ein Beispiel sind etwa die Aufklärungskampagnen, in deren Rahmen Eltern mit „defekten“ Erbanlagen über die möglichen Folgen für ihre Kinder unterrichtet werden. Daneben sind bereits Techniken zur „Reparatur“ genetischer Schäden in Aussicht, und zwar mittels Genmanipulation.

Die Entwicklung der Molekularbiologie könnte in der Tat eine entscheidende Wende für die biologische Zukunft des Menschen bedeuten. Schon heute sind wir mit den Grundlagen der Zellorganisation und -reproduktion weitgehend vertraut. Nach und nach dringen wir bis zu den letzten Details der chemischen Grundlagen des Lebens vor. Die im Kern entscheidendsten Vorgänge bei der Zellentwicklung und -differenzierung werden wir vermutlich in den nächsten 50 bis 100 Jahren entschlüsselt haben. Zweifellos wird dieses Wissen praktische Folgen zeitigen; schon heutzutage ist eine ganze „Genmanipulationsindustrie“ im Entstehen begriffen, die biologische Substanzen in kleinen Mengen zu produzieren vermag. Von hier aus ist es kein allzu großer Schritt mehr bis zur Züchtung von Ersatzgenen und sogar Ersatzorganen, mit deren Hilfe die Mängel menschlicher Physiologie, etwa seine Anfälligkeit für Krankheit und Alterungsprozesse, korrigiert werden könnten.

Einige Richtungen, die die neue Biotechnologie einschlagen wird, lassen sich schon heute erkennen. In absehbarer Zeit wird es möglich sein, die Zusammensetzung der DNS-Basen in menschlichen Geschlechtszellen zu entziffern, die Gene per Computer auf schädliche Exemplare zu überprüfen, und sie dann mit Hilfe der Mikrochirurgie durch fehlerfreie zu ersetzen. Ebenso wird man vermutlich dazu übergehen, neue Gene auf ein Individuum zu übertragen, um ihm so bestimmte, erwünschte Eigenschaften einzuverleiben.

Von der technischen Machbarkeit einmal abgesehen, wird ein solches Experimentieren mit dem genetischen Material eines Menschen ernste ethische Probleme größten Ausmaßes aufwerfen. Mit Nachdruck muß an die unseligen Experimente der Nazis erinnert werden, die den „Übermenschen" züchten wollten, aber auch an die rassistischen Grundlagen einer jeden eugenischen Bewegung.

Gleichwohl ist es bemerkenswert, mit welcher Schnelligkeit bestimmte genetische Eingriffe verwirklicht worden sind. Noch vor 30 Jahren wären beispielsweise „Retortenbabys" nur in Science-Fiction-Romanen denkbar gewesen, heute aber sind sie Wirklichkeit. Auch die theoretische Möglichkeit, Menschen zu klonen, droht in naher Zukunft in die Praxis umgesetzt zu werden. Genetiker bezeichnen mit *klonen* oder *cloning* ein Verfahren, bei dem einem Tier einzelne Zellen entnommen werden, um dann mit Hilfe der in der DNS befindlichen Information ein genetisches Duplikat des Ausgangstiers „herzustellen". Nicht nur Frösche, die bekanntlich zu den Amphibien gehören und sehr große Eier haben, mit denen sich leicht arbeiten läßt, wurden bereits geklont, sondern auch Säugetiere, etwa Mäuse, die ähnlich kleine Eier wie Menschen besitzen. *Cloning* wird indessen nicht ohne weiteres einen Fortschritt für die Menschheit bedeuten, da es die genetische Veränderbarkeit und mögliche Vielfalt vermindert, statt sie zu erweitern. Ob sich durch ein *Klonen* ungewöhnlich begabter Menschen ihre Intelligenz auf ihr Ebenbild übertragen läßt, ist noch ungeklärt. Niemand vermag zu sagen, ob ein *Klon* Einsteins ein zweites Genie geworden wäre oder bloß eine leere Hülse des Originals.

Oberflächlich betrachtet, bieten Retortenbabys vielversprechende Möglichkeiten zur Entwicklung von Menschen mit größeren Gehirnen. Da sie nicht auf natürlichem Wege geboren werden müssen, entfällt die Notwendigkeit, die Kopfgröße bis zur „Geburt" gering zu halten.

Vielleicht benötigt die natürliche Auslese hin und wieder derartige Anstöße von seiten des Menschen, da sie im Gegensatz zur Meinung vieler nicht evolutionäre Veränderungen beschleunigt, sondern eher verlangsamt. Der natürlichen Auslese geht es darum, daß sich ein Organismus – oder eine Tiergattung – an eine vorhandene Umwelt (und nicht einen unbekannten zukünftigen Schauplatz) auf die bestmögliche Weise anpaßt. Verändert sich die natürliche Umwelt langsam, so hält die Evolution mit den Veränderungen Schritt und paßt ihnen die jeweiligen

Arten an. Doch wenn sie zu abrupt eintreten, wie es offensichtlich zu jener Zeit geschah, als die Dinosaurier Herrscher auf der Erde waren, dann vermag die Evolution nicht rasch genug zu reagieren, um das Aussterben einer oder mehrerer Tierarten zu verhindern. Mit anderen Worten: bei der Evolution handelt es sich nicht um ein strategisches Genie mit klar umrissenen Plänen für die Zukunft; sie gleicht eher einem blind taktierenden Opportunisten, der sich engstirnig an nichts anderem als den unmittelbar gegenwärtigen Verhältnissen orientiert. Der Harvard-Zoologe Ernst Mayr bemerkte deshalb: „Die Theorie der natürlichen Auslese kann zwar einzelne Phänomene mit angemessener Genauigkeit beschreiben und erklären, sie ist aber nicht in der Lage, verläßliche Prognosen zu stellen."

Das Problem der Entwicklung eines großen Gehirns hätte etwa von der Natur dadurch gelöst werden können, daß sie die Beuteltiere zu Vorfahren menschenähnlicher Wesen bestimmt hätte. Man nimmt an, daß Beuteltiere und echte Säugetiere (Placentalia) ungefähr gleichzeitig vor rund 100 Millionen Jahren entstanden sind. Offenbar stammen beide Gruppen von den Pantotheria, den urweltlichen reptilienartigen Vorläufern der Säugetiere ab. Zu Anfang waren die Beuteltiere in der Überzahl. Obwohl das Prinzip plazentarer Fortpflanzung einen Fortschritt im Vergleich zur Methode der Beutler darstellt, hätten auch die Beuteltiere ihre Vormachtstellung behaupten können, wie es ja auch tatsächlich in Australien geschah. Wie wir im vierten Kapitel „Der Zickzackkurs der Evolution" gesehen haben, entwickelte sich in Australien aus einem einzigen kleinen, spitzmausähnlichen „Ur-Beuteltier" eine ganze Menagerie von Beuteltieren – nicht weniger als 170 verschiedene Tierarten –, vom Beutelwolf bis zum Koalabär. Wäre die Evolution auf anderen Kontinenten in ähnlichen Bahnen verlaufen, so hätte es auf der Erde mühelos zu „Beutelmenschen" kommen können.

Im Lauf der Zeit hätte sich ein Koala durchaus zu einem menschenähnlichen Wesen weiterentwickeln können. Die weiblichen Beuteltiere hätten für die Überlegenheit ihrer Art gegenüber dem Menschen gebürgt. Da sie weder eine gut ausgebildete Gebärmutter besitzen, noch die lebenswichtige Plazenta entwickeln, wachsen die Embryos der Beuteltiere nur für relativ kurze Zeit im Mutterleib heran. Die unterentwickelten Jungen werden zu einem Zeitpunkt geboren, der bei Plazentatieren den Tod der Frühgeburt bedeuten würde; sie krabbeln in den Beutel ihrer Mutter, saugen sich an den Zitzen fest und bleiben dort monatelang.

Diese Methode der Fortpflanzung erscheint im Vergleich mit derjenigen der Plazentatiere eher als primitiv; sie wäre indessen für hochintelligente Lebewesen ein einzigartiges Geschenk. Der Größe des menschlichen Gehirns und seiner weiteren Entwicklung wird möglicherweise durch die engen weiblichen Geburtswege ein Riegel vorgeschoben. Bereits bei der Geburt ist unser Kopf so groß, daß er nur mit Mühe durch die Beckenöffnung hindurch gelangt. Soll unser Gehirn noch größer werden, so muß der zukünftige Mensch diese Öffnung entweder erweitern oder die Entwicklungsprozesse derart beeinflussen, daß das Gehirn noch geraume Zeit nach der Geburt weiterwachsen kann. Unsere „Beutel-Vettern" dagegen würden weit größere Köpfe entwickeln. Sie brächten es ggf. zu Gehirnen, wie sie Dale Russell dem Menschen nach Ablauf von 900.000 Jahren in Aussicht gestellt hat. Das auf Seite 205 abgebildete Beutelweibchen mag auf den ersten Blick seltsam anmuten – doch könnten ihre Kinder uns an Intelligenz und technischem Geschick bei weitem übertreffen (vgl. auch die Farbtafeln).

Das Phänomen der Konvergenz, ein erstaunlicher, raum- und zeitübergreifender Vorgang, läßt die Entstehung eines „Beutel-Menschen" anderswo plausibel erscheinen, und zwar unter der Voraussetzung, daß dort eine analoge Entwicklungsreihe von den Fischen über die Amphibien zu den Reptilien und Säugetieren existierte. Wie wir gesehen haben, ist die Evolution des Menschen das Ergebnis einer solchen Anhäufung unvorhersehbarer Ereignisse, daß es uns ebenso unvorstellbar erscheint, ein Duplikat des Menschen im Kosmos anzutreffen wie einem Doppelgänger des Känguruhs in Alaska begegnen zu können. Und trotz allem gibt es in Alaska das Karibu – gewissermaßen ein Gegenstück zum Känguruh.

Das heißt: die Möglichkeit, beuteltierähnliche Vettern im Kosmos anzutreffen, läßt sich nicht von vornherein ausschließen. Sie würden Koalabären ähnlicher sehen als Menschen, und besäßen nach Lage der Dinge vielleicht die Fähigkeiten, technisierte Zivilisationen zu errichten. Menschliche Spekulationen über fremde Zivilisationen im Weltall basieren auf der Annahme, alle intelligenten Wesen im Kosmos schritten immer von einer Erfindung zur nächsten voran, genau wie wir – vom Rad des Pferdewagens zu gigantischen Radioteleskopen, die Himmelsrädern gleichen. Diese Annahme mag sich als falsch erweisen, da Zivilisationen auch ohne Technologie denkbar sind.

Zumindest die biologische Evolution des künftigen Menschen wird höchstwahrscheinlich in jenen Bahnen verlaufen, die in der Vergangenheit festgeschrieben wurden. Und wie reichhaltig und bunt war diese Vergangenheit! In unserem Blut gibt es noch immer Salz aus den ersten

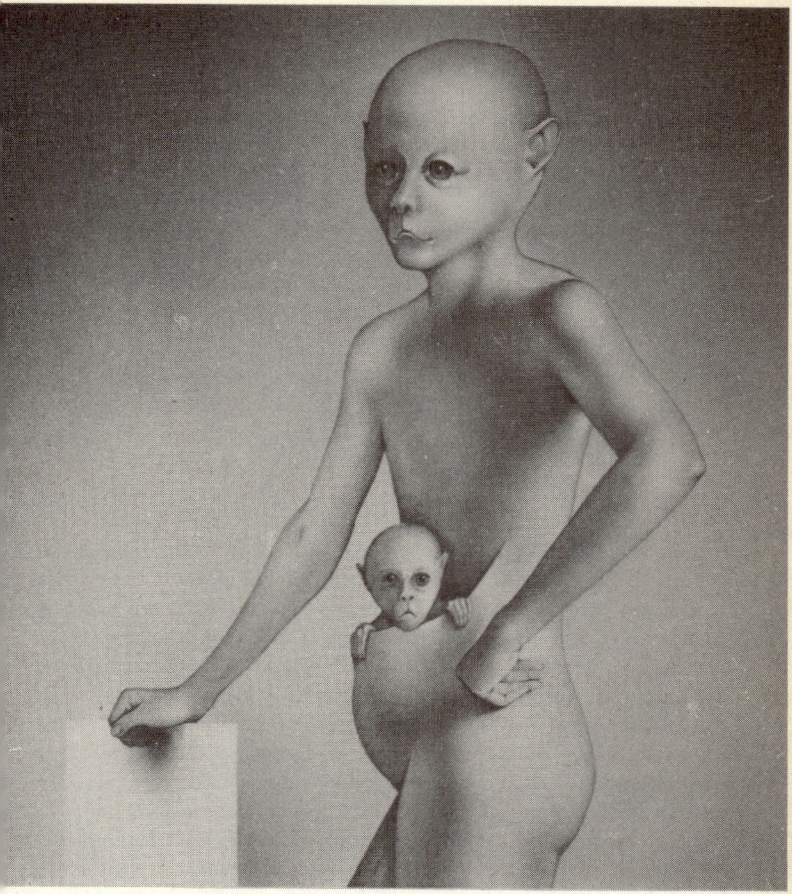

Da die Evolution kaum Grenzen kennt, wäre es denkbar, daß sich ein Beuteltier unter bestimmten Bedingungen zu einem hochintelligenten Zweibeiner entwickelt.

Ozeanen; unsere Arme und Beine waren einst Fischflossen; das Stammhirn des Menschen ist quasi ein Überrest des Reptiliengehirns und bei Krokodilen, Fröschen und Eidechsen zeigt das Gehirn noch heute eben jene knotenartige Struktur. Wenn auch an die Stelle des Reptiliengehirns das spätere Säugetierhirn trat, das schließlich vom Neokortex, dem Großhirn, das den Menschen auszeichnet, verdrängt wurde, so ist doch das „Ur-Reptiliengehirn" immer noch von Bedeutung; es fungiert als eine Art Bindeglied zwischen uns und unseren Emotionen, obgleich kaum mehr Verbindungen zum jüngeren Verstandeszentrum bestehen. Mit den metaphorischen Worten Arthur Koestlers: „In unserem Schädel scheint irgendwo ein Gefrierschrank eingebaut zu sein, der Sitz kalter Logik und rationalen Denkens, und gleich nebenan befindet sich ein wahres Treibhaus in Form irrationaler, stimmungsabhängiger, gefühlsschwangerer Ansichten." Einige Naturwissenschaftler haben die unterschiedlichsten Probleme damit zu erklären versucht, daß sich der Mensch von den Einflüssen jenes niederen Reptiliengehirns nicht völlig habe befreien können. Welche Begründung ließe sich sonst für all die Grausamkeiten anführen, die Menschen an ihresgleichen verübten und immer noch verüben?

Intelligente Wesen anderswo könnten diesem furchtbaren Erbe dadurch entronnen sein, daß nicht die Reptilien ihre Vorfahren waren – der Krake beispielsweise ist ein solches Wesen. Bei ihm finden wir keinerlei Anzeichen jenes mörderischen Verhaltens, das Reptilien nachgesagt wird. Was die Zukunft des Menschen betrifft, so könnte ins Gewicht fallen, wie der Kampf in seinem Kopf zwischen Reptil und Mensch endet, d. h. zu wessen Gunsten er ausfällt. Wenn wir auch in selbstgefälliger Zufriedenheit einem Bild vom Menschen anhängen, das uns vorspiegelt, wir seien das Endprodukt der Evolution, so sollten wir nicht vergessen, daß die meisten evolutionären Experimente der Natur in einer Sackgasse endeten. Eine Zeit lang glaubte man, die Ursache für das Aussterben der Dinosaurier seien ihre kümmerlichen Gehirne gewesen. Heute sieht man in der Größe des menschlichen Gehirns die Ursache für einen drohenden Untergang. Bietet demzufolge Intelligenz einen Vorteil im Überlebenskampf? Die Antwort hängt vermutlich davon ab, welche Art von Intelligenz angesprochen wird. Es wäre denkbar, daß, falls es dem Menschen nicht gelingen sollte, das Reptil in sich unter Kontrolle zu bringen, eine Vergrößerung seines Gehirns dazu beitrüge, ihn zu einem noch raffinierteren und skrupelloseren Kämpfer gegen seinesgleichen zu machen. Wir sollten uns vergegenwärtigen, daß die Lebensdauer einer jeden Gattung auf der Erde im Durchschnitt weniger als 10 Millionen Jahre beträgt, und daß innerhalb jener 600 Millionen Jahre, die wir in ihrem Artenreichtum durch fossile Zeugnisse belegen können, mehrfach biologische Kursänderungen stattgefunden haben, durch die das Ensemble der Tierwelt entscheidend verändert wurde. Das bedeutet: die Hoffnung des Menschen auf ein Überleben hängt nicht zuletzt von seinem Gehirn ab.

Was den menschlichen Körper betrifft, so erweist er sich in Anbetracht seiner Entwicklungsgeschichte als der bestmögliche. Er hat sich von einem Fisch über ein vierbeiniges Landlebewesen und Baumkletterer schließlich zu einem zweibeinigen Läufer entwickelt mit aufrechtem Gang, einem auf Füßen und Hüften gleichmäßig aufruhenden Rumpf und einem Hals als Stütze des Kopfes. Die aufrechte Haltung jedoch war nicht nur von Vorteil, sie brachte auch einige Probleme mit sich, wie etwa eine Verengung des weiblichen Beckens, wodurch sich der Geburtsvorgang (wegen der Größe des Kopfes beim Embryo) komplizierte. Indem sich der Körper aufrichtete, mußte zudem das gesamte Gewicht von vier Stützpunkten auf nur zwei verlagert werden. Das Becken ist damit hochgradig belastet, Bandscheibenschäden und dergleichen sind die Folge. Und auch der Fuß des Menschen, der aus rund 40 Einzelknochen besteht und sich insgesamt dreimal veränderte – von der Flosse über den Kletterfuß zum Lauffuß – ist für einen Zement- und Asphaltboden wenig geeignet, zumal, wenn er überdies noch in enge, unzuträgliche Schuhe gepreßt wird. Seiner ganzen Konstruktion nach sind viel eher Grasboden, weiche Erde und Sandstrände das für ihn Geeignete. Mit anderen Worten: die Anatomie des menschlichen Körpers ließe sich noch in vielfältiger Hinsicht verbessern.

So sind etwa einige Wissenschaftler der Überzeugung, der heutige Körperbau des Menschen stelle keineswegs das Endstadium seiner Entwicklung dar. „Vor einer Jahrmilliarde war der Mensch in seiner Ahnenreihe beim Wurm angelangt," meint Robert Jastrow. „In einer weiteren Jahrmilliarde werden wir uns so weit von unserer augenblicklichen Gestalt entfernt haben, wie wir gegenwärtig vom Wurm entfernt sind.

Ich bin der Meinung, daß unser Leben, auf den Voraussetzungen von Wasserreichtum und Kohlenstoffketten beruhend, sich als ein Übergangsstadium erweisen wird. Im Gegensatz zur Zeitdauer des Universums existiert die Erde erst seit relativ kurzer Zeit, deshalb glaube ich nicht, daß das Leben im Kosmos, nicht einmal der winzigste Bruchteil dieses Lebens, nur eine letztlich mißlungene Nachbildung unseres eigenen Chemismus darstellt. Vielmehr meine ich, es wird sich dort um ein körperloses, geistiges Leben handeln, möglichenfalls in Gestalt von Silicium-Wesen – damit sind nicht jene sandfressenden Monster gemeint, sondern diejenigen, die wir Computer nennen. Hülsen aus Blut und Eingeweiden, auf der Basis von Kohlenstoff aufgebaut, und von einem Knochengerüst, dem des Menschen ähnlich, gestützt, werden mit Sicherheit nicht als Gehäuse für Intelligenzen in Frage kommen –; biologische Behälter, welcher Art auch immer, wird es dort nicht geben. Derartige sterbliche Hülsen, die allenfalls hundert Jahre überstehen und dann nicht mehr zu gebrauchen sind, wären in der Tat im Blick auf den Kosmos primitive Modelle. Ich würde jede Wette eingehen, daß es einen Silicium-Gedächtnisspeicher als Form der Unsterblichkeit von Leben gibt, das heißt, einen letzten Endes körperlosen Geist.

Nach meiner Überzeugung durchläuft jeder Planet, auf dem genügend Wasser vorhanden ist und geeignete Temperaturen herrschen, über vier bis fünf Milliarden Jahre eine Kohlenstoff-Evolution, da – wie Ponnamperuma äußerte – die notwendigen Bestandteile reichlich vorhanden sind, so daß die Reaktionen mühelos ablaufen und, wie das Urey-Miller-Experiment bewiesen hat, ein chemischer Aufbau reibungslos vonstatten geht.

Nach diesen vier oder fünf Milliarden Jahren wird das Leben dann zu einem weniger anfälligen und ausbaufähigeren System übergehen, um darin Intelligenzen beherbergen zu können. Es wird folglich das Kohlenstoffleben hinter sich lassen. Demnach wird es dort uns ähnliche Wesen geben, seien sie auch dünn gesät, da intelligente Wesen kaum länger als – in kosmischen Zeitdimensionen gesprochen – ein Augenzwinkern des Universums überdauern werden.“

Die Idee, der Mensch werde sich zu einer Art körperlosen Intelligenz, einer Art Gott, wenn man so will, entwickeln, spiegelt die mystischen Anschauungen religiöser Denker, wie etwa Teilhard de Chardin, wider, der von einem zielgerichteten Verlauf der Evolution überzeugt war. Nach seiner Auffassung kann der Mensch nur als vorläufiges Ziel der Evolution angesehen werden, auf das die Entwicklung zu einer Art Gott folgen würde, den er Omega nannte. Der Verlauf der Evolution auf der Erde hingegen bietet für solche Ideen keine Handhabe.

Die biologische Zukunft des Menschen ist vielmehr in seine Vergangenheit eingebettet und wird von ihr bestimmt. Möglicherweise wird der Mensch in der Lage sein, sein biologisches Schicksal selbst in die Hand zu nehmen, was zu großen Veränderungen führen würde. Eine sinnvolle Umstrukturierung von Gehirn und Körper würde den Menschen erlauben, auf der DNS-Leiter in eine strahlende Zukunft zu klettern, wie auf unserer Abbildung S. 209 zu sehen ist.

Sind intelligenten Wesen auf anderen Planeten bereits derartige genetische Kunststücke gelungen? Das wird sich unter Umständen in naher Zukunft erweisen. Wissenschaftler sind jedenfalls zuversichtlich, daß Konvergenzen in der Evolution sich auch im Bereich des Gehirns und der Denkfähigkeit auswirken werden, ebenso bei anderen Organen, etwa Auge und Hand, so daß wir in der Lage wären, mit fremden Intelligenzen zu kommunizieren. Jeder Verstandestyp wird nicht ohne Begriffe auskommen – ohne eine bestimmte Menge von Symbolen –, und auf gewisse Formen der Assoziation und Verknüpfung angewiesen sein. Doch zuerst einmal müssen wir andere Planeten und ihre Bewohner orten. Das nächste Kapitel gibt Aufschluß darüber, wie überraschend nahe wir diesem Ziel möglicherweise schon sind.

Teil III

DIE SPUR WIRD HEISS

NEUNTES KAPITEL

Planetensuche

Verloren im gleißenden Licht ferner Sonnen, wie Stäubchen in weit entfernten Wirbelwinden, umkreisen Milliarden von Planeten mit einer faszinierenden Lebensvielfalt die Sterne in den Weiten des Alls –, von unseren technischen Instrumenten bisher nicht entdeckt.

Noch unentdeckt – doch nicht mehr lange. Wir befinden uns endlich an der Schwelle zu einem der aufregendsten Ereignisse in der Geschichte der Naturwissenschaften, noch in diesem Jahrzehnt werden jene rätselhaften Welten uns ihr Geheimnis preisgeben. Mithilfe neuer spezialisierter Verfahren, die gegenwärtig in rascher Entwicklung begriffen sind, werden jene Planeten geortet und im einzelnen erforscht werden können. Sie werden es ermöglichen, die Planeten zu photographieren und ihre Temperaturen zu messen. Sie werden uns anhand der Farbe der Planeten nicht nur sagen können, ob die Ozeane tierisches Leben und grüne Pflanzen beherbergen, sondern auch die Zusammensetzung ihrer Atmosphäre erkunden. Sie werden die Durchmesser der Planeten und ihre Umlaufbahnen errechnen – dank der sich explosionsartig entwickelnden modernen Elektronik. Zurecht äußerte David C. Black, Astronom am Ames-Forschungszentrum der NASA in Mountain View, Kalifornien, und einer der Planeten-Experten: „Die Zeiten sind heute für Astronomen besonders aufregend."

Schon seit geraumer Zeit vermutet man, daß es Planeten auch außerhalb unseres Sonnensystems gibt. Astronomische, wenn auch indirekte Beweise, astronomische Theorien und nicht zuletzt die Gesetze einfacher Logik – sie alle deuten in dieselbe Richtung. Auf dem Weg einfacher Logik, wenn auch poetisch eingekleidet, gelangte bereits im Jahr 1200 der chinesische Philosoph Teng-Mu zu folgender Vorstellung: „Wie unvernünftig wäre es doch, wollte man annehmen, daß außer Himmel und Erde, die wir sehen, keine anderen Himmel und keine anderen Erden existieren." Was astronomische Beweise angeht, so sind einige Forscher in der Tat schon seit Jahrzehnten davon überzeugt, daß sie längst Planeten von der Größe Jupiters im Schlepptau zumindest eines Muttersterns entdeckt haben.

Eine breitere Öffentlichkeit erfuhr von folgender vermeintlicher Entdeckung: daß sich Planeten von der Größe Jupiters und Saturns auf der Umlaufbahn von Barnards Pfeilstern befänden, einem schwach leuchtenden roten Zwerg, der einer unserer Nachbarsterne sei. Diese Entdeckung ist mittlerweile ernsthaft in Frage gestellt worden.

Heute meint man, Barnards Pfeilstern habe sich nicht innerhalb eines Planetensystems bewegt, zumindest nicht in dem seinerzeit genannten.

Was wir damit verloren haben, wird hingegen durch das aufgewogen, was uns bevorsteht; die neuen Instrumente garantieren eine beispiellose Genauigkeit, so daß wir das Rätsel unbekannter Planeten schon bald ein für alle Mal werden lösen können.

Die unbezweifelbare Gewißheit über das Vorhandensein anderer Planetensysteme sowie die Entdeckung von Hinweisen auf Leben würde nicht nur die Phantasie der Öffentlichkeit in Bewegung bringen. Die gesamte Wissenschaft der Exobiologie, von den Russen treffender Astrobiologie genannt, würde endlich auf eine solide Basis gestellt werden können, so daß erbitterte Kritiker die Exobiologie nicht mehr als eine Wissenschaft abkanzeln können, „deren Gegenstand überhaupt nicht existiert“!

Sollte es sich herausstellen, daß belebte Planeten im All nichts Ungewöhnliches sind, würde dies die Neugierde auf seiten der Wissenschaftler und Laien entfachen, Genaueres über ferne Welten zu erfahren. Eine solche Entdeckung sollte den amerikanischen Kongreß dazu bewegen können, großzügige Mittel für ein Forschungsprogramm zur Erkundung außerirdischen Lebens bereitzustellen – ein Projekt, das trotz seines allgemeinen Interesses und seiner weltweiten Bedeutung gegenwärtig mit einem kargen Budget auskommen muß.

Die an diesem Unternehmen beteiligten Wissenschaftler zweifeln nicht im geringsten daran, daß die Kritiker und all wir anderen nicht mehr lange zu warten brauchen, bis sich die Anstrengungen ausgezahlt haben.

Doch um den unmittelbar bevorstehenden großen Schritt nach vorn bei der Entdeckung neuer Planeten historisch einordnen zu können, müssen wir einen kurzen Blick auf ihre wissenschaftlichen Fundamente werfen.

Die Vorstellungen darüber, ob unser Planetensystem einzigartig sei, oder ob es Entsprechungen zu ihm im Weltall gäbe, haben in den letzten zwei Jahrhunderten wie ein Pendel mal zu der einen, mal zu der anderen Seite ausgeschlagen. Aufgrund der Arbeiten von Laplace und Kant zu Beginn des 19. Jahrhundets waren viele Wissenschaftler der Auffassung, die Planeten seien aus einem Sonnennebel, der sich in mehrere Ringe geteilt habe, entstanden. Die Vorstellung, daß Planetensysteme auch anderenorts existierten, war weit verbreitet. Da sich die Wissenschaftler jedoch außerstande sahen, eine Erklärung für die niedrige Umdrehungsgeschwindigkeit der Sonne im Vergleich zu anderen Planeten zu finden, begannen sie sich um 1900 sog. Katastrophentheorien zuzuwenden, nach denen Planetensysteme als absonderliche Phänomene galten.

In den 50er Jahren schlug das Pendel zur anderen Seite aus. Nunmehr meinten einige Wissenschaftler, die Umdrehungsgeschwindigkeit der Sonne könne durch elektromagnetische Felder und Sonnenwinde verringert worden sein. Damit griff man auf evolutionäre Vorstellungen zurück, die noch heute geläufig sind: daß die Bildung von Planetensystemen ein natürliches, vielleicht sogar zwangsläufiges Nebenprodukt der Entstehung von Sternen sei, es sich demnach um einen Vorgang handele, der, wie ein amerikanischer Astronom formulierte, „so natürlich wie eine Geburt" sei.

Dieser Hypothese zufolge ereignet sich folgendes: Wenn sich die Gaswolken, aus denen sich Sterne bilden, zusammenballen, brechen sie anscheinend in mehrere Einzelteile auseinander und bilden damit Systeme, die aus zwei, drei, vier oder sogar noch mehr Sternen bestehen, die ein gemeinsames Gravitationszentrum umkreisen. Astronomische Beobachtungen haben diese Vorstellungen bestätigt: die meisten Sterne sind Teile solcher Doppel- oder Mehrfachsysteme.

Mehrfachsternsysteme scheinen sich von unserem Planetensystem vor allem durch ihre Größe zu unterscheiden, obwohl der Unterschied nicht allzu groß ist. In einem durchschnittlichen Doppelsternsystem stehen die Sterne enger zusammen als unsere Sonne und unser äußerster Planet, Pluto. Im Durchschnitt beträgt die Entfernung zwischen den beiden Sternen eines Doppelsternsystems 3 Milliarden Kilometer, während Pluto doppelt so weit von der Sonne entfernt ist. Diese Beobachtungen veranlaßten viele Wissenschaftler zu der Annahme, die Entstehung von Doppelsternen sowie die Entstehung von Planeten seien zwei Erscheinungsformen desselben Prozesses, der das eine Mal zu Sternen, das andere Mal zu Planeten führe.

Häufig sind Doppel- oder Mehrfachsternsysteme leicht zu erkennen, bisweilen schon mit bloßem Auge, ansonsten durch ein Fernrohr. So hat beispielsweise Sirius im Sternbild des Großen Hundes seinen „Welpen" bei sich, einen schwach leuchtenden weißen Zwerg. Die Sternfamilie Castor, im Sternbild der Zwillinge, besteht dagegen aus sechs Sternen, vier hellen und zwei schwächeren. Die drei der Erde am nächsten stehenden Sterne Alpha Centauri, aus den beiden Nachbarsternen A und B bestehend, und deren weiter entfernter Mitstreiter Proxima Centauri bilden eine dreiköpfige Familie, deren Mitglieder alle um ein gemeinsames Gravitationszentrum kreisen.

Da einige dieser Begleitsterne von ihren Hauptsternen nicht weiter entfernt sind als Neptun von der Sonne, stellt sich die Frage, ob es nicht Fälle gibt, in denen möglicherweise Planetensysteme wie das unsrige anstelle von Sternen entstehen.

In der Tat gibt es einige Indizien dafür, daß Planetensysteme weit verbreitet sind. So konnten etwa durch astronomische Beobachtungen Silikate und vermutlich vereiste Substanzen in Form von Staub im Umkreis sich bildender Sterne nachgewiesen werden. Theoretisch wäre es möglich, daß sich diese Materie zu Gestirnen verdichtet.

Darüber hinaus haben Astronomen festgestellt, daß in jedem Stern des Milchstraßensystems genügend Silikate vorhanden sind, um nicht nur einen, sondern mehrere erdähnliche Planeten im Umkreis des jeweiligen Sterns hervorbringen zu können.

Die meisten dieser Planeten würden sehr viel älter sein als die uns bekannten Planeten. Wahrscheinlich sind 90 Prozent aller Sterne im Weltall rote Zwerge mit niedrigen Oberflächentemperaturen bis zu minus 2500 Grad Celsius, wohingegen auf der Sonne eine Temperatur von plus 5500 Grad Celsius herrscht. Die roten Zwerge geben nur ungefähr ein Hundertstel der Sonnenstrahlung ab, und zwar größtenteils im Infrarot-Bereich. Da sie ihren Kernbrennstoff nur sehr langsam verbrauchen, haben sie eine außerordentlich lange Lebensdauer.

Viele von ihnen existierten bereits, als unsere Sonne – fast ein Neuankömmling unter den Sternen – vor fünf Milliarden Jahren aufflammte. Das bedeutet: einige der roten Zwerge sind fast so alt wie das Universum, etwa 15 bis 20 Milliarden Jahre. Und sie werden mindestens noch weitere zehn Milliarden Jahre weiterscheinen, lange, nachdem die Sonne ihren Brennstoff aufgebraucht hat: in einem ungeheuren, glühendheißen Flammenblitz, der sie zu einem roten Riesen anschwellen lassen wird, in dessen Hitze die Erde und andere Planeten in der Nähe dieses Kernschmelzofens verglühen werden.

Von allen Planeten bieten die roten Zwerge dem Leben die dauerhafteste Wohnstätte. Und intelligentes Leben wird auf diesen Planeten in einem unvorstellbaren Ausmaß weiterentwickelt sein als bei uns.

Auf einen eben jener roten Zwerge, Barnards Pfeilstern, richtete der große, vornehme amerikanische Astronom holländischer Herkunft, Peter van de Kamp, an einem folgenschweren Tag des Jahres 1956 das 1,50 Meter lange Linsenfernrohr des Sproul-Obervatoriums.

Van de Kamps Aufmerksamkeit war durch eine interessante Entdekkung des russisch-amerikanischen Astronomen Otto Struve geweckt worden, der herausgefunden hatte, daß sich sonnenähnliche Sterne nur sehr langsam drehen, weshalb er dem faszinierenden Gedanken anhing, das Drehmoment jener Sterne könnte sich auf die Planetensysteme übertragen haben – genauso wie auch die Sonne ihr Drehmoment teilweise an ihre Planeten abgegeben hatte. Entspräche diese Entdeckung den Tatsachen, so wären Planetensysteme nichts Außergewöhnliches.

So aufregend indirekte Beweise für die Existenz anderer Planetensysteme auch sein mögen, so wäre es doch letztlich weitaus befriedigender, wenn wir solche Planeten direkt beobachten könnten. Leider scheiden photographische Zeugnisse aus, da die Planeten draußen im Weltall im gleißenden Licht ihrer Sonnen unsichtbar wären. Zum Vergleich: die Leuchtkraft unserer Sonne übertrifft um das Zweieinhalbmilliardenfache die des Jupiter. Es blieb folglich nichts anderes übrig, als den Versuch zu unternehmen, einen Planeten aus der Nähe zu photographieren.

Van de Kamp war sich dessen durchaus bewußt, deshalb entschloß er sich, zur Methode der Astrometrie zu greifen. Astrometrie ist jene altehrwürdige Technik, mit deren Hilfe sich die Bewegungen von Sternen und Planeten im Verhältnis zueinander beobachten lassen. Im Grunde war es die Astrometrie, die der Astronomie zum Leben verholfen hatte. Im Altertum kannte man noch keinen Unterschied zwischen beiden; man beobachtete die Bewegungen der Gestirne, um daraus den geeigneten Zeitpunkt für die Saat und andere Dinge des praktischen Lebens ableiten zu können. Als sich mit dem Aufkommen neuer technologischer Entwicklungen die Möglichkeiten der Astronomie vergrößerten, wandten sich die Astronomen ausgefalleneren Dingen zu, wie Quasaren und Pulsaren, erforschten nach und nach neue Wellenlängenbereiche, wie die Röntgenstrahlung, Radiowellen und die ultraviolette Strahlung. Die Astrometrie wurde dadurch zu einer Art Stiefkind der Sternforscher.

Auch in der Entwicklung astronomischer Instrumente spiegelte sich dieser Trend wider. Um weiter in den Weltraum vordringen und neue aufregende Himmelskörper entdecken zu können, konzentrierte man sich mehr auf Teleskope mit großen Spiegeloberflächen zwecks maximaler „Lichtausbeute" als auf astrometrische Präzisionsinstrumente, mit denen man Planeten außerhalb unseres Sonnensystems hätte entdecken können.

Und dennoch hatten die astrometrischen Techniken zu Beginn dieses Jahrhunderts einen so hohen Entwicklungsstand erreicht, daß man bereits in der Lage war, die Entfernung zwischen zwei Sternen auf der Photoplatte bis auf einen tausendstel Millimeter genau zu vermessen.

Dr. van de Kamp war daher der Meinung, es müsse mit dem Fernrohr des Sproul-Observatoriums gelingen, Himmelskörper von Planetengröße zu entdecken. Schließlich hatten er und seine Mitarbeiter ja bereits mit Erfolg Pionierarbeit bei der Entdeckung bislang unsichtbarer Begleitsterne in Doppel- und Mehrfachsternsystemen beleistet. Noch heute werden jene Entdeckungen von Astronomen als für ihre Zeit herausragend angesehen, erforderten sie doch eine höchst komplizierte, detektivische Sucharbeit beim Verfolgen einzelner Sternbewegungen.

Hat ein Stern Begleiter, so kann man diese trotz vieler Hindernisse entdecken. Auch wenn sie unsichtbar sind, zu schwach leuchten oder es sich um praktisch tote Sterne handelt (schwarze Zwerge, die ihren gesamten Kernbrennstoff verbraucht haben), so kann man sie doch indirekt auf Grund ihrer Wirkungen auf den Hauptstern wahrnehmen. Sie bewirken z. B. Perturbationen oder schlangenlinienförmige Bewegungen eines Sterns im All, dessen Bahn ohne einen Begleiter als gerade Linie erscheinen würde. Doch wenn begleitende Sterne aus der Nähe an ihm „ziehen", so beginnt sich dieser Hauptstern, von der Seite betrachtet, wie auf einer Achterbahn zu bewegen. Unser Mond hat vergleichbare Auswirkungen auf die Erde, ebenso wie unsere Planeten auf die Sonne.

Zur damaligen Zeit wußte man bereits, daß relativ massive Sterne von einer mittleren Größe zwischen Sternen und Planeten – oft zu schwach leuchtend, um selbst mithilfe stärkster Fernrohre entdeckt werden zu können –, von anderen Sternen in großer Nähe umkreist werden. Man hatte sie mit Hilfe astrometrischer Techniken entdeckt. Van de Kamp war der Meinung, daß er auch Planeten, die nahe gelegene Sterne umkreisen, aufspüren könnte, sofern er die technischen Möglichkeiten des Sproul-Teleskops bis zum Äußersten strapazierte. Seine Wahl fiel auf Barnards Pfeilstern, weil dieser von der nördlichen Hemisphäre aus gesehen mit seinen sechs Lichtjahren Entfernung von der Erde der nächstgelegene Stern ist. Sein Name leitet sich von seinem Entdecker ab, dem amerikanischen Astronomen Edward E. Barnard.

Wie sich herausstellte, lagen in den Archiven des Sproul-Observatoriums bereits an die 2500 photographische Platten, auf denen Barnards Pfeilstern zu sehen war. Die Aufnahmen reichten bis ins Jahr 1938 zurück. Obwohl die Astronomen es für so gut wie sicher hielten, daß

Barnards Pfeilstern einen kleinen Begleiter hatte, bewahrten sie jedoch Stillschweigen über ihre Vermutung.

Sie meinten sogar, bei mindestens fünf der nahe gelegenen Sterne dunkle Begleiter entdeckt zu haben. Die vermeintlichen Planetensysteme besaßen folgende Eigenschaften:

Name des Systems	Entfernung von der Erde (in Lichtjahren)	Masse der Planeten (1≙ Masse des Jupiter)	Umlaufzeit (in Jahren)
Barnards Pfeilstern	5,9	1,1	26
Lalande 21185	8,2	10	8
Epsilon Eridani	10,8	6–50	25
61 Cygni	11	8	4,8
BD + 43°4305	16,9	10–30	28,5

Es sah so aus, als habe Barnards Pfeilstern unter allen übrigen den planetenähnlichsten Begleiter – die anderen erweckten den Eindruck, es handle sich um schwarze Zwerge. Van de Kamp beschloß, der Sache auf den Grund zu gehen.

Und tatsächlich schien das Unternehmen nur sieben Jahre später zu einem spektakulären Erfolg geführt zu haben, als Van de Kamp im Jahre 1963 einer aufs höchste überraschten Öffentlichkeit verkündete, nach seinen Beobachtungen umkreise ein etwas größerer Planet als Jupiter Barnards Pfeilstern. In 26 Jahren vollende jener angeblicher Planet seine Umkreisung – wohingegen Jupiter 12 Jahre benötige. 1969 sorgte Van de Kamp für eine noch größere Aufregung mit seiner Meldung, die Perturbationen in der Umlaufbahn von Barnards Pfeilstern ließen auf einen weiteren Planeten von der Größe Saturns schließen.

Diese überraschenden Entdeckungen wurden in der Weltpresse stürmisch gefeiert und gingen in alle damaligen populären und fachwissenschaftlichen Astronomie-Werke ein. „Ein neues Sonnensystem, 35 Billionen Meilen von der Sonne entfernt, wurde entdeckt," lautete die Schlagzeile der *New York Times* vom 19. April 1963. Und noch 1977 war in der *Cambridge Encyclopaedia of Astronomy* zu lesen: „Es handelt sich tatsächlich um Planeten! . . . Einer der erstaunlichsten Aspekte ist, daß sich Beweise für die Existenz eines Planetensystems bereits in einer so kleinen Gruppe ausgewählter Nachbarsterne erbringen ließen, und zwar anhand beobachteter Nebenwirkungen." Durch diese offensichtlichen Beweise ermutigt, gingen englische Ingenieure und Weltraumenthusiasten daran, eine detaillierte Studie darüber zu Papier zu bringen, welche Folgen es hätte, ein atomgetriebenes Raumschiff zu bauen, und es – mit automatischen Kameras ausgerüstet – auf eine Erkundungsreise zum Planetensystem von Barnards Stern auszusenden. (Vgl. auch Kapitel 10, „Kontakt"!)

Doch mit einem Mal stürzte dieses „himmlische" Gewölbe in sich zusammen. Neuere Beobachtungen mit spezialisierten Fernrohren förderten keinerlei Perturbationen der Art zutage, wie Van de Kamp sie beschrieben hatte. Jene achterbahnähnlichen Bewegungen waren offenbar durch den Sproul-Refraktor selbst verursacht worden. Auch das Vorhandensein größerer dunkler Himmelskörper im Umkreis anderer Sterne, die von den Sproul-Astronomen für Planeten gehalten worden waren, ließ sich mithilfe dieser neuen Ansätze und Forschungen nicht bestätigen.

In anderen Instituten tätige Astronomen hatten mit Beunruhigung festgestellt, daß sich die Einzelergebnisse in bezug auf Besonderheiten der vermeintlichen Planetenkörper weitgehend ähnelten. Nicht nur traten die angeblichen Perturbationen immer an der oberen Fehlergrenze des Teleskops auf, auch die Umlaufzeiten jener Planeten, die das Sproul-Teleskop entdeckt hatte, betrugen bei fast allen ein Vielfaches von 8.

Einzig die Studie über 61 Cygni bildete eine Ausnahme, da sie offenbar nur teilweise auf Ermittlungen mithilfe des Sproul-Fernrohrs beruhte.

Zusätzlich skeptisch wurden die Astronomen dadurch, daß sich die Abweichungen von den geschätzten Planetenbahnen durchgehend als beträchtlich erwiesen – ein höchst ungewöhnliches Phänomen, da normalerweise die Umlaufbahnen der meisten Planeten des Sonnensystems fast kreisförmig sind.

Diese neuen Ergebnisse machten die Hoffnungen auf andere Planetensysteme mehr oder weniger zunichte. Offensichtlich hatten Fehler in der Optik des Sproul-Teleskops zu jenen unhaltbaren Ergebnissen geführt.

Raymond P. Vito, Professor für Maschinenbau an der Technischen Universität von Georgia, ging so weit, ein kleines Gedicht als Kommentar zu jenen vergeblichen Anstrengungen zu verfassen – eine „Ode auf die Apodisation":

Leute, leuchte, kleiner Stern,
dreißig Parsek von uns fern.
Ist dein Schwanken nicht nur Wahn?
Hat dies ein Planet getan?
Oder war's nur ein Versehn,
bogensekundar geschehn?*

Die meisten Astronomen sind mittlerweile überzeugt davon, daß Barnards Pfeilstern keine so großen Begleiter bei sich hat, wie Van de Kamp sie sich vorstellte; nichtsdestotrotz halten einige, vor allem seinerzeit direkt beteiligte Wissenschaftler ihre Sache für noch nicht völlig verloren. Van de Kamp selber, der heute im Ruhestand in Swarthmore, Pennsylvania, lebt, wo sich das Sproul Observatorium befindet, glaubt noch immer, daß seine Messungen exakt gewesen seien. Auch einige seiner Kollegen halten daran fest. Auf einer Tagung der International Astronomical Union in Montreal im Jahre 1980 stellte ein Redner neue Daten zur Diskussion, die die Existenz von Planeten im Umkreis von Barnards Pfeilstern widerlegten. Van de Kamps Kollege bestand hingegen mit Nachdruck auf der Existenz jener Planeten.

Als der zweite Redner geendet hatte, wandte sich der bekannte sowjetische Astrophysiker Iosif Shklovsky verwirrt an Jesse Greenstein vom California Institute of Technology, der den Vorsitz führte: „Professor Greenstein, habe ich recht gehört, daß uns ein Redner etwas von Planeten in der Nähe von Barnards Pfeilstern erzählt, während ein anderer meint, diese Planeten gäbe es gar nicht?"

Greenstein erwiderte scherzhaft, diese kontroversen Meinungen stellten „einen inneren Widerspruch innerhalb der kapitalistischen Wissenschaft dar, der nur mit Hilfe des dialektischen Materialismus gelöst werden kann." Shklovsky brach in Gelächter aus.

Jenes Problem wird sich in der Tat bald lösen lassen, wenn durch eine Reihe verbesserter und neuartiger Instrumente, die gegenwärtig in den

* Apodisation ist eine Technik zur Verbesserung des Auflösungsvermögens optischer Geräte, d. h. sie ermöglicht die Wahrnehmung auch sehr kleiner, weit entfernter, nahe beieinander liegender Objekte. Ein Parsek – die Abkürzung für „Parallaxensekunde" – ist die Maßeinheit der Entfernung von Sternen und entspricht 3,2 Lichtjahren. „Bogensekundar gesehen" bezieht sich auf astrometrische Genauigkeiten, die in diesem Fall nicht ausreichend waren, um mit Sicherheit festzustellen, ob ein Stern einen Planeten bei sich hatte.

USA entwickelt werden, ein neues Kapitel in der Geschichte der Planetenforschung eröffnet werden wird. Möglicherweise verfügt Barnards Pfeilstern tatsächlich über Planeten, wenn auch vermutlich kleinere, als die Van de Kamp entdeckt zu haben glaubte. Zumindest die „scharfsichtigsten“ Exemplare der neuen Planeten-Detektoren sollten in der Lage sein, im Umkreis der vielen sichtbaren Sterne in unserer Galaxis Planeten von der Größe der Erde (oder kleiner) aufzuspüren.

Noch innerhalb dieses Jahrzehnts wird es zu einem solch bedeutenden Fortschritt kommen, daß ihn selbst Fachwissenschaftler nicht für möglich halten. Die Wirkungen dieser neuen Typen von Instrumenten werden eine ebenso große Wende bedeuten wie seinerzeit die ersten Elektronenmikroskope. Damals gelang es erstmalig, bis dahin unsichtbare, winzigkleine und doch wichtige Objekte sichtbar zu machen, wie beispielsweise Viren, von denen allein schon Millionen im Punkt am Ende dieses Satzes untergebracht werden könnten.

Ähnlich wird es uns mit Planeten außerhalb unseres Sonnensystems ergehen. Haben sie Erfolg, so werden Wissenschaftler derartige Planeten als schwache Pünktchen photographisch erfassen können. Wenngleich ein Photographieren fremder Planeten aus nächster Nähe größte Probleme mit sich bringen und wohl in den nächsten zehn Jahren nicht zu erwarten sein wird, so sind wir vielleicht gegen Überraschungen nicht gefeit.

Gleichwohl gibt es näherliegendere, wenn auch weniger direkt überzeugende Methoden der Erkundung von Planeten außerhalb unseres Sonnensystems. Verbesserte astrometrische Verfahrensweisen und verwandte Methoden werden zur Anwendung gelangen, um solche Sterne näher untersuchen zu können, die mit hoher Wahrscheinlichkeit Planeten besitzen.

Die NASA arbeitet zur Zeit mit Hochdruck an einem derartigen Programm zur Entdeckung extrasolarer Planeten. In der Weltraumbehörde versammeln sich in regelmäßigem Abstand die führenden Astronomen des Landes, die am Projekt „Orion“ beteiligt sind – ein trefflicher Name, bedeutet *orion* im Griechischen doch „Jäger“.

Ziel ist die Entwicklung von Instrumenten, die unwiderlegbar eine Entdeckung von Objekten in der Größe Jupiters in den Umlaufbahnen benachbarter Sterne ermöglichen. Zweifelsohne könnte es auch größere Planeten geben, doch entspricht die obere Grenze der Masse eines Planeten der kleinstmöglichen Masse eines durch Kernfusion leuchtenden Sternes: also ungefähr sechs Hundersteln der Masse der Sonne.

Die Planetenforscher beabsichtigen, sich die beträchtlichen Fortschritte auf dem Gebiet der Elektronik in den vergangenen Jahren zunutze zu machen. So gibt es z. B. mittlerweile ein beinahe exotisches Filmmaterial, wie ladungsgekoppelte und ladungsauswertende Bauelemente, die aus der für die Computer-Revolution maßgeblichen Halbleiter-Technologie entwickelt wurden. Elemente ermöglichen wesentlich deutlichere und genauere Bilder, als sie mit heutigen photographischen Platten zu erzielen sind, mithin entscheidende Faktoren bei der Planetensuche.

Die Fortschritte auf dem Gebiet der Elektronik werden sich bei der Konstruktion einer ganzen Reihe neuartiger Instrumente bemerkbar machen. Zunächst wird es unvergleichlich genauere astrometrische Teleskope geben. So wurde auch der Schwerpunkt innerhalb des „Projekts Orion" auf die Konstruktion eines erheblich verbesserten, bodenstationierten astrometrischen Teleskops gelegt. Theoretisch gesehen könnte dieses 30–50fach genauer sein als beim gegenwärtigen Entwicklungsstand. David Black, NASA-Astronom am Ames Forschungszentrum wies darauf hin, daß – von einer einzigen Ausnahme abgesehen – alle gegenwärtig bei astrometrischen Untersuchungen benutzten Teleskope rund 60 Jahre alt seien, wobei nur zwei von ihnen ursprünglich für hochpräzise astrometrische Beobachtungen bestimmt gewesen seien. Alle übrigen Fernrohre hatte man mit Farbfiltern ausgestattet, um sie für astrometrisch-photographische Zwecke einsetzen zu können. Allem Anschein nach hatte ein derartiger Filter die vermeintliche Entdeckung jenes Planeten mithilfe des Sproul-Teleskopes verursacht. Darüber hinaus war kein einziges der Instrumente so konstruiert, daß es nach heutigen Maßstäben für höchste Präzision und langfristige Stabilität hätte garantieren können; beides aber ist für eine Wahrnehmung kleinster Perturbationen absolut erforderlich.

Die astrometrischen Meßverfahren reichten bislang dazu aus, solche Sterne zu entdecken, deren Masse beträchtlich unterhalb jenes kritischen Punktes liegt, von dem ab ein rasches Ausbrennen theoretisch möglich ist; doch ihre Genauigkeit war keineswegs hinreichend, um Objekte nachzuweisen, deren Masse Millisonnen beträgt. Eine Millisonne entspricht einem Tausendstel der Sonnenmasse, d. h. einer Masse in der Größenordnung Jupiters.

Fieberhaft wird deshalb daran gearbeitet, die technischen Möglichkeiten zu verbessern. Im Allegheny Observatorium an der Universität Pittsburgh wird derzeit an einem neuen astrometrischen Photometer gebaut, das schon Ende 1981 fertiggestellt sein sollte. Dieses Instrument könnte auf Grund seiner immensen Leistungsfähigkeit die erforderliche Beobachtungsdauer drastisch von Jahren auf Stunden verkürzen und sogar noch in 40 Lichtjahren Entfernung Planeten von Jupitergröße entdecken. Innerhalb dieses Radius scheinen etwa 500 Sterne in der Nähe der Sonne; rund 130 von ihnen sind sonnenähnlich, 330 bezeichnet man als rote Zwerge, die restlichen sind von anderem Typ. Würde man ihn im Weltraum stationieren, so müßte der Detektor des Allegheny Observatoriums in der Lage sein, in den Umlaufbahnen jener mehreren hundert Sterne, die der Erde am nächsten sind, Planeten zu orten. Vorläufige Tests an einem Modell des Detektors, die im Frühjahr 1980 von George Gatewood und seinen Mitarbeitern durchgeführt wurden, ergaben, daß das Gerät möglicherweise noch mehr leisten könnte. Selbst wenn Planeten nur ein Zehntel der Erdgröße besäßen, könnte dieses Instrument sie bei den uns am nächsten gelegenen Sternen aufspüren. Es wäre deshalb nicht verwunderlich, wenn die ersten Planeten bereits entdeckt wären, während Sie diese Zeilen lesen. Dasselbe Instrument würde zudem eine genaue Untersuchung von Lichtjahren entfernten Planetenbewegungen ermöglichen und die besonderen Eigenschaften dieser Planetensysteme aufdecken.

Neben der Astrometrie, die die Auswirkungen der Schwerkraft einzelner Himmelskörper auf Sterne mißt, gibt es noch eine weitere, indirekte Methode der Planetenentdeckung. Sie arbeitet mit der Messung der Radialgeschwindigkeit eines Sterns, d. h. seiner Bewegung in Sichtweite des Betrachters. Das Gravitationszentrum – das sogen. Baryzentrum – des Sonne-Jupiter-Systems z. B. liegt nicht genau im Mittelpunkt der Sonne, sondern hat sich wegen der Nähe des Jupiter an ihre äußeren Schichten verlagert. Die beiden Himmelskörper umkreisen dieses gemeinsame Gravitationszentrum wie zwei Kinder auf einem Karussell, allerdings auf verschieden großen Umlaufbahnen. Während der Jupiter die Sonne in einem großen Bogen einmal in 12 Jahren umkreist, legt die Sonne als der größere der beiden „Kompagnons" in 12 Jahren eine sehr viel kleinere Strecke zurück. Dabei bewegt sie sich mit einer Geschwindigkeit von 13 Metern pro Sekunde in einer relativ kleinen Umlaufbahn, einem Wackelpudding in einer Schüssel vergleichbar. Mit derselben Geschwindigkeit bewegt sich auch Jupiter auf *seiner* Bahn um die Sonne, wobei er der Umlaufgeschwindigkeit der Sonne eine Radialgeschwindigkeit von 13 Metern pro Sekunde hinzufügt. Diese Bewegung Jupiters nennt man Radialgeschwindigkeit der Sonne, weil sie entlang des Sonnenradius gemessen wird.

Theoretisch könnte die Wirkung eines Planeten von der Größe Jupiters auf die Radialgeschwindigkeit seines Sterns spektroskopisch dadurch erfaßt werden, daß man die Veränderungen im Licht dieses Sterns bei Bewegungen auf uns zu oder von uns weg mißt. Hier kommt der sog. Doppler-Effekt ins Spiel – die scheinbare Veränderung der Wellenlängen von Licht oder Schall, die durch ihre jeweiligen Bewegungen verursacht werden.

Ein in diesem Zusammenhang klassisches Beispiel ist das Pfeifen eines Zuges, der an einem Beobachter vorüberfährt. Während der Zug sich nähert, treffen die Schallwellen häufiger auf das Ohr des Betrachters und erzeugen so einen scheinbar hohen Ton. Ist der Zug vorübergefahren und wieder in größerer Entfernung, kommen die Schallwellen in größeren Abständen an, und das Pfeifen erscheint tiefer.

Ebenso verhält es sich mit dem Sternenlicht. Wenn sich uns ein Stern nähert, wird sein Licht kräftiger und erscheint uns bläulich. Entfernt er sich, wird sein Licht schwächer und sieht rötlich aus.

Das Sternenlicht wird nun ebenfalls zwischen rot und blau wechseln, je nach dem Stand, den der unsichtbare Planet bei der Umkreisung seines Sterns erreicht hat. Daher kann die Radialgeschwindigkeit des Sterns nicht nur Aufschluß über mögliche Planeten geben, sondern auch über ihre Größe und ihre jeweilige Entfernung vom Zentralstern; denn jeder Planet wird seinem Stern eine bestimmte Radialgeschwindigkeit aufzwingen und somit dessen Umlaufgeschwindigkeit erhöhen.

Es kommt folglich darauf an, diese winzig kleine Freuquenzverschiebung im Lichtspektrum des Sterns zu entdecken. Das kann jedoch nur bei einer Entdeckung von Begleitsternen gelingen, da diese viel größer als Planeten sind und die Umlaufgeschwindigkeit des Zentralsterns entsprechend erhöhen. Bei Objekten von der Größe Jupiters (und kleiner) scheitert diese Methode am Entwicklungsstand unserer derzeitigen Instrumente. Doch wie im Bereich der Astrometrie werden auch hier derzeit neue Geräte entwickelt. Das fortschrittlichste Meßgerät für Radialgeschwindigkeiten entsteht gegenwärtig am Mond- und Planetenlaboratorium der University of Arizona in Tucson. Die Arbeiten an diesem Spektrometer werden von dem aus Polen gebürtigen Astronomen Krzysztof M. Serkowski geleitet, der sich bereits seit zwölf Jahren der Entwicklung dieses Instruments widmete. Serkowski und seine Mitarbeiter begannen Ende 1980 versuchsweise mit den ersten Beobachtungen und hoffen, die Leistungen des Spektrometers bis Ende 1982 so weit verbessern zu können, daß die Entdeckung fremder Planetensysteme möglich sein wird.

Schon jetzt könnten nach Ansicht einiger Wissenschaftler erste Beobachtungen mit verbesserten Radialgeschwindigkeits-Detektoren den Grundstein für die spätere Planetensuche legen. Die Radialgeschwindigkeit läßt sich aus der Verschiebung der Spektrallinien nach dem erwähnten Verfahren des Doppler-Effekts erschließen. Dies gäbe Aufklärung über die Häufigkeit von Doppelsternsystemen unter sonnenähnlichen Himmelskörpern, und würde uns gleichzeitig über Größe und Häufigkeit möglicher Veränderungen einzelner Sterne unterrichten, was ggf. auf Planetensysteme hinweisen könnte. Die erstgenannte Art der Beobachtungen brächte Klarheit in der Frage, ob Sterne „automatisch" entweder Begleitsterne oder Planetensysteme erzeugen, oder aber ob die Entstehung von Planetensystemen in völlig anderen Bahnen verläuft. Die zweite Art der Beobachtungen würde zeigen, ob sonnenähnliche Sterne periodische oder nur scheinbar periodische Veränderungen ihrer Radialgeschwindigkeit aufweisen, so daß man unter Umständen darauf schließen könnte, sie seien von Planeten beeinflußt worden. Es versteht sich von selbst, daß niemandem an einem zweiten Barnards-Pfeilstern-Fiasko gelegen ist.

Bei astrometrischen Untersuchungen und Studien über Radialgeschwindigkeit geht man von den Wirkungen aus, die die Planeten auf ihren Zentralstern ausüben. Von diesen Wirkungen erst kann man auf die Existenz der Planeten selbst schließen, auch wenn diese unsichtbar sind. Zusätzlich zu diesen Methoden werden später direkte Verfahren angewandt werden. Zunächst wird man die Temperatur eines Planeten mit Hilfe der Infrarot-Interferometrie messen, sodann in einem zweiten Schritt das von den Planeten reflektierte Sternenlicht photographisch aufzuzeichnen versuchen.

Sehen wir uns zunächst die Interferometrie an. Oberflächlich betrachtet erscheint das Vorhaben, die Temperatur eines viele Lichtjahre entfernten Planeten messen zu wollen, als völlig undurchführbar. Es hört sich ungefähr so an, als wolle man die Temperatur einer bestimmten Heuschrecke in einem ganzen Schwarm von Heuschrecken mit Instrumenten messen, die sich an Bord eines Satelliten in der Erdumlaufbahn befinden.

In Wirklichkeit aber ist die Situation viel hoffnungsvoller, als der Vergleich uns glauben macht. Anstatt nämlich die Temperatur einer Heuschrecke zu messen, nehmen die Wissenschaftler einen, sagen wir, Heuschrecken-Parasiten. Die Heuschrecke entspricht hier dem Mutterstern, der Parasit dem Planeten. Der Parasit-Planet hat Eigenschaften, die ihn von der Heuschrecke – seiner Mutter – deutlich unterscheiden werden. Der Grund für unsere Zuversichtlichkeit liegt darin, daß Planeten bei Infrarot-Messungen im Gegensatz zu ihren Muttersternen viel deutlicher als bei sichtbarem Licht hervortreten. Während die Sonne in sichtbarem Licht – wie wir in anderen Zusammenhang schon erwähnt haben – zweieinhalb Milliarden mal heller ist als Jupiter, würde ein Planet von der Größe Jupiters im Infrarotbereich nur 10000 mal schwächer „leuchten“ als die Sonne – eine schier unvorstellbar größere Sichtbarkeit.

Interferometer werden solche Planeten dann systematisch auf ihre Temperaturen hin erforschen. Möglicherweise werden diese Instrumente sogar Planeten entdecken, die in ihren „Kindergärten“ im Umkreis junger Sterne gerade erst „geboren“ werden. Man würde warmen interstellaren Staub sichten, der sich zu größeren Körpern verdichtet.

Die direkten und indirekten Verfahren zur Entdeckung von Planeten ergänzen sich auf Grund unterschiedlicher Informationen. Läßt sich beispielsweise die Umlaufzeit eines Planeten sowohl direkt als auch indirekt feststellen, so sind Temperatur, Durchmesser und atmosphärische Zusammensetzung nur auf direktem Wege zu ermitteln. Neigungswinkel der Umlaufbahn und Masse eines Planeten kann man hingegen auch indirekt erforschen.

Beide Methoden vervollständigen sich auch deshalb gegenseitig, weil sie jede für sich zur Entdeckung bestimmter Typen von Planetensystemen am besten geeignet sind. Direkte Verfahren haben mehr Aussicht darauf, helle oder heiße Planeten zu entdecken, die in der Nähe massiger und hellerer Sterne zu finden sein dürften. Indirekte Methoden dagegen eignen sich eher für Planeten, die um kleinere Sterne kreisen.

Sowohl Interferometer wie auch astrometrische Teleskope werden bei einer Stationierung im Weltraum weitaus bessere Ergebnisse erbringen als von der Erde aus; deshalb sollen sie in Zukunft im erdnahen Raum stationiert werden. Einige dieser Instrumente werden vielleicht schon zusammen mit einem Weltraumteleskop ins All geschickt werden, das die NASA 1983 an Bord eines *space shuttle* in eine Umlaufbahn befördern will.

Gegen Ende der achtziger Jahre schließlich soll ein Spezialteleskop gebaut werden, mit dem sich selbst weit entfernte Planeten photographieren lassen.

Da Planeten nicht selbst leuchten, sondern fremdes Licht nur reflektieren, tauchen sie im grellen Gleißen ihrer Muttersterne buchstäblich unter. Die Entdeckung von Planeten außerhalb des Sonnensystems auf photographischem Wege ist daher ungeheuer schwierig. Sie ist ungefähr mit dem Versuch vergleichbar, ein Glühwürmchen in der Nähe eines Autoscheinwerfers aus einer Entfernung von mehreren Kilometern photographieren zu wollen. Die Leistung eines Teleskops läßt sich beträchtlich steigern, wenn man es oberhalb des bewegten Schleiers der Erdatmosphäre plaziert. Das NASA-Weltraumteleskop, das im Dezember 1983 ins All geschickt werden soll, ist das bisher größte seiner Art. Es besitzt einen Spiegel von 2,4 m Durchmesser und sollte folglich unsere Sichtmöglichkeiten im Universum um das Zehnfache verbessern können.

Obwohl dieses Weltraumfernohr nur halb so groß ist wie das riesige 5-Meter-Teleskop auf dem Mount Palomar in Kalifornien, wird es uns dennoch gestatten, Sterne und andere Objekte zu erkennen, die fünfzigmal schwächer leuchten als jene Gestirne, die mit den größten erdstationierten Teleskopen noch auszumachen sind. Das vom Boden aus gesteuerte Raumteleskop wird sich in einer etwa 500 Kilometer hohen Umlaufbahn befinden, und die *shuttle*-Astronauten sollen für Wartung, Reparatur und Ersatz von Instrumenten sorgen.

Der Gedanke an das Raumteleskop elektrisiert schon jetzt viele Astronomen. Margaret Burbidge, vormals Astronomin der britischen Krone, heute Professorin für Physik und Direktor des Zentrums für Astrophysik und Weltraumforschung an der University of California in San Diego, meinte enthusiastisch: „In der Geschichte der Astronomie wird dies der bedeutendste Sprung nach vorn sein, den es je gab. Mit diesem Teleskop wird das gesamte Spektrum, vom Ultraviolett bis zum Infrarot, sichtbar sein und vom Licht der Großstädte nicht mehr gestört werden! Wir sind sehr gespannt, was alles an Unbekanntem wir entdecken werden."

Das erste Weltraumfernrohr ist jedoch von seiner Konstruktion her nicht auf die Entdeckung von Planeten außerhalb des Sonnensystems spezialisiert. Wissenschaftler halten es für höchst unwahrscheinlich, daß es fremde Planeten photographieren könnte, selbst wenn man es in einzelnen Teilen noch verändern würde. Doch Überraschungen sind stets möglich – wie die Geschichte der Wissenschaft zeigt. Margaret Burbidge jedenfalls ist überzeugt davon, daß die gesuchten Planeten auf den Bildern des Raumteleskops sichtbar werden. Auch David Black von der NASA vermutet, daß das Fernrohr ein ungewöhnliches Planetensystem entdekken könnte; für eine systematische und gewissenhafte Suche jedoch, so fügte er hinzu, würde man ein speziell zu diesem Zweck konstruiertes Teleskop benötigen; seine Spiegel müßten so fein geschliffen sein, daß es Licht mit einer bis heute unerreichten Präzision konzentrieren könnte.

Allen Schwierigkeiten zum Trotz würde ein direktes Photographieren extrasolarer Planeten sowie Infrarotbilder manche wichtige Fakten zutage fördern, an deren Aufdeckung mit weniger direkten Methoden nicht zu denken wäre. So könnte man mittels „direkter" Photographie über etwaige Lebensbedingungen auf einem Planeten Aufschlußreiches erfahren. Wäre beispielsweise die Farbe des Planeten bläulich im Vergleich zu der des Muttersterns, würde das vermutlich auf Ozeane hindeuten. Ähnlich würde eine grünliche Färbung auf Chlorophyll und grüne Pflanzen schließen lassen. Auch die Zusammensetzung der Atmosphäre könnte mit Hilfe der Photographie und anderer direkter Methoden entschlüsselt werden. In der Erdatmosphäre gibt es beispielsweise einen hohen Anteil an Methan und Sauerstoff. Würde ein solcher auf einem fremden Planeten festgestellt, so ließe sich mit Spezialdetektoren herausfinden, ob dort wirklich Leben existiert.

Das größte Problem im Bereich der Planetenphotographie liegt darin, das grelle Licht des jeweiligen Zentralsterns auszublenden, ohne daß dabei zugleich das von den Planeten reflektierte Sternenlicht verlorengeht. Man hat sich indes einiges an Lösungen einfallen lassen, vom Schwärzen der „Pupille" des Teleskops bis hin zum gleichzeitigen Einsatz von Teleskop und Interferometer. Der Name Interferometer stammt daher, daß das Instrument Messungen unter Ausnutzung von Interferenzerscheinungen durchführt. In unserem Fall würde es mit dem Sternenlicht interferieren, nicht hingegen mit dem vom Planeten reflektierten Licht. Das Interferometer ist in der Lage, das Licht eines Sterns von dem eines Planeten zu trennen, da das reflektierte Licht eine längere Strecke zurücklegt, mit dem Ergebnis, daß Interferenzerscheinungen auftreten.

In einem 150 Meter langen Tunnel wurden von Wissenschaftlern, die am „Projekt Orion" des Ames Forschungszentrums mitwirkten, verschiedene „Masken" versuchsweise mithilfe eines Teleskops getestet. Dieses kleine Gerät war in seinen einzelnen Funktionen einem sehr großen Fernrohr nachgebildet. Das Modell-Planetensystem am anderen Ende des Tunnels bestand aus einer großen Kiste mit zwei nadelstichgroßen Löchern als Sonne und Planet und einer gewöhnlichen Projektionslampe als Lichtquelle im Hintergrund. Die Löcher waren zwar gleich groß, aber die Intensität des „Planeten"-Lichts unterlag der Kontrolle durch Filtervorrichtungen.

Nach erfolgreichen Tests am Modell des Sirius A-Sirius B-Systems (der Hundstern mit seinem „Welpen") erprobten jene Wissenschaftler ihr Modell eines Stern-Planet-Systems. Dabei entdeckten sie, daß es mit

Hilfe verschiedener Masken durchaus möglich war, „Stern“ und „Planet“ voneinander zu trennen. Auf den echt wirkenden Testphotos schimmert der „Planet“ als kleiner Lichtpunkt neben einem strahlenförmigen „Stern“.

Eine ideale Maske für ein Weltraumteleskop wäre interessanterweise der schwarze Rand des Mondes, also jener Teil, den weder die Sonne, noch ein von der Erde reflektiertes Sonnenlicht beleuchtet.

Der Rand des Mondes würde den betreffenden Stern verdunkeln, so daß nur ein indirektes, vom Planeten reflektiertes Sternenlicht das Teleskop erreichen könnte – wie auf unserer Abbildung S. 231 zu sehen ist.

Eine erdnahe Umlaufbahn wäre für ein solches Teleskop nicht geeignet, da der Mond ohnehin relativ stark von der Erde beleuchtet wird. Außerdem wären die Geschwindigkeit des Teleskops und die des Mondes zu unterschiedlich, als daß man die erforderliche Gesamtkonstellation lange genug unverändert halten könnte. Hinzu kommt, daß die meisten der uns interessierenden Nachbarsterne vom Mond nicht verdeckt werden könnten, wenn sich das Teleskop in einer erdnahen Umlaufbahn befände.

Um diese Schwierigkeiten zu überwinden, müßte das Weltraumteleskop in eine Umlaufbahn gebracht werden, die so hoch wie die des Mondes wäre. Auch müßte man die Position des Fernrohrs von Zeit zu Zeit verändern, damit es immer gleichmäßig zum Mond hin ausgerichtet bliebe.

Ein 2,5-Meter-Raumteleskop wäre von seiner „hohen Warte“ aus in der Lage, einen Planeten von Jupitergröße zu orten, der irgendeinen der vierzig Sterne, zweiunddreißig Lichtjahre von der Erde entfernt, umkreiste. Würden wir versuchen, Jupiter aus einer solchen Entfernung zu betrachten, so würden wir ihn durch das Teleskop rund dreißig Millionen mal schwächer sehen können als die Sonne.

Hat man ein schwaches Leuchten in der Nähe eines Sterns erst einmal aufgespürt, müssen verschiedene Tests den Beweis erbringen, daß es sich tatsächlich um einen Planeten handelt. Dazu müssen seine Lichtintensität und Entfernung vom Zentralstern noch berechenbar sein. In einem weiteren Schritt muß man die eigentliche Bewegung des mutmaßlichen Planeten mit der eines Sternes vergleichen, was unter Umständen mehrere Monate, mit wiederholten Messungen, in Anspruch nimmt. Passen die Bewegungen zueinander, so wäre das ein deutlicher Hinweis darauf, daß der Planet wirklich existiert. Es könnte sogar möglich sein, bei Vorliegen eines klaren Bildes, das Spektrum des Planeten zu untersuchen, und nach den Methan-Absorptionslinien im Infrarotbereich zu fahnden, die für

den Jupiter und die anderen großen Planeten unseres Sonnensystems charakteristisch sind. Mit demselben Teleskop ließen sich auch der Durchmesser von Sternen und anderen Objekten feststellen, oder eine Reihe weiterer astronomischer Untersuchungen durchführen.

Daneben könnten andere, auf den ersten Blick weniger überzeugende Verfahren zur Entdeckung von Planeten angewandt werden.

Bei zwei dieser Methoden geht es darum, die Planeten dann zu registrieren, wenn sie sich von uns aus gesehen *vor* ihrem jeweiligen Zentralstern befinden. Beim ersten Verfahren versuchen die Wissenschaftler, aus dem Faktum gewissermaßen Kapital zu schlagen, daß ein Planet von der Größe des Jupiter einen Teil des meßbaren Sternenlichts dann ausblendet, wenn er auf seiner Bahn zwischen Stern und Beobachter angelangt ist, wodurch sozusagen teilweise eine Sternenfinsternis zustande käme. Würde ein Beobachter unsere Sonne und unseren Jupiter von einem fernen Planeten aus betrachten, könnte er den jeweiligen Grad der Verdunkelung messen, vorausgesetzt, er verfügte über ähnliche Instrumente wie wir. Ein glücklicher Zufall müßte ihm überdies zur Hilfe kommen: Er müßte sich genau in jenem schmalen Raumausschnitt im Weltall befinden, von dem aus Jupiters Reise an der Sonne vorbei zu sehen wäre, was ohnehin nur alle zwölf Jahre einmal zu beobachten ist.

Zwölf Jahre sind eine lange Zeit. Deshalb wäre an eine weitere Möglichkeit zu denken, um Planeten in Positionen vor ihren Zentralsternen aufzuspüren: indem man beispielsweise eine große Anzahl von Sternen, deren Helligkeitsgrad uns bekannt ist, gleichzeitig beobachtet, darauf hoffend, einen gerade vorüberziehenden Planeten zu sichten.

Beim zweiten der genannten Verfahren käme es darauf an, Veränderungen der Farbe eines Sterns zu registrieren, wenn ein Planet an ihm vorbeizieht. Seine „Passage“ löst charakteristische Farbveränderungen aus: zunächst eine leichte Verschiebung ins Bläuliche, vor allem im Randbereich des Sterns, dann eine ungewöhnliche Rotfärbung der Sternenscheibe, und zuletzt, wenn sich der Planet oder Begleiter der Randzone des Sterns nähert, erfolgt eine erneute Farbverschiebung ins Bläuliche.

Diese Farbveränderungen ließen sich wahrscheinlich auf photometrischem Wege ermitteln. Einige Wissenschaftler sind der Meinung, daß man ein ganzes Beobachtungssystem mit drei weit genug entfernt von einander stationierten Teleskopen ohne einen zu großen Kostenaufwand errichten könnte, so daß mehrere Planetenentdeckungen pro Jahr in Reichweite lägen.

Das Abhören von Radiowellen fremder Planeten wäre ein zusätzlicher

Weg, diese zu entdecken. Solches „Radiorauschen" entsteht durch die Wechselwirkung zwischen Elektronen in der Magnetosphäre eines Planeten und dessen magnetischem Feld. Diese sehr deutlichen Signale hat man in unserem Sonnensystem mit Jupiter, Saturn, Erde und – mit gewissen Unsicherheitsfaktoren – Uranus assoziiert. Die Jupiter-Signale sind besonders ausgeprägt; es besteht durchaus die Möglichkeit, daß große extrasolare Planeten ebenfalls Radiostrahlung aussenden, die wir gegebenenfalls empfangen können.

Fremde Planeten könnten sich auch durch die Aussendung natürlicher Maser- und Laserstrahlung aus ihrer Atmosphäre verraten. („Maser" ist eine Abkürzung von „*m*icrowave *a*mplification by *s*timulated *e*mission of *r*adiation", was bedeutet: Kurzwellenverstärkung durch angeregte Aussendung von Strahlung; der erste Buchstabe von „Laser" steht für „Licht"; hier handelt es sich um den gleichen Prozeß, nur auf Lichtwellen, statt Mikrowellen bezogen. Elektromagnetische Wellen werden durch Ausnutzung der Resonanzeigenschaften innermolekularer oder innerkristalliner Eigenschwingungen verstärkt. Maser und Laser senden also Mikrowellen, bzw. Licht, in organisierter, d. h. „kohärenter" Weise aus.)

Einer der Entdecker des Maser-Laser-Prinzips, Charles Townes, berichtete auf einer der von seiten der NASA finanzierten Tagungen zum Thema Planetenentdeckung, daß die Atmosphären von Venus und Mars anscheinend eine schmale Kohlendioxid-Spektrallinie von unerwartet hoher Intensität aussenden, die möglicherweise auf Maser-Laser-Wirkungen zurückzuführen sei. Die entsprechende Energie stamme von der Sonne, die in den ihr zugewandten Teilatmosphären dieser Planeten konzentrierte Strahlungen hervorruft.

So könnte mithin ein Planet durch periodisch auftretende Mikrowellen- oder Lichtimpulse sein Vorhandensein dokumentieren. Viele Radioastronomen sind darüber hinaus der Meinung, daß sogar der Augenblick, in dem Planeten entstehen, ermittelt werden könnte, da ein Planetensystem in den „Geburtswehen" intensive Radiospektrallinien aussenden würde, wie beispielsweise die Wasserdampflinie – ein weiteres Beispiel außergewöhnlicher Maser-Laser-Quellen, wie sie von Townes für möglich gehalten werden.

Ernsthaft erwägt man zudem die Entwicklung von Planetendetektoren, die weit draußen im Weltall operieren sollen. Shklovsky und Nikolai S. Kardashev, ein anderer prominenter sowjetischer Befürworter eines Programms zur Suche nach außerirdischen Zivilisationen, haben in Übereinstimmung mit einigen anderen russischen Wissenschaftlern den Bau eines ungewöhnlichen, weltraumstationierten Radioteleskops angeregt.

Dabei steht ihnen ein Weltraum-Radioteleskop vor Augen nach dem – wie sie es nennen – Prinzip des „Unendlich-Baus" entworfen, das einen Durchmesser von 10 Kilometern erreichen und sich aus vielen einzelnen kleineren Bauteilen mit Durchmessern von jeweils 200 Metern zusammensetzen sollte. Zwei oder mehr dieser Radioteleskope würden dann jeweils in einer Entfernung von etwa 20 astronomischen Einheiten plaziert werden. (Eine astronomische Einheit ist die Entfernung zwischen Erde und Sonne, 150 Millionen Kilometer.) Eines dieser Teleskope müßte dann in eine Umlaufbahn um den Saturn gebracht werden. Durch ihre große Entfernung voneinander hätten die beiden Teleskope in etwa die Funktion zweier gigantischer Ohren; sie lieferten uns dreidimensionale Aufzeichnungen des gesamten Universums. Damit wären sie in der Lage, Entfernung, Größe und Gestalt eines jeden beobachtbaren Objekts im Weltraum zu bestimmen; infrarote Strahlung von erdähnlichen Planeten könnten sie in hundert Lichtjahren Entfernung entdecken, bei Planeten von der Größe Jupiters sogar bis zu einer Entfernung von tausend Lichtjahren.

Daneben wird gegenwärtig am Entwurf des größten optischen Teleskops der Welt an der University of California gearbeitet, das einen Spiegel von 10 Metern Durchmesser besitzen soll. Es wird nicht nur völlig neue Einblicke bis an die Grenzen des Universums gestatten, sondern vermutlich auch die Planetensuche vorantreiben können.

Die Frage nach Planetensystemen benachbarter Sterne wird sich vielleicht mit relativ kleinem Aufwand beantworten lassen. Weitaus größere Unternehmungen wären dagegen vonnöten, um die entscheidendere Frage der Häufigkeit von Planetensystemen und Sternen, die über derartige Systeme verfügen, klären zu können. Dr. Douglas G. Currie, Astronom an der University of Maryland und seine Kollegen kamen in einer für die NASA angefertigen Studie zu dem Ergebnis, daß sich zwei neue Verfahren – die Amplituden – und die Punkt-Interferometrie – anwenden ließen, zusammen mit bereits vorhandenen, bodenstationierten Teleskopen, um auf diesem Weg zur Entdeckung von Planeten in Jupiter-Größe und mit einer Entfernung bis zu 32 Lichtjahren zu gelangen. Die Arbeitsgruppe Curries veranschlagte für ihr interferometrisches 2-Meter-Teleskop – sowohl zur Beobachtung von Doppelsternen wie auch zur Entdekkung von Planeten in Jupiter-Größe geeignet – eine Gesamtsumme von 1,4 Millionen Dollar; ein im Vergleich zur Gesamthöhe des Staatshaushaltes geradezu bescheidener Betrag. Selbst ein größeres Vorhaben würde, wie die Mitarbeiter am „Projekt Orion“ überschlugen, wahrscheinlich nicht mehr kosten als ein normales Raumfahrtunternehmen zu einem der Planeten des Sonnensystems.

Wo aber soll man mit der Suche beginnen?

Sterne werden wie folgt in 10 Hauptkategorien, Spektraltypen genannt, unterteilt:

TYP	OBERFLÄCHENTEMPERATUR (in °C)	FARBE
W und O	36000	grünlich-weiß
B	28000	blau
A	10000	weiß
F	7500	gelb
G (Riese)	5200	gelb
G (Zwerg-Sonne)	6500	gelb
K (Riese)	4200	orange
K (Zwerg)	4900	orange
M (Riese und Zwerg)	3400	orange-rot
R	2300	orange-rot
N	2600	rot
S	2600	rot

Sterne kommen in vielen Größen vor. Wenn es uns auch etwas verwirren mag, daß die Sonne „gelber Zwerg“ genannt wird, so ist sie doch im Vergleich zu ihren wesentlich kleineren und wesentlich größeren „Gegenstücken“ in der Tat ein mittelgroßer Stern.

Einige Sterne sind so riesengroß, daß, stellte man sie sich im Zentrum unseres Sonnensystems vor, sie dieses vollständig oder fast vollständig in sich vereinigen könnten. Antares und Mira beispielsweise sind, auf den Durchmesser bezogen, 330 bzw. 460 mal größere Sterne als die Sonne. Der Gigant unter den sichtbaren Sternen, Epsilon Aurigae, ist mit einem Durchmesser von 3,5 Milliarden Kilometern 3000 mal größer als die Sonne. Auf unser Sonnensystem bezogen, würde der äußere Rand des Epsilon Aurigae bis an die Umlaufbahn des Jupiter reichen. Noch größere Sterne, groß genug, um unser gesamtes Sonnensystem umspannen zu können, sind auf Grund ihrer besonderen Struktur und Strahlungsverhältnisse nur im ultravioletten und Röntgenstrahlen-Bereich sichtbar.

Ein vergnüglicher Gedanke ist es, sich Superplaneten auf ihrer Kreisbahn um die Supersterne vorzustellen, Planeten von so unvorstellbaren Dimensionen, daß Gulliver auf ihnen ein mikroskopisch kleiner Lilliputaner wäre. Planeten dieser Größe mögen zwar existieren, doch gedeiht vermutlich kein Leben auf ihnen, da die zugehörigen Riesensterne nicht lange genug leben. Im allgemeinen sind sie von der langlebigen „Hauptreihe" (vgl. Kapitel 1, „Dem Leben eine Bühne") nach ein paar Millionen Jahren verschwunden.

Das entgegengesetzte Extrem sind die roten Zwerge, die, wie wir gesehen haben, 90 Prozent aller Sterne ausmachen. Die meisten sind, verglichen mit der Sonne, äußerst klein und schwach. Dennoch würden sie für belebte Planeten immerhin eine genügend warme Lebenszone bieten, falls diese den roten Zwergen genügend nahe stünden. Das bedeutet: fast alle Planeten müßten sich in größerer Nähe zu den roten Zwergen befinden, als Merkur zur Sonne, da die roten Zwerge gewöhnlich nur halb so viel Wärme erzeugen wie unsere Sonne.

Die große Nähe zum Mutterstern birgt jedoch eine Schwierigkeit in sich: der Planet könnte auf Grund der Anziehungskraft des Sterns in seiner Drehbewegung und seiner Umlaufbahn behindert und regelrecht blockiert werden, so daß er seiner Sonne immer dieselbe Seite zuwenden müßte. Diese Situation ist im Fall des Merkur beinahe schon eingetreten: sein „Tag" dauert so lang wie der 58,7. Teil eines irdischen Tages, sein „Jahr" beträgt nach unserer Zeitrechnung nur ganze 88 Tage.

Die Folge davon ist eine außerordentliche Abhängigkeit des Merkur von der Sonne: während zweier Sonnenumdrehungen rotiert er dreimal um sich selbst. Die Planetenoberfläche wird so abwechselnd der sengenden Hitze der Sonne und einer 29 ½ Tage anhaltenden Nacht ausgesetzt, in der die Temperatur auf lausige minus 173 °C absackt.

Könnte auf einem Planeten Leben existieren, der sich in vergleichbarer Nähe zu einem roten Zwerg befände?

Beantwortet man die Frage mit ja, so würden die ausgefallenen Umweltbedingungen auf der Planentenoberfläche die Entwicklung einer ungewöhnlich anpassungsfähigen Art von Leben erfordern. Die Lebensformen wären dazu gezwungen, während der kurzen Jahreszeitenrhythmen zu wandern, um innerhalb der bewohnbaren Gebiete zu bleiben.

Obwohl eine genügend dichte Atmosphäre dazu beitragen könnte, den scharfen Kontrast zwischen Tag und Nacht abzumildern – wie im Fall des Nord- und Südpols – so läßt sich doch nicht bezweifeln daß Planeten auf derart ungewöhnlichen Umlaufbahnen wohl kaum eine für das weitere Lebenswachstum attraktive Umgebung darstellen.

Eine weitere Unbekannte ist die innere Stabilität der Zwerge. Von einigen weiß man, daß sie bisweilen ziemlich heftig aufflammen, und dabei ultraviolette und andere Strahlung aussenden, die auf ihre Planeten niederregnen würde. Eine solche Strahlenverseuchung wird sich kaum positiv auf das sich entwickelnde Leben auswirken, wenn auch einige Wissenschaftler die Auffassung vertreten, Mutationen würden dadurch unter Umständen beschleunigt. Bis zur Stunde noch ungeklärt ist, ob derartige Ausbrüche sich auf allen roten Sternen oder nur auf den jüngeren ereignen. Zögen sich die Zwerge nach einer wilden Jugend sozusagen auf ein friedliches Altenteil zurück, dann wären die Umweltbedingungen auf ihren Planeten wesentlich stabiler, mithin die Voraussetzungen für mögliches Leben günstiger.

Wenngleich die roten Zwerge nicht völlig ausscheiden, so sind doch sonnenähnliche Sterne vom Typ G oder K eindeutig aussichtsreichere Kandidaten. In unserem Milchstraßensystem gibt es mindetens 20 Milliarden solcher Sterne. Nicht alle werden, wie zu vermuten ist, Planeten besitzen. Struves Annahme, die niedrige Umdrehungsgeschwindigkeit der G- und K-Sterne deute auf Planeten hin, wird mittlerweile von den meisten Astronomen als falsch bezeichnet; die Sterne selbst nämlich können die langsame Bewegung verursacht haben. Heutzutage nimmt man vielmehr an, daß der Sonnenwind, der aus einem fortlaufend von den Oberflächen der Sterne abgegebenen Plasma besteht, auf ihre Umdrehungsgeschwindigkeit bremsend wirke.

Wieviele Sterne vom Typ G oder K Planeten bei sich haben könnten, geht andeutungsweise aus einer kürzlich veröffentlichten Untersuchung von sechzehn Nachbarsternen dieser beiden Typen hervor. Bei allen sechzehn stellten sich Doppel- oder Mehrfachsterne heraus. Die Sonne wäre demnach der einzige unter 17 Sternen, der über Planeten verfügt.

In einer anderen Untersuchung von123 sonnenähnlichen Sternen, die von Dr. Helmut Abt am Kitt Peak National Observatory in Arizona geleitet wurde, kam man zu dem Ergebnis, daß jeder dieser 123 Sterne im Durchschnitt 1,4 erkennbare Begleiter besaß, zumeist in der Größe von Sternen. Aufgrund der beobachteten Regelmäßigkeiten schloß Abt auf weitere Sterne mit kleineren Massen als die gesichteten; und zwar mit der Begründung, daß der äußerste Begleitstern in Systemen mit kurzen Umlaufzeiten das Zentrum des Systems in knapp 100 Jahren nur einmal umkreise, weshalb vermutlich ein Drittel der Begleiter kleiner als Sterne sein müßten. Abt ist der Meinung, ungefähr ein Zehntel der von ihm untersuchten Sterne besäßen Planeten.

Im Verlaufe eines weiteren Forschungsunternehmens gelang es Abt festzustellen, daß 16 Prozent der heißen Sterne, mit Oberflächentemperaturen zwischen 11 000 ° und 55 000 ° Celsius Begleitsterne besaßen, deren Masse sogar geringer war als die der Sonne, woraus man den Schluß ziehen könnte, bei diesen handle es sich möglicherweise um Planeten.

Aus diesen Entdeckungen kann man Verschiedenes folgern. Zuerst einmal: sonnenähnliche Sterne müssen entweder Begleitsterne oder Planeten besitzen. Offensichtlich jedoch lassen die bisherigen Daten noch keine gesicherten Ergebnisse zu. Theoretische Überlegungen indessen zwingen zu der Annahme, daß die genannten Daten in bezug auf alle sonnenähnlichen Sterne gültig sind. Sodann könnte man folgern: alle heißen Sterne besitzen Planeten; in diesem Fall würde sich die Gesamtzahl der Planetensysteme in unserer Milchstraße beträchtlich erhöhen. Auf Grund von Messungen der Radialgeschwindigkeit vermuten einige Astronomen in der Tat, daß 50 bis 75 Prozent *aller* Sterne zu Doppel- oder Mehrfachsternsystemen gehören und Begleiter haben, deren Umlaufzeiten zwischen zehn und hundert Jahren betragen.

Falls dieser hohe Prozentsatz für das gesamte Universum zutrifft, dürften einige Doppel- und Mehrfachsternsysteme – wegen der Komplexität und möglichen Instabilität der Planetenumlaufbahnen – als Anwärter auf belebte Planeten kaum in Frage kommen.

Allerdings wären nicht gleich sämtliche Doppel- und Mehrfachsternsysteme auszuschließen. Die Stabilität von Planetenumlaufbahnen würde von der Natur der Sternsysteme abhängen. In Entfernungen von zweiunddreißig Lichtjahren gibt es beispielsweise 188 beobachtbare Doppelsterne, weshalb manche Wissenschaftler annehmen, daß bei den meisten von ihnen stabile Planetenbahnen, ähnlich wie in unserem Sonnensystem, durchaus möglich sind.

Würde ein Planet einen der Sterne eines Doppel- oder Mehrfachsternsystems umkreisen, so wäre er gleichzeitig in das Licht zweier oder mehrerer Sterne getaucht, von Sternen verschiedener Größen und Farben, etwa gelb, orange oder blau – ein faszinierender Lebensschauplatz, wie wir ihn auf unserer Abbildung (S. 239) dargestellt haben.

Auch die Nachbarschaft der weißen Zwerge, jener verschrumpelten „Großvatersterne“, die nach einer „Riesenphase“ des Sterns zurückbleiben, könnten wir einmal nach Planeten absuchen. Während der genannten Phase schwillt ein Stern zu einem riesigen Feuerball an und zwingt die in der Nähe befindlichen Planeten aus ihren Umlaufbahnen in eine tödliche Spirale, die sie unweigerlich einem „glühenden“ Ende im

Schmelzofen der Riesensterne entgegenführt. Ein ähnliches Schicksal droht offenbar auch unserer Erde, wenn die Sonne sich in 5 Milliarden Jahren in einen roten Riesen verwandeln wird. Weiter außen kreisende Planeten von der Größe des Jupiter allerdings könnten den glühenden „Holocaust" überleben und vielleicht sogar noch etwas wachsen, indem sie kleine Partikel aus dem Sternenwind, der von den expandierenden Riesen herüberweht, aufnehmen.

Da die wirklichen weißen Zwerge nur etwa ein bis zwei Zehntausendstel mal so groß wie die Sonne sind, sollten große Planeten, die solche Zwerge umkreisen, mithilfe von Weltraumteleskopen im fernen Infrarot-Bereich deutlich zu erkennen sein – jedenfalls meint dies der Astronom William M. Frawley von der University of Pennsylvania.

Derartige Riesenplaneten könnten durchaus im Bereich der Dutzend weißen Zwerge entdeckt werden, die in einem Abstand von 32 Lichtjahren von der Sonne bekannt sind. Man sollte sie allein deshalb leicht entdecken können, da Planeten dieser Größenordnung eine enorme innere Hitze erzeugen. Frawley ist der Ansicht, daß ein Infrarot-Detektor in Verbindung mit einem Weltraumteleskop uns relativ rasch über die Häufigkeit von Planetensystemen im Weltall aufzuklären vermöchte.

Gegenwärtig sieht es so aus, als hätten selbst Pulsare planetarische Begleiter. Ein Pulsar ist ein dichter, fester Körper, wahrscheinlich ein Neutronenstern. Ein Teil seiner Atmosphäre sendet eine durch das Magnetfeld des Sterns erzeugte Radiostrahlung aus. Er rotiert mit einer unglaublich hohen Geschwindigkeit – in einigen Fällen vollzieht er eine ganze Umdrehung im Bruchteil einer Sekunde. Während seiner Rotation werden die höchst regelmäßigen Impulse auch in Richtung auf unsere Erde ausgesandt. Im allgemeinen vergrößern sich die Abstände zwischen den Impulsen langsam, wobei einige Astronomen es für möglich halten, daß benachbarte Planeten dafür verantwortlich zeichnen. Im Fall des Pulsars PSRO $_{329+54}$ kam eine Gruppe polnischer Astronomen bei der Auswertung amerikanischer Daten vor kurzem zu dem Ergebnis, daß jene Wirkung möglicherweise auf einen kleinen Planeten zurückzuführen sei, der im Vergleich zur Erde nur etwa ein Fünfzehntel bis halb so groß zu sein scheine.

Die letzte und aussichtsreichste Möglichkeit, Planeten außerhalb unseres Sonnensystems aufzuspüren, liegt noch in unerreichbarer Ferne. Eines Tages wird es jedoch möglich sein, auf ähnliche Weise in der Umgebung fremder Sterne nach Leben zu suchen, wie wir es auf dem Mars und anderswo getan haben. Eine Raumsonde funkte uns dabei spektakuläre Aufnahmen von Jupiter-Satelliten zurück, auf denen dramatische und nie zuvor gesehene Erscheinungen, wie etwa Vulkanausbrüche auf dem Jupiter-Mond Io, zutage traten.

Je größer ein Planet, desto leichter wird er natürlich zu entdecken sein. Würde ein fremdes Raumschiff unserer Sonne entgegenfliegen, könnte es die Riesenplaneten Neptun, Uranus, Saturn und Jupiter samt ihren Satellitensystemen relativ mühelos orten. Mars, Erde, Venus und Merkur dagegen wären erst bei größerer Annäherung zu entdecken.

Wie lange es noch dauern wird, bis es uns gelungen ist, Planeten außerhalb unseres Sonnensystem an Bord dahinjagender Raumfahrzeuge zu erforschen, vermag niemand zu sagen. Schon der allernächste Stern, Proxima Centauri, ist weit, sehr weit entfernt: 40 Billionen Kilometer. Bei einer Geschwindigkeit von 300000 Kilometern *pro Sekunde* benötigt das Licht 4,2 Jahre, um von Proxima Centauri zur Erde zu gelangen. Unsere schnellsten Raumschiffe legen aber nur 28000 Kilometer *pro Stunde* zurück. Verständlicherweise haben wir bei solchen Geschwindigkeiten keine Aussicht darauf, andere Sterne in annehmbarer Zeit zu erreichen. Um die nur 4,2 Lichtjahre entfernte Strecke zu Proxima Centauri zu überwinden, würde ein Raumschiff mit einer Reisegeschwindigkeit von 28000 Stundenkilometern – also 8 Kilometer in der Sekunde – 156240 Jahre benötigen.

Eine Gruppe britischer Ingenieure suchte deshalb nach Möglichkeiten, den Ausflug zu den Sternen etwas weniger zeitraubend zu gestalten. Nach ihren Berechnungen könnte die Reisezeit für eine einfache Strecke auf annehmbare fünfzig Jahre verkürzt werden, baute man ein Raumschiff, das Beschleunigungen bis nahe an die Lichtgeschwindigkeit erzielen könnte. Die Art seines Antriebs mag vielleicht etwas abwegig klingen: Explosionen kleiner Wasserstoffbomben würden das Schiff antreiben. Ein theoretisches Modell des Raumschiffs dieser Forschergruppe, die *Daedalus,* hatte Barnards Pfeilstern zum Ziel, da man damals noch annahm, es gäbe dort Planeten. Allerdings würde die *Daedalus* auf ihrem Flug ihre Informationen außerordentlich schnell sammeln müssen, da eine Verringerung der Geschwindigkeit des Raumschiffs eine Konstruktion voraussetzte, die mit heutigen technischen Mitteln einfach nicht zu verwirklichen wäre.

Dieses oder ein vergleichbares Raumschiff wird möglicherweise in den nächsten 100 Jahren weder gebaut noch auf die Reise geschickt werden können. Doch das Bewußtsein, daß wir bereits im Besitz der Technologien sind oder zumindest an ihrer Entwicklung arbeiten, die zur Entdekkung von Planeten erforderlich sind, ist bereits aufregend genug. In gewisser Weise fällt es uns schwer, daran zu glauben, daß wir trotz unserer relativ jungen technologischen Entwicklung bereits kurz davor stehen, Planeten in vielen Lichtjahren Entfernung zu entdecken. Wie es ein Teilnehmer an einem NASA-Symposium über Planetenentdeckung zutreffend formulierte: „Fremde Erden oder sogar Sonnensysteme zu entdecken, ist weit aufregender und spannender, als sich um Quasare, schwarze Löcher und andere absonderliche Wissenschaften zu kümmern."

Bedauerlicherweise liegt die finanzielle Unterstützung des Staates für die hochwichtige Planetenforschung weit unterhalb des Wünschenswerten; die USA mögen zwar das reichste Land der Welt sein, aber von den heutigen drastischen Sparmaßnahmen bleiben selbst die Grundlagenwissenschaften nicht verschont – das ist unbegreiflich und geht auf Kosten der Zukunft. Um die Planetenforschung weiterhin am Leben zu erhalten, haben George Gatewood und Frank Drake kürzlich eine Stiftung mit dem Namen Extrasolar Planetary Foundation ins Leben gerufen, mit Sitz in Pittsburgh, Pennsylvania, am dortigen Observatorium. In einem Artikel für die Zeitschrift *Cosmic Search*, herausgegeben von John Kraus, Direktor des Radio-Observatoriums der Ohio State University, legte Gatewood die Ziele der Stiftung dar: „Mit einem Vorstand, der sich aus Astronomen und Laien mit gleichen Interessen zusammensetzt, hoffen wir zu einem Sammelbecken für all diejenigen zu werden, die diesen neuen Vorhaben ein gewisses Maß an Unterstützung zukommen lassen wollen. Nach unserer Erfahrung ist die Anzahl derer, die bereit sind, ihren Teil zu diesem Unternehmen beizusteuern, groß genug, um ein Startkapital von mehreren 100000 Dollar zusammen zu bekommen. Die Zinsen aus einem solchen Fonds könnten uns permanent weiterhelfen. Sie ermöglichen die Finanzierung neuer Instrumente und garantieren jene langfristige Kontinuität, die für unsere Beobachtungsprogramme notwendig ist."

Wenn schon die ersten aus dem Weltall aufgenommenen Bilder des zerbrechlichen und schönen Planeten Erde eine unmittelbare und tiefe Wirkung auf das Denken des Menschen ausgeübt haben, um wieviel stärker wird sie dann im Fall der Entdeckung fremder Planeten sein. Der Wert, den die Kosmologie als Wissenschaft von den Strukturgesetzen des Weltalls für den Menschen und sein Verständnis von der Großartigkeit des Universums und seiner Stellung in ihm hat, ist seit langem allgemein anerkannt. Die Kosmogonie, die sich im Gegensatz dazu mit der Erforschung der Entstehung von Planetensystemen befaßt, verspricht uns ergänzend die entscheidende Hilfe bei der Entdeckung fremder Lebensformen; sie könnte dazu beitragen, den Begriff „Leben" völlig neu zu definieren und uns bisher unbekannte Perspektiven hinsichtlich der Bedeutung unserer menschlichen Existenz im Weltall eröffnen. Nicht nur wird die Entdeckung von Planeten außerhalb unseres Sonnensystems möglicherweise eine stärkere Wirkung auf die menschliche Philosophie ausüben als alle wissenschaftlichen Entdeckungen in der Vergangenheit –, mehr noch: die Herausforderung, mit jenen neuentdeckten Welten Verbindung aufzunehmen, und sie vielleicht sogar zu besuchen, wird für Jahrzehnte, unter Umständen auch für Jahrhunderte, die entscheidende Antriebskraft in der Weltraumforschung sein. Im nächsten Kapitel werden wir erörtern, welche Möglichkeiten uns gegeben sind, um mit den Bewohnern jener Welten Kontakt aufzunehmen.

ZEHNTES KAPITEL

Kontakt!

Schon morgen, wenn man den Radioastronomen glauben darf, kann ein Signal von anderen Sternen durch die unvorstellbaren Weiten des Raums zu uns „herüberblitzen“ und unsere Einsamkeit im All beenden. Das Ganze klingt vielleicht wie ein Klavierkonzert, vielleicht aber auch wie jene leitmotivischen Orgeltöne im Hollywood-Film *Unheimliche Begegnung der dritten Art;* die Titelmusik wurde dem Klang einer kodierten Botschaft nachgeahmt, die 1974 von der Erde ins Sternenmeer hinaus gefunkt wurde. Je nach der Art der kodierten Information jedoch nehmen sich die Klänge aus dem All nicht unbedingt harmonisch aus. Sie können sich ebenso gut wie das plötzliche Brummen einer zornigen Hummel bemerkbar machen – was nicht bedeuten würde, es handle sich um eine zornige Botschaft, vielmehr um eine fernsehähnliche Übertragungstechnik. Musikalische Töne hingegen würden den Wissenschaftlern anzeigen, daß hier eine sinnbildlich kodierte Botschaft zu empfangen ist.

Daß das Signal eines nicht allzu fernen Tages vernehmbar sein wird –, darüber besteht unter Radioastronomen kein Zweifel. Viele Jahre lang sah es so aus, als würde sich die Suche nach leisem Geflüster in den Tiefen des Raumes als beinahe hoffnungsloses Unterfangen erweisen. Jahrhunderte, vielleicht sogar Jahrtausende lang, habe man sich, so schien es, mit Geduld zu wappnen. Aber das Blatt hat sich gewendet, und die Chancen stehen besser als je zuvor. Leistungsfähigere Suchgeräte befinden sich in der Entwicklung. Die „Signal-Sucher“ meinen, es könnten damit plötzliche Botschaften aufgespürt werden, für die wir bislang, praktisch notgedrungen, taub waren. Auf jeden Fall glauben Radioastronomen mit ihren neuen, hochempfindlichen „Ohren“ in der Lage zu sein, Milliarden möglicher Radiofrequenzen abhören zu können, und dies schon binnen einiger Jahrzehnte, nicht mehr Jahrhunderte.

Es ist natürlich denkbar, daß die Radioastronomen in ihrer fast religiösen Überzeugung, die technologische Entwicklung anderer Zivilisationen sei in ähnlichen Bahnen verlaufen wie unsere eigene, einem gravierenden Irrtum unterliegen. Anstatt ausgerechnet Radioastronom zu sein, spricht sehr viel mehr dafür, wie wir in diesem Buch immer wieder gesehen haben, daß ein intelligentes Wesen auf anderen Planeten ein vernunftbegabter Abkömmling einer Krake, eines Insekts oder eines Reptils ist, womöglich ohne jedes Interesse an hochentwickelter Technologie, Raumfahrt oder Weltraumkommunikation, vielleicht auch ohne entsprechende Fähigkeiten dazu.

All unser Wissen von der Evolution des Lebens auf der Erde sowie die jüngsten Entdeckungen der Lebensbausteine überall im Weltraum, ermutigen uns dazu, ganze Scharen kosmischer Vettern im Weltraum für wahrscheinlich zu halten, – manche von eher befremdlichem Charakter, wie die Illustrationen in diesem Buch zeigen.

Und dennoch werden wir kaum Brüder und Schwestern im Kosmos antreffen. Nicht nur der Grundsatz von der Unwiederholbarkeit der Evolution spricht gegen exakte Duplikate des Menschen anderswo. Es fällt zudem schwer, an ein zeitliches Zusammenfallen zweier solcher Vorgänge zu glauben. In der 3,5 Milliarden Jahre währenden Entwicklungsgeschichte des Lebens hat der Mensch gewissermaßen erst seit einem flüchtigen Augenblick die Bühne des Lebens betreten, in seiner heutigen Gestalt erst vor 100000 Jahren – was lediglich einem 35tausendstel der gesamten Zeit entspricht. Vergleicht man all die Milliarden von Jahren mit einem Tag, dann gibt es den Menschen erst seit einer Sekunde. Die Radiotechnik auf ihrem heutigen Entwicklungsstand ist erst ein Bruchteil dieser Sekunde alt, nach unserer Zeitrechnung jedoch einige Jahrzehnte. Daß sich zwei oder mehr verschiedene Lebensformen an genau demselben Punkt ihrer technologischen Entwicklung befinden sollen, ist in höchstem Maße unwahrscheinlich.

Da die meisten Sterne älter als die Sonne sind, werden technische Zivilisationen dort vermutlich unvorstellbar weit im Vergleich zu den unserigen fortgeschritten sein, sofern es sie überhaupt gibt. Einrichtungen wie Radio und Funk könnten dort längst sozusagen in den Kellern verstaubt sein. Selbst der Astrophysiker an der Cornell University, Carl Sagan, einer der eifrigsten Verfechter einer Suche nach außerirdischer Intelligenz mithilfe von Radiotechnik, hat eine solche Möglichkeit eingeräumt. Auf einer Tagung zu diesem Thema gab Sagan zu bedenken, Kommunikationstechniken anderer Zivilisationen könnten möglicherweise derart weit fortgeschritten sein, daß sie für uns mehr oder weniger unzugänglich wären. „Vielleicht“, so fügte er hinzu, „sind wir den Bewohnern weitabgelegener Täler im Innern Neu Guineas gar nicht so unähnlich, die sich mit ihren Nachbarn durch Läufer und Trommeln verständigen und überhaupt nicht ahnen, daß über ihnen, um sie herum, und durch sie hindurch ein ausgedehnter internationaler Funk- und Kabelverkehr stattfindet.“

Wenn also der Hauptgedanke dieses Buches stimmt, daß der Mensch eine einzigartige Erscheinung in einem Darwinschen Universum ist, warum sollte man dann Zeit und Geld auf die Versuche verschwenden, außerirdische Intelligenzen dadurch aufzuspüren, daß man auf Signale aus dem Weltall lauscht oder selbst solche Signale aussendet?

Die Suche nach Radiosignalen muß indessen weitergehen, da sie genau jene Art elektromagnetischer Signale darstellen, für deren Empfang und Ausstrahlung über astronomische Entfernungen hinweg wir am besten ausgerüstet sind. Wir mögen in dieser Hinsicht einem Mann vergleichbar sein, der auf einer dunklen, von wenigen Lampen beleuchteten Straße nach einem verlorenen Schlüssel sucht. Er wird dort nach dem Schlüssel suchen, wo es hell ist und nicht an den unbeleuchteten Stellen, da ihm anderes im Augenblick nicht übrigbleibt. Wer kann in Anbetracht der riesigen Ausdehnung des Weltalls wirklich sicher sein, daß nicht doch einige wenige Zivilisationen Radiowellen benutzen in der Hoffnung, mit sich entwickelnden technologischen Gesellschaften wie den unsrigen Kontakt aufnehmen zu können? Schließlich vermutet man allein in unserem Milchstraßensystem bereits Milliarden von Planetensystemen. Weitere 100 *Milliarden* Galaxien leuchten im von uns beobachtbaren Universum. Anzunehmen, das Leben auf Erden sei eine Ausnahmeerscheinung im Weltall, käme wohl einer bewußten Glaubensentscheidung gleich.

Die Verständigung mit anderen Lebensformen ist in technischer Hinsicht sicher weitaus schwieriger als die Suche nach Planeten außerhalb unseres Sonnensystems, die im vorigen Kapitel beschrieben wurde. Die Planetensuche ist im Grunde genommen ein wissenschaftliches Unternehmen auf der Basis soliden Wissens und mit Instrumenten ausgerüstet, deren Funktionsweise hinlänglich bekannt ist. Die Suche nach Signalen von Sternen dagegen ist ein Schuß ins Dunkel des Weltalls, und beruht weitgehend auf Vermutungen und Spekulationen, wenngleich höchst interessanten.

Die Suche muß weitergehen, anderenfalls werden wir nie herausfinden, ob nicht ein intelligentes Wispern durch den Sternenraum tönt – vielleicht sogar in diesem Augenblick.

Im Bereich von Mythos und Folklore stehen außerirdische Zivilisationen und deren mögliche Botschaften seit langem hoch im Kurs, doch für die moderne Wissenschaft ist dies noch Neuland. Als sich die technischen Möglichkeiten von Radar und Radioastronomie in der Zeit nach dem Zweiten Weltkrieg sprunghaft erweiterten, war es für unternehmungslustige junge Wissenschaftler nur allzu selbstverständlich, ernsthaft an den

Versuch einer Kontaktaufnahme mit anderen Zivilisationen zu denken. Zuerst lauschte man auf möglicherweise ausgesandte Signale, später ging man daran, Botschaften in Richtung gewisser Sterne zu funken, von denen man sich Aussicht auf Erfolg versprach.

Frank Drake ist der Pionier dieser „*S*uche nach *e*xtra*t*errestrischer (außerirdischer) *I*ntelligenz", kurz SETI genannt. Schon als Junge in Chicago träumte Drake von anderen Welten. Später promovierte er in Harvard zum Doktor der Astronomie und wurde im Jahre 1958 Radioastronom am National Radio Astronomy Observatory in der Nähe von Green Bank, einem entlegenen Ort in West Virginia.

Drake hatte das Glück, mit Otto Struve zusammenzutreffen, dem damaligen Direktor in Green Bank, der einer der wenigen prominenten Astronomen war, die sich nicht scheuten, ihrer Überzeugung von einem bevölkerten Weltall offen Ausdruck zu geben. Wie im vorigen Kapitel bereits erwähnt, hatte Struve festgestellt, daß sonnenähnliche Sterne sehr langsam rotieren, und als Ursache dafür das Vorhandensein von Planetensystemen angenommen, die die Umdrehungsgeschwindigkeit ihres Zentralsterns verlangsamten. Es überrascht nicht, daß Struve Drake dazu drängte, sein Vorhaben, Sterne zu belauschen, entschieden voranzutreiben. Drake nannte sein Unternehmen „Projekt Ozma", nach der Königin von Oz, dem sagenhaften Märchenland, von dem L. Frank Baums in seinem Buch erzählt hatte.

Im Jahr 1959, als Drakes' gewichtiges Projekt mitten in den Vorbereitungen steckte, veröffentlichten Philip Morrison und Giuseppe Cocconi, damals Professoren an der Cornell University in Ithaca, New York, einen kurzen Artikel in der englischen Zeitschrift *Nature*. In ihm regten sie eine Suche nach außerirdischen Signalen entlang der 21-Zentimeter-Emissionslinie des Wasserstoffs im elektromagnetischen Spektrum an, wo Wasserstoffatome im Weltall eine Art Radiorauschen erzeugen.

Dieser Vorschlag trug zwar zum Ansehen der von Drake geplanten Suche bei, ließ sie aber gleichzeitig in einem falschen Licht erscheinen, denn nun sah es so aus, als handele Drake allein auf Anregung Morrisons und Cocconis. Drake war jedoch unabhängig von ihnen auf diese Idee gekommen. Allerdings hatte er die 21-Zentimeter-Frequenz aus mehr praktischen und prosaischen Gründen gewählt: Geräte, die für diesen Bereich eingerichtet waren, ließen sich auch für die konventionelle Radioastronomie verwenden, also konnte niemand den Wissenschaftlern vorwerfen, unnötig Geld zu verschwenden. (Es stellte sich schließlich heraus, daß das ganze Projekt nur 2000 Dollar kostete.)

Die Gründe, die Morrison und Cocconi für die Verwendung der 21-Zentimeter-Frequenz angaben, waren zwar, wie Drake meinte, nicht unmittelbar einleuchtend; dennoch bewegten sie die Fachwelt weitaus stärker als seine eigenen Begründungen. Die beiden Physiker hatten vorgebracht, die 21-Zentimeter-Welle als Emissionslinie des im ganzen Weltall häufigsten Elements könne ein Bindeglied in einem ganzen Netz galaktischer Zivilisationen sein. Aus dieser Vorstellung heraus entwickelte sich das „Wasserloch-Konzept", d. h. die Idee, die 21-Zentimeter-Frequenz sei ein kosmischer Funkleitstrahl, der die Aufmerksamkeit entstehender Zivilisationen wecken und sie der galaktischen Gemeinschaft zuführen könnte – sozusagen ein Wasserloch, an dem Zivilisationen sich versammeln.

Schließlich war es soweit: In den frühen Morgenstunden des 8. April 1960 richteten Drake und seine Mitarbeiter den 28-Meter-Schirm des Observatoriums auf den ersten von zwei vergleichsweise „nahen" Sternen. Der erste Stern, Tau Zeti, lieferte keine Geräusche; sobald aber das Teleskop auf den zweiten gerichtet wurde, Epsilon Eridani, erdröhnte von dort ein pulsierendes Signal. Atemlos lauschten die Forscher den heftigen Geräuschen, die achtmal in der Sekunde aus dem Lautsprecher ertönten. Sie drehten den Empfänger vorübergehend vom Stern weg und richteten ihn dann erneut auf ihn, um sicher zu gehen, daß das Geräusch tatsächlich aus der Richtung des Sterns kam. Doch in der kurzen Zwischenzeit war das Signal verschwunden. Eine ganze Woche lang versuchten die Wissenschaftler erfolglos, das Signal erneut zu lokalisieren. Zehn Tage später tauchte es wieder auf; aber mit einem kleinen behelfsmäßigen Radioteleskop, das Drake aus dem Fenster des Observatoriums richtete, konnte er feststellen, daß das Signal von einem Flugzeug in großer Höhe stammte. Dies war das erste „Birdie" („Vögelchen") – die Bezeichnung der Radioastronomen für natürliche oder von Menschen verursachte Signale, die fälschlicherweise für Botschaften aus dem All gehalten werden.

Der Fehlschlag überraschte Drake nicht; denn er und andere Radioastronomen schätzten, daß es unter einer Million Sterne wahrscheinlich nur einen einzigen mit einem Planeten gäbe, der Signale erzeuge.

Nach zwei Monaten beendete Drake das „Projekt Ozma"; doch schon bald nahmen Wissenschaftler in den Vereinigten Staaten, der Sowjetunion, Kanada, Großbritannien und Westdeutschland die Suche wieder auf. Leider aber ließen sie es bei sporadischen und zeitlich begrenzten Untersuchungen bewenden. Von den 20 Millionen Sternen unserer Milchstraße, die belebte Planeten besitzen könnten, wurden bislang erst 1000 untersucht. Das einzige langfristige amerikanische Unternehmen läuft seit 1973, allerdings nur mit geringer finanzieller Unterstützung. An der Ohio State University sind die Astronomen John Kraus und Robert Dixon samt ihren Studenten mit einer ungefähr 7920 m Quadratmeter großen Antenne ununterbrochen auf der Suche. Ihre elektronische Ausstattung ist jedoch veraltet, und das Projekt wird ebenfalls ohne staatliche Unterstützung durchgeführt.

Auftrieb gab den Signalhorchern immer wieder ihre Überzeugung, daß technologische Zivilisationen keine Ausnahme, sondern weitverbreitete Erscheinungen sind. Frank Drake hat die Anzahl derjenigen Zivilisationen in der Milchstraße, die sich auf demselben Entwicklungsniveau wie wir oder einem höheren befinden, in einer originellen Formel beschrieben. Danach ist N, die vermutete Anzahl derartiger Zivilisationen, das Produkt aus sieben Faktoren:

$$N = R^* f_p n_e f_l f_i f_c L$$

R^* = durchschnittliche Entwicklungszeit der Entstehung von Sternen, und zwar während der Lebensdauer der jeweiligen Galaxis. Meßeinheit ist die Anzahl von Sternen pro Jahr.

f_p = die Zahl der Sterne, die über Planetensysteme verfügen.

n_e = durchschnittliche Anzahl von Planeten, die ihren Umweltbedingungen nach für Leben geeignet sind.

f_l = Anzahl der Planeten, auf denen Leben tatsächlich existiert.

f_i = Anzahl der Planeten, die Intelligenzen, gleichgültig welcher Art, beherbergen.

f_c = die Anzahl der Planeten, auf denen es intelligente Wesen dazu bringen, sich an Weltraum-Kommunikation zu beteiligen.

L = durchschnittliche Lebensdauer einer Zivilisation im Stadium solcher Kommunikationsfähigkeit.

Die Verläßlichkeit der Formel nimmt von R^* nach L stark ab; und selbstverständlich setzt die Gleichung gemeinsame Untersuchungen verschiedener Forschungsdisziplinen voraus – von der Astrophysik über die Biologie, Psychologie, Soziologie bis hin zur Politischen Wissenschaft –; hier wird es jeweils unterschiedlich gesicherte Ergebnisse geben.

Die Formel geht von einer statistisch erfaßbaren Größe aus, der durchschnittlichen Entwicklungszeit neuer Sterne, die durch Zählen und Hochrechnung bestimmt wird. Im weiteren Verlauf müssen die Wissenschaftler jedoch mit immer weniger tatsächlich nachgewiesenen Größen auskommen – zum Schluß endlich nur noch mit einer einzigen: der Erde und unserer Art von Leben. Gelangen sie schließlich bei L an, so haben sie keinerlei statistische Grundlage mehr, denn – glücklicherweise – existiert unsere Zivilisation noch. Wie ein Wissenschaftler kürzlich äußerte: „Der Begriff der subjektiven Wahrscheinlichkeit ist im Augenblick die einzige Grundlage, von der aus Wahrscheinlichkeitsrechnungen im Hinblick auf außerirdisches intelligentes Leben angestellt werden können."

Natürlich wäre die Lebensdauer der alles entscheidende Faktor bei der Frage, wieviele Zivilisationen es überhaupt gibt, mit denen wir Verbindung aufnehmen könnten. Wenn sich Kulturen jeweils kurz nach der Einführung der Radiotechnologie selbst zerstörten, gäbe es in der Galaxis wohl nur eine Handvoll von ihnen, und die Chancen, sie aufzuspüren, wären außerordentlich gering. Sollten Zivilisationen hingegen jahrhundertelang bestehen können, so hätten wir mit Milliarden von ihnen im Weltraum zu rechnen – abermals eine höchst unwahrscheinliche Vorstellung.

Die Radioastronomen hoffen, daß vernunftbegabte Lebewesen auf anderen Planeten sich durch ähnliches Verhalten auszeichnen wie wir. Eine Konvergenz wird angenommen, wie beim ausgestorbenen Ichthyosaurier, einem Reptil, der dem heutigen Delphin, einem Säugetier, ähnlich war. „Sie könnten zunächst eine Kultur und anschließend Radioteleskope entwickelt haben", so heißt es hoffnungsvoll in einem kürzlich erschienen NASA-Bericht. „Kultur", so heißt es dort weiter, „ist eine von mehreren Arten, das Leben zu bewältigen – die Jagdschwärme der Makrelen eine andere."

Aber auch ohne Technologie sind Zivilisationen möglich. Beispiele dafür sind uns bekannt. Die Mayas in Mexiko und Mittelamerika etwa brachten zwar hervorragende Astronomen hervor, kannten aber keine Fahrzeuge auf Rädern, keine Zugtiere, und nur primitive Formen der Landwirtschaft. Und doch verfügten sie über ein Schrifttum und hochentwickelte soziale und politische Organisationsformen – Kennzeichen auch anderer früher Hochkulturen. Das beweist, daß eine Zivilisation auch ohne hochentwickelte Technologien zu kultureller Blüte gelangen kann.

Weiterhin wissen wir, daß Menschen unserer Intelligenzstufe selbst heute noch in Gesellschaften ohne Technologie leben. Die Kung-Buschmänner im südlichen Afrika, charakteristisch für noch andere lebende „Steinzeitmenschen", zeigen einen Intelligenzgrad, der dem „zivilisierter" Menschen völlig gleichwertig ist. Ihre Kommunikationstechniken sind beeindruckend; dennoch betreiben sie keine Landwirtschaft und haben nur Hunde als Haustiere. Das heißt, hochentwickelte Intelligenz und technische Primitivität können durchaus nebeneinander bestehen.

Dies könnte der Hauptgrund dafür sein, daß die Signalsucher bisher nichts außer einem sanftem Rauschen kosmischer Störungen aufgefangen haben – samt jenen allgegenwärtigen „Birdies".

Die natürliche Radiostrahlung aus der Galaxis klingt fast wie Rauschstörungen in Rundfunkgeräten während eines Gewitters, gemischt mit einem zischenden Geräusch. Zu den natürlichen Strahlenquellen im Weltall gehören die sich im Magnetfeld der Milchstraße spiralförmig bewegenden Elektronen, äußerst strahlungsintensive Quasare und Pulsare, Sterne, sowie Gas- und Staubwolken weit draußen im All. Außerdem besteht noch immer eine Reststrahlung aus dem uranfänglichen Feuerball, dem Urknall, der das Universum geboren hat. Um die Sache noch komplizierter zu machen, wird zusätzlich von der ungeordneten Bewegung der Moleküle in der Empfangsantenne ein Geräusch erzeugt, das den galaktischen Signalen sehr ähnlich ist. Auch die Erdatmosphäre kann Radiorauschen erzeugen.

Eine Möglichkeit zu bestimmen, ob das Radiosignal tatsächlich aus dem Weltall und nicht etwa aus der Erdatmosphäre oder der Antenne kommt, besteht darin, die Antenne zwischen der Signalquelle und dem sie umgebenden Gebiet hin und her zu schwenken. Scheingeräusche aus Antennen oder Atmosphären bleiben immer gleich, unabhängig von der Richtung der Antenne. Ist nach dem Wiederanpeilen der vermuteten Quelle das Signal noch immer in der gleichen Richtung und im Bereich des Sterns zu finden, so würde dies hinreichend beweisen, daß es tatsächlich aus den Tiefen des Raums stammt. Bewegt es sich, so ist offensichtlich ein Flugzeug oder ein Satellit die Ursache.

Die meisten „Birdies" können auf diese Weise erkannt und ausgeschaltet werden. Gelegentlich jedoch bringen besonders rätselhafte „Birdies" selbst erfahrene Radioastronomen in Verlegenheit.

So erging es beispielsweise auch Frank Drake, der mittlerweile Direktor des Staatlichen Astronomie- und Ionosphärenzentrums ist. Zu den dortigen Einrichtungen gehört auch das mit einer 330-Meter-Antenne größte Radioteleskop der Welt bei Arecibo in Puerto Rico. Vor einigen Jahren spürte Drake stundenlang einem hartnäckigen Signal nach, das von den Sternen zu kommen schien. Erst einige Zeit später wurde das Signal leiser, und endlich verschwand es. Kurz darauf sah es mit einem Mal so aus, als käme es von einem Wetterballon, der hoch oben in der Atmosphäre vorübergehend stillgestanden hatte. Seine Treibgeschwindigkeit entsprach zufälligerweise der kaum noch wahrnehmbaren Bewegung der Sterne.

Sowjetische Wissenschaftler sind dagegen hin und wieder durch Übertragungen geheimer amerikanischer Spionagesatelliten zu der Annahme verleitet worden, sie hörten Signale anderer Zivilisationen im Weltraum. Sogar gegenüber der Presse deuteten sie an, sie hätten möglicherweise eine außerirdische Botschaft empfangen.

Der vielleicht aufregendste „Birdie" von allen aber waren jene Radioimpulse, die im Jahre 1967 aufgefangen wurden. Sie wiederholten sich mit außerordentlicher Präzision mehrmals pro Sekunde und kamen ohne Zweifel von den Sternen. Die Astronomen im englischen Cambridge bewahrten zunächst Stillschweigen über die Entdeckung, schrieben sie aber insgeheim den „kleinen grünen Männchen" zu. Eine genauere Untersuchung der Impulse förderte jedoch eine kaum wahrnehmbare Verlangsamung im Rhythmus zutage, was eindeutig bewies, daß sie natürlichen Ursprungs waren. In der Tat handelte sich sich hier um die Entdeckung der ersten Pulsare, schnell rotierender Neutronensterne, die durch die Umdrehung ihrer Magnetfelder ihre eigenen Radiosignale erzeugen.

Von den bisweilen ärgerlichen „Birdies" abgesehen, machte den Signalsuchern in den vergangenen Jahren noch ein anderes, schwerwiegenderes Problem zu schaffen. Es stellte sich nämlich nach und nach heraus, daß die 21-Zentimenter-Wasserstofflinie gar nicht so einzigartig war, wie man gedacht hatte. Es wurden viele andere Frequenzen entdeckt, die ebenso gut geeignet waren wie die Wasserstofflinie, beispielsweise Wasserdampf und das Hydroxylradikal (ein Bestandteil des Wassermoleküls). Alles in allem wurde klar, daß Milliarden von Frequenzen überprüft werden mußten.

Dies komplizierte offensichtlich die Strategie der Suche. Angesichts einer solchen Vielzahl von Möglichkeiten stand zu befürchten, das Unternehmen werde eine hoffnungslos lange Zeit in Anspruch nehmen müssen, vielleicht ganze Jahrhunderte. „Zwar haben wir die Mittel, andere Zivilisationen zu entdecken," erklärte der niedergeschlagene Frank Drake auf einem SETI-Symposium im Jahre 1973, „doch wissen wir weder, wo wir suchen sollen, noch auf welcher Frequenz."

Da ließ jedoch gegen Ende 1980 eine dramatische Entwicklung die Chancen für SETI derart steigen, daß Frank Drake nun strahlend verkünden konnte: „Es ist nicht länger eine Frage von Jahrhunderten oder Jahrtausenden, sondern nur noch eine Frage von Jahrzehnten."

Was war geschehen? Nicht mehr, als daß die NASA vom Kongreß endlich bescheidene finanzielle Mittel erhalten hatte, die es ermöglichten, SETI als offizielles Programm zu starten. Die Frage nach der Wahl der im Rahmen der Suche aussichtsreichsten Frequenzen bleibt damit zwar nach wie vor ungeklärt; doch können immerhin Geräte gebaut werden, die automatisch mehrere Millionen Kanäle gleichzeitig abhören und so die Zeit, die für einen umfassenden Überblick benötigt wird, auf ein annehmbares Maß zurückschrauben.

Die SETI-Geräte werden alle Signale automatisch überprüfen und aufzeichnen; beim Empfang eines interessanten Signales ertönt gegebenenfalls ein Alarmzeichen, das die anwesenden Wissenschaftler aufmerksam macht. „Der Großteil der Daten, die wir aus der Maschine erhalten, wird Ausschuß sein," erklärt Robert Edelson, bis vor kurzem noch SETI-Projekt-Leiter am Düsenantrieb-Labor der NASA in Pasadena, Kalifornien. „Es wird derart viele Daten geben, daß ein Mensch sie unmöglich alle auswerten könnte. Also muß man schon im voraus sehr sorgfältig bestimmen, was von Interesse ist, damit die Maschine weiß, was sie für uns speichern muß."

Die Ausrüstung des SETI-Projekts besteht aus einem außerordentlich leistungsfähigen Gerät zur Analyse des Radiowellenspektrums und einer Anlage zum Ausfiltern von Signalen. Das Spektralanalysengerät ist das einfachere, und kann ohne große Schwierigkeiten gebaut werden; der Signalfilter hingegen erfordert einen höheren Aufwand. Er soll sich automatisch auf verschiedenste Frequenzbereiche einstellen und funktioniert ähnlich wie unsere Radioapparate, nur mit dem Unterschied, daß er gleichzeitig auf bis zu 10 Millionen Kanälen empfangen kann. Obwohl das Teleskop von Arecibo manchmal auf bis zu 60 Kanälen arbeitete, ist das ein deutlicher Fortschritt gegenüber den normalen 3000, die man bisher gleichzeitig abzuhören imstande war. Die Ingenieure des Düsenantrieb-Versuchslaboratoriums arbeiten vor allem an der Verbesserung der automatischen Erkennung von „Birdies".

Die bereits vorhandenen Radioteleskope von Arecibo, Green Bank und der Ohio State University, sowie verschiedene NASA-Suchstationen rund um die Erde werden mit hochempfindlichen SETI-Empfängern und jenen Suchersignalempfängern ausgestattet werden. Im Bereich der „Wasserloch-Frequenz" wird man sodann verstärkt mit der Suche beginnen, die sich auf nahegelegene Sterne, Sternhaufen, Galaxien und unsere Milchstraße konzentriert. Etwas oberflächlicher, dafür aber in einem breiteren Frequenzbereich, wird man zusätzlich das gesamte Weltall nach

Signalen absuchen. Worauf die SETI-Verantwortlichen gern hinzuweisen pflegen ist, daß die Kosten für das gesamte Programm in Höhe von 30 bis 40 Millionen Dollar etwa den Produktionskosten für den Film *Unheimliche Begegnung der dritten Art* entsprechen.

Die neuen SETI-Suchgeräte werden derart empfindlich sein, daß schon der Funkspruch eines Taxis von der Erde, der von einem Satelliten in Erdumlaufbahn reflektiert wird, mehrere Kanäle des Empfangssystems „verstopfen“ und ein ungeheuer starkes Signal auslösen würde. „Das System muß unerhört empfindlich sein,“ meint Bob Edelson, „aber gerade wegen dieser Empfindlichkeit sind die von Menschen erzeugten Signale ein echtes Problem. Und tatsächlich ist ein Grund, warum wir dieses Projekt so schnell wie möglich ins Rollen bringen wollen, der, daß man immer mehr Frequenzen innerhalb des Radiospektrums für alltägliche Zwecke in Anspruch nimmt, was die Suche nach außerirdischen Signalen zunehmend schwieriger macht.“

Am geeignetsten für die Planetensuche ist der Bereich zwischen 1 Millimeter und 30 Zentimeter Wellenlänge; das entspricht 300 bis 100 Gigaherz, ein relativ ruhiger Frequenzbereich, wo galaktische und atmosphärische Geräusche nur schwach auftreten. Innerhalb dieses Fensters liegen auch die 21-Zentimeter-Wasserstofflinie und die 18-Zentimeter-Hydroxyllinie. Das berühmte „Wasserloch“ befindet sich zwischen diesen beiden Frequenzen.

Von verschiedener Seite wurde eine Reihe anderer möglicher Frequenzen vorgeschlagen. Das Wassermolekül beispielsweise sendet sowohl auf 2 wie auch auf 31,5 Millimeter Wellen aus. Bei 1,7 Millimeter ist die Reststrahlung des Urknalls am stärksten; der sowjetische Astronom Nikolai Kardashev empfahl diese Frequenz als einen weiteren möglichen kosmischen Wegweiser. Auch die 11,7 Zentimeter Frequenz wurde als Träger universeller Grundkonstanten der Natur angeführt.

Bob Edelson und andere Radioastronomen sind davon überzeugt, daß Radiowellen das beste Kommunikationsmittel über Weltraumentfernungen hinweg darstellen. Von allen bekannten Teilchen lassen sich die Photonen, aus denen ein Radiostrahl besteht, am einfachsten in großer Zahl verfolgen, bündeln und auffangen. Neutrinos, die unsichtbaren Teilchen, die wenig oder überhaupt keine Masse zu besitzen scheinen und sich mit Lichtgeschwindigkeit fortbewegen, wären als Kommunikationsträger sehr schwer zu erzeugen und zu entdecken. Das gleiche gilt für Gravitationswellen, Elektronenstrahlen und andere Hilfsmittel, die anstelle von Radiofrequenzen vorgeschlagen wurden. „Falls es nicht doch eine Art von Physik gibt, über die wir nichts wissen", so meinte Edelson, „sind elektromagnetische Wellen das beste Verständigungsmittel im Weltraum."

Daneben pflegen Radioastronomen gern zu betonen, daß unsere Radiotechnik heutzutage beinahe voll ausgereift sei – ein großer Sprung seit jenem denkwürdigen Tag im Jahre 1901, als Guglielmo Marconi die erste drahtlose Funkbotschaft über den Atlantik sandte, einen verschlüsselten Buchstaben „S". Nach Meinung von Spezialisten ist die Radiotechnik nahezu perfekt. So ist etwa Edelson davon überzeugt, daß der Verbesserung von Radioübertragungen durch Modulation und Kodierung prinzipiell Grenzen gesetzt seien. „Wir können zwar noch keinen Plan erkennen, der uns an diese Grenzen führt," äußerte er, „aber wir kennen die Richtung, wie wir dorthin gelangen. Im Augenblick sind wir diesen Grenzen schon sehr nahe." Er gab unverhohlen seinem Erstaunen darüber Ausdruck, daß sich die Radiotechnologie in der kurzen Zeit ihres Bestehens nahezu vervollkommnet habe.

Ironischerweise kompliziert aber gerade dieser hohe Perfektionsstand der Radiotechnik die Suche nach Signalen aus dem Weltall, denn je wirksamer ein Signal mit einem Minimum an Energieaufwand über Weltraumentfernungen hinweg gesendet werden kann, desto mehr gleicht es sich leider auch dem natürlichen Hintergrundrauschen an. Dies geschieht deshalb, weil das vom Signal eingenommene Frequenzband immer breiter wird; durch diese Erweiterung kommt ein Ton zustande, der bloßem Rauschen oder atmosphärischen Störungen ähnlicher ist als einem klar abgegrenzten Signal.

Schon für einen Amateurfunker auf Borneo wären beispielsweise Signale, wie sie amerikanische Wissenschaftler kürzlich von Jupiter und Saturn aufgefangen haben, nichts weiter als ein dumpfes Rauschen – ohne jede Bedeutung. Die großen Radioteleskope der NASA indessen verarbeiten solche Signale zu einem ganzen Informationsstrom. Der Haken bei einer erfolgreichen Entschlüsselung besteht darin, daß man wissen muß, wie Signale zur Übertragung moduliert, bzw. kodiert wurden. „Weiß man das zufälligerweise nicht", so Edelson, „bemerkt man das Signal überhaupt nicht, da es so sehr nach einem Rauschen klingt, daß es sich von den natürlichen Hintergrundgeräuschen so gut wie nicht unterscheiden läßt. Da es im wahrsten Sinn des Wortes unendlich viele Möglichkeiten der Kodierung eines Signals gibt, hat man noch kein verbindliches Prinzip für einzelne Methoden der Entschlüsselung gefunden."

Edelson nimmt daher an, daß sich das Belauschen des Radio- und

Fernsehverkehrs anderer Zivilisationen außerordentlich schwierig gestalten wird. Seiner Meinung nach wird ein von den Sternen kommendes Signal, das von uns entdeckt wird, sehr viel eher „primär". d. h. zum Empfang bestimmt sein, weil eine andere Gesellschaft sich darum bemüht, Mitbewohner im Kosmos aufzuspüren. Diese Art Signal wird wahrscheinlich einige leicht erkennbare Merkmale aufweisen, wie beispielsweise ein schnelles Pulsieren, um so als künstliches Signal entzifferbar zu sein.

Die Radioastronomen hoffen, daß fremde Zivilisationen solche Leitsignale aussenden, um dadurch unsere Suche zu vereinfachen. Ein derartiger Leitstrahl braucht nicht einmal ein Radiosignal zu sein. Eine ungewöhnliche Methode, mit der eine Zivilisation auf sich aufmerksam machen könnte, wäre nach einer Idee Frank Drakes das Einfügen einer künstlichen Spektrallinie in das Licht eines Sterns. Schon 100 Tonnen geeigneten Materials, in eine Sonnenumlaufbahn gebracht, würden zu diesem Zweck ausreichen – so meinte Drake.

Ein anderer Astronom, Neville Woolf, vom Steward Observatorium an der University of Arizona, hält noch einen weiteren Typ von optischem Signal für möglich – und hat dies bereits untersucht: Dieses Signal würde mit bloßem Auge bereits aus einer Entfernung von 6 bis 10 Lichtjahren zu erkennen sein, so weit wie von der Erde bis zum nächstgelegenen Stern. Woolf vermutet, daß eine fremde Zivilisation Kometen als Signalfackeln verwenden könnte. Diese Kometen würden mit „Atombomben" gezündet werden, um andere Zivilisationen auf sich aufmerksam zu machen. „Die beobachtende Zivilisation könnte das Signal erwidern", glaubt Woolf, „und anschließend könnten beide eine direkte Radiofunkverbindung aufnehmen."

Ein Komet käme deshalb in Frage, weil er – nach Meinung Woolfs – leicht zu handhaben wäre. Mit bis zu 6 Kometen im Jahre wäre es möglich, die Zahl Pi im binären Kode zu buchstabieren, mit anderen Worten: das Verhältnis von Kreisumfang zu Kreisdurchmesser.

Das Entzünden von Kometenstaub zwecks interstellarer Signalgebung mag wie eine moderne Fassung des Vorschlags aus dem 19. Jahrhundert klingen, einen 30 Kilometer langen Graben in der Sahara auszuheben, ihn mit Benzin zu füllen und anzuzünden, um so den Marsmenschen ein Zeichen zu geben. Keine Idee, wie unwahrscheinlich sie auch auf den ersten Blick erscheinen mag, sollte man indessen gleich verwerfen, insbesondere, wenn sie leicht zu überprüfen ist. Woolf verfuhr ebenso mit seiner Idee, indem er einige sonnenähnliche Sterne beobachtete. Bisher jedoch konnte er, trotz aller Bemühungen, nirgendwo Zeichen eines Kometenfeuers entdecken.

Die Suche nach Radiosignalen wird dem Aufspüren jener „dünnen Mückenstimmchen“ ähneln, die „schwach von Stern zu Stern durch den Himmel rufen“, wie Rupert Brooke in *The Jolly Company* schrieb. Aufgrund der Weltraumentfernungen wird erstens die Intensität selbst des stärksten Signals verringert, da sie bei jeder Verdopplung der Entfernung von der Radioquelle um den Faktor 4 abnimmt. Zweitens ist es, wie wir gesehen haben, sogar mit unserer heute weit entwickelten Radiotechnik äußerst schwierig, ein Signal aus dem natürlichen Hintergrundrauschen herauszufiltern.

Doch selbst wenn wir ein Signal empfangen, gibt es keine Garantie dafür, daß es verstanden oder auch nur entschlüsselt werden kann. Philip Morrison erinnerte daran, daß Wissenschaftler zu Einsteins Zeiten 10 Jahre brauchten, um zu verstehen, was dieser im Jahre 1905 mit seiner Formel $E = mc^2$ (Energie gleich Masse mal Lichtgeschwindigkeit zum Quadrat) gemeint haben könnte. Gleichwohl stand diese Formel weitaus mehr im Zusammenhang damals bekannten Wissens, als es heute bei außerirdischen Botschaften zu erwarten ist. Einige Nicht-Radioastronomen vermuten zu Recht, daß die Basis gegenseitigen Verstehens unter Weltraumerforschern sehr schmal ist. Das Beispiel der Delphine verdeutlicht die hier angesprochenen Probleme. Deren komplizierte Sprache, ihre Schnalzlaute und Pfiffe können wir weder annähernd erklären, geschweige denn verstehen, noch haben wir Einblick in ihre Denkweise und das wahre Ausmaß ihrer Intelligenz.

Radioastronomen und Physiker hingegen sind davon überzeugt, daß es eine Sprache gibt, die alle Intelligenzen im Weltraum verbindet: die Mathematik; läßt sie sich doch mühelos in eine Form bringen, die in einfacher Weise übermittelt werden kann. Überdies, so meinen die Wissenschaftler, könnten andere Intelligenzen durch Erweiterung und Anwendung dieses Wissens auch die Physik, ein weiteres möglicherweise gemeinsames Interessengebiet, verstehen. Die zu erwartenden Botschaften könnten obendrein in Bilder aufgeschlüsselt, vielleicht sogar in dreidimensionalen Filmen verarbeitet werden. Die Befürworter des SETI-Programms meinen demnach, daß alle diejenigen, die es für schwierig, wenn nicht gar unmöglich halten, mit einer anderen Zivilisation im Weltraum in einen Dialog zu treten, Ausmaß und Art des Wissens, das wir automatisch mit anderen intelligenten Wesen gemeinsam haben, unterschätzen. Botschaften aus dem Weltall – so Morrison – dürften sich, da sie sehr komplex und mit großer Sorgfalt zusammengestellt sein werden, kaum wie ein Zeitungsartikel lesen lassen. Eher glichen sie einem „informationsreichen, schwierigen Lehrbuch über ein kompliziertes Thema, voller Diagramme, versteckter Hinweise und Beispiele." (zitiert nach *Communication with Extraterrestrial Intelligence*, hrsg. von Carl Sagan, MIT Press, 1973)

Die Entfernungen im Weltraum machen unserer Vorstellung von einem telefonähnlichen „Geplauder" mit anderen Zivilisationen offensichtlich einen Strich durch die Rechnung. Während die „Hin- und Rückreise" einer Botschaft zum nächsten Stern weniger als 10 Jahre benötigen wird, erstreckt sich unsere Milchstraße von einem Ende zum anderen über 90000 Lichtjahre. Ein Nachrichtenaustausch mit einer Zivilisation am anderen Ende unserer Galaxis würde folglich 180000 Jahre in Anspruch nehmen. Die Kommunikation mit anderen Galaxien erforderte sogar Jahrmillionen. Selbst der Andromedanebel, die uns nächste Galaxis, ist beinahe 2 Millionen Lichtjahre entfernt, von anderen trennen uns Lichtjahr*milliarden.*

Wir hätten also mehr davon, eine fremde Zivilisation in 5 bis 10, anstatt in 1000 Lichtjahren Entfernung aufzuspüren, um einen vernünftigen Kontakt in beiden Richtungen zu ermöglichen. Eine Botschaft aus 1000 Lichtjahren Entfernung hätte für uns etwa dieselbe Bedeutung wie der Empfang einer Nachricht von den alten Griechen – für sich betrachtet zweifellos faszinierend und wichtig, doch ohne Möglichkeit zu einer beiderseitigen Verständigung.

Im Verlaufe von Telefongesprächen, die über Satellit geführt werden, treten gewöhnlich kleine Pausen von bis zu anderthalb Sekunden auf; bereits dagegen empfinden die meisten von uns eine Abneigung und verdächtigen ihre Gesprächspartner der dunkelsten Motive, wenn diese vor jeder Antwort erst einmal eine längere Pause einzulegen scheinen. Welche Verdächtigungen könnten sich dann erst bei Gesprächen über Weltraumentfernungen hinweg ergeben, wenn man jahrhundertelang auf eine Antwort der „Gesprächspartner" warten muß?

Überdies könnten Signale, wenn sie endlich bei uns eintreffen, nur noch ein Zeugnis längst untergegangener Kulturen darstellen und sich als „elektromagnetische Überreste einer kosmischen Antike erweisen, die sich mit Lichtgeschwindigkeit durch den Raum bewegen", wie es John Kraus einmal formuliert hat.

Unter einigen Radioastronomen herrscht ein beinahe kindlicher Glaube an die Fülle von Wohltaten, die jene fortgeschrittenen Wesen uns möglicherweise übermitteln – sie erwarten von ihnen den geheimen Schlüssel zum Überleben einer intelligenten Art, Wege zur Vermeidung eines Atomkriegs, Empfehlungen bei der Krebsbekämpfung, und ähnliche im wahrsten Sinn phantastische Geschenke. Solche Vorstellungen werfen in erster Linie ein bezeichnendes Licht auf die egozentrische Natur des Menschen; sie lassen daneben die Tatsache außer acht, daß intelligente Lebewesen anderswo aller Wahrscheinlichkeit nach nicht menschenähnlich sein werden, folglich weder dieselben Schwächen haben, noch an denselben Krankheiten leiden dürften wie wir.

Wiederum andere Wissenschaftler empfinden eine ähnlich kindliche Angst vor jedwedem Kontakt mit den Außerirdischen. Kein geringerer als Sir Martin Ryle, ein englischer Astronom und Nobelpreisträger, hat die SETI-Mitarbeiter beschworen, nur auf Signale zu lauschen, nicht aber solche in den Raum hinauszusenden. Obwohl Radiokontakt lediglich ein Zusammentreffen von Intelligenzen ohne physische Begegnung bedeuten würde, befürchten Sir Martin und mit ihm einige Kollegen, daß bereits ein Radiokontakt für die Erde verderblich wäre – eine Invasion fremder Wesen, die es darauf abgesehen hätten, die Menschheit auszubeuten oder gar zu verschlingen. Solche Ängste lassen sich offenbar mit nichts begründen, da jede Zivilisation, die es soweit gebracht hat, durchs All zu reisen und fremde Planeten zu besuchen, im Stande sein sollte, alle für sie notwendigen Rohstoffe selbst herzustellen; folglich würde sie kaum nach den ohnedies rasch versiegenden natürlichen Reichtümern unserer Erde trachten.

Radiokontakte zwischen zwei Gesellschaften verschiedener Entwicklungsstufen würden keineswegs direkte Konfrontation bedeuten. Eine solche „Berührung“ würde uns weder militärisch, noch ökonomisch bedrohen, wie es häufig zu beobachten war, wenn in der Vergangenheit eine überlegene Kultur auf eine weniger entwickelte traf. Denkbar wäre indessen, daß sich unser Denken und Empfinden tiefgreifend veränderte, vielleicht in der Art, wie es in Japan geschehen ist. Dort beendete allein die drohende Gefahr eines Eindringens westlicher Lebensweisen die jahrhundertelange Isolation des Landes und öffnete Nippon dem Zustrom neuer Ideen und Denkformen. Die geistig-psychologische Wende führte in Japan schließlich zu einem so gewaltigen Aufschwung von Wissenschaft und Technik, daß der Westen in Verwirrung geriet; vergleichbar könnten sich Nachrichten von fremden Welten auf uns auswirken. Dabei könnte die Entdeckung einer anderen Zivilisation die Zukunft der Menschheit durchaus positiv beeinflussen.

Einige haben darauf hingewiesen, daß bereits der erste Kontakt mit einer außerirdischen Zivilisation ein Kennenlernen weiterer, vielleicht vieler solcher Zivilisationen nach sich ziehen könnte. Es ist denkbar, daß eine Gesellschaft, die interstellare Kommunikation betrieben hat, andere dazu veranlassen wird, es ihr gleichzutun.

Die Empfehlung, uns still zu verhalten und unsere Anwesenheit nicht mittels Radiobotschaften an die Sterne zu übermitteln, scheint nicht mehr zeitgerecht. Seit der Pionierleistung Marconis, der als erster eine Funkbotschaft über den Atlantik sandte, ist die Erde in atemberaubend kurzer Zeit zu einem wahren elektromagnetischen Signalfeuer geworden: nicht nur Radiowellen, auch Fernsehfunk und Radarimpulse dringen zunehmend stärker aus der Atmosphäre hinaus ins Weltall. Die Dissonanzen von Tönen und Klängen strahlen nach allen Richtungen von der Erde in den Raum – den Wellenkreisen vergleichbar, die immer größer werden, wirft man einen kleinen Stein in ruhiges Gewässer. Dank der wachsenden Vielfalt und Stärke dieser Signale ist die Erde heute das am hellsten strahlende Funkfeuer in unserer galaktischen Nachbarschaft.

In den Köpfen einiger spukte sogar hin und wieder der Gedanke, ob es nicht möglich sei, daß sich mittlerweile Wesen auf anderen Planeten über alte TV-Hits wie „I love Lucy" belustigten. Allein deshalb ist dies unwahrscheinlich, weil jener Teil der Trägerwelle, der das Programm übermittelt, nicht stark genug ist, um über Weltraumentfernungen hinweg als Programm entschlüsselt werden zu können, obwohl die Signale, die inzwischen von den über 15000 Fernsehstationen der Welt ausgestrahlt werden, unzweifelhaft als künstliche Signale erkennbar sein werden. Zudem ist bis jetzt noch keines dieser Signale über rund 50 Lichtjahre hinausgekommen – für kosmische Verhältnisse eine kaum ins Gewicht fallende Entfernung. Auch wenn wir unsere Anwesenheit übermittelt haben, so wird doch unser Ruf noch lange Zeit ungehört durch die Leere des endlosen Sternenraums hallen.

Zusätzlich zu Radio- und Fernsehsignalen könnte eine weitere Art intelligenter Kommunikation bis zu fremden Lebensformen durchdringen, sofern man das Fernsehen überhaupt als „intelligent" bezeichnen kann: die radarähnlichen Strahlen der großen Radioteleskope. Diese übernehmen zweierlei Funktionen: sie können empfangen und senden; mit ihren Radarstrahlen untersucht man beispielsweise die Oberfläche von Planeten in unserem Sonnensystem. Der Strahl des größten, des riesigen Arecibo-Schirms würde bei seiner Frequenz für die Zeit, da er auf einen fernen Beobachter gerichtet bliebe, selbst noch Tausende von

Lichtjahren entfernt, als Stern mit der millionenfachen Leuchtkraft der Sonne erscheinen. Hinzu kommen noch etwa 20 leistungsstarke militärische Radarantennen rund um die Welt, deren Strahlen selbst über interstellare Entfernungen hinweg entdeckt werden könnten. So wird es nicht ausbleiben, daß jemand im Weltall sich erstaunt die Frage stellen wird, was all jene elektromagnetischen Blitze bedeuten könnten. In einem NASA-Bericht über die Erfolgsaussichten von SETI war kürzlich zu lesen: „Wenn man sich bewußt macht, wie einfach es für eine andere intelligente Art wäre, die sich für unser Sonnensystem als Wohnstätte intelligenten Lebens entschieden hätte, diese mit einem mühelos wahrnehmbaren Signal aus enormer Entfernung zu erleuchten, ergreift uns ein Schwindel." So atemberaubend diese Vorstellung auch sein mag, so sollten wir nicht vergessen, daß Radioteleskope und große militärische Radaranlagen noch weitaus jüngeren Datums sind als Radio und Fernsehen; ihre Übertragungen können also gerade erst einige Lichtjahre entfernt ins Weltall gedrungen sein, gerade weit genug, um die nächsten Sterne zu erreichen.

Wenn es im Umkreis von 30 Lichtjahren Zivilisationen gibt, die in der Lage wären, mit uns zu kommunizieren – was unwahrscheinlich anmutet –, würden wir von ihnen im günstigsten Fall bis zum Ende dieses Jahrhunderts hören. Und wenn derartige Zivilisationen Hunderte oder Tausende von Lichtjahren weit entfernt sind, würde es weitere Jahrhunderte oder gar Jahrtausende dauern, ehe wir ein Lebenszeichen von ihnen empfangen.

Doch auch ohne derartige Signale ist es uns unter Umständen möglich, andere Zivilisationen aufzuspüren. Wenn sich – wie einige Wissenschaftler vermuten – einem fernen Beobachter, der die Häufigkeit und Intensität der elektromagnetischen Strahlung von der Erde sorgfältig überwachte, eine Fülle von astronomischen und kulturellen Informationen erschließen würde – wäre es dann nicht auch für uns mehr als natürlich, den Strahlenverkehr anderer Zivilisationen abzuhören?

Wenngleich diese Idee von großem Reiz ist, so wird sie sich doch schwerer verwirklichen lassen als etwa die Entdeckung zielbewußt ausgesandter Weltraumsignale. „Örtliche" Übertragungen wären weitaus schwächer und daher von der Erde aus schwerer „dingfest" zu machen. Daher hat eine Gruppe amerikanischer Wissenschaftler vor einigen Jahren den Bau eines riesigen Teleskop-„Waldes" aus 1000 Radioantennen angeregt, jede mit einem Durchmesser von 100 Metern; ein Teil dieser Anlage ist auf unserer Abbildung zu sehen.

Die Konstruktion ist unter den Namen „Zyklopensystem“ bekannt. Es geht auf Dr. Bernard Oliver zurück, einen SETI-Enthusiasten, der bis vor kurzem Vizepräsident der Hewlett-Packard-Gesellschaft für Forschung und Entwicklung in Palo Alto, Kalifornien, war. Das System steuerbarer Radioteleskope würde, aufs Ganze gesehen, eine einzige riesige Antenne mit Ausmaßen von ca. 30 Quadratkilometern und mehr darstellen, von Computern überwacht. Ein solches System würde eine Bauzeit von zehn bis zwanzig Jahren erfordern, doch wäre es in der Lage, schon zuvor mit einigen Antennen die Arbeit aufzunehmen und nach nahegelegenen Sternen zu fahnden. Schaltete man weitere Antennen hinzu, so könnte die Suche immer weiter hinaus ins All verlagert werden. Das Antennenfeld wäre imstande, nach und nach eine Million Sterne in einer Entfernung von tausend Lichtjahren, von uns aus gesehen, abzusuchen. Es würde nicht nur nach Radiosignalen Ausschau halten, sondern auch nach versteckten, interstellaren „Lauten“.

Daneben wären andere Äußerungsformen bei fortgeschrittenen außerirdischen Gesellschaften denkbar. So hat etwa Ronald Bracewell, Radioastronom an der Stanford University, darauf aufmerksam gemacht, daß die Erde nicht nur elektromagnetische Strahlung aussendet, sondern auch ein kleines „Sammelbecken“ fester Teilchen geworden ist, die sie in den Raum aussendet; dazu gehört etwa infrarote Strahlung, die sie als Folge des Brennstoffverbrauchs sowie auch ungewöhnlicher chemischer Verbindungen abgibt. Wie Bracewell bemerkte, könnte eine höher entwikkelte Zivilisation als die unsrige all dies in noch stärkerem Maße aussenden, möglicherweise ergänzt durch Röntgenstrahlen, Gammastrahlen, magnetohydrodynamische Wellen, energiereiche Teilchen und Nuklide, das heißt Atome mit einer besonderen Kernstruktur. Nach Bracewells Ansicht bewegen sich einige dieser Emissionen nicht besonders schnell und müßten auch nicht unbedingt aus der Richtung ihrer jeweiligen Quelle zu uns gelangen, wenngleich auch ein entsprechender Nachweis spektakulär wäre.

Höchstgradig fortgeschrittene außerirdische Zivilisationen würden möglicherweise eine Weltraumbautätigkeit entfalten, die bereits aus Entfernungen von 3500 Lichtjahren auffällig wäre und selbst aus größeren Distanzen noch entdeckt werden könnte. Obwohl bisher niemand genau sagen kann, ob solche Zivilisationen existieren, so hat die Vorstellung von ihnen in der SETI-Literatur inzwischen einen festen Platz. So wurden die angenommenen Arten solcher Gesellschaften nach ihren jeweiligen Erfindern benannt, wie etwa „Dyson-Sphären“ (nach Freeman Dyson, einem

Physiker an der Princeton University), oder „Kardashev Typ II“ und „Typ III“ (nach dem sowjetischen Astronomen Nikolai Kardashev).

Nach den bis ins einzelne ausgearbeiteten Entwürfen Dysons etwa ist folgendes denkbar: eine hoch entwickelte außerirdische Zivilisation zerlegt einige der größeren Planeten in ihrem Sonnensystem und errichtet mit Hilfe dieses Materials eine Materiesphäre um ihre Sonne, um so deren Energie voll auszunutzen. Die Erde erhält nur ein Dreihundertmillionstel der Energie, die die Sonne in alle Richtungen abstrahlt. Die Weltraumwesen würden sich auf den Innenseiten ihrer Sphären ansiedeln – wie Fliegen auf der hellen Innenseite eines Lampenschirms – und wohlig die Wärme der Sonne genießen. So weit Dyson.

Kardashev hat im Gegensatz dazu Zivilisationen in drei Typen unterteilt: Die Energieleistung, die Typ I im Rahmen der interstellaren Kommunikation aufbringt, entspricht in etwa derjenigen der Erde. Typ II bringt es bis zur Sonnenenergie, Typ III sogar bis zu der einer ganzen Galaxis. Folglich wären derartige Zivilisationen in der Lage, Planeten, Sterne und Galaxien gänzlich umzuformen. Ihre Aktivitäten, so meint Kardashev, ließen sich aus sehr großen Entfernungen wahrnehmen.

Ein Kollege Kardashevs, Iosif Shklovsky, äußerte die Vermutung, Zivilisationen vom Typ II und III seien nicht biologischer Art, sie würden vielmehr „Computer-ähnliche Strukturen aufweisen und sich über riesengroße Flächen ausbreiten“. Gleichwohl vertritt er die Ansicht, daß solche biologischen Systeme unter Umweltbedingungen, in denen zehn Milliarden mal so viel Energie wie bei uns zur Verfügung steht, mit großen Schwierigkeiten zu kämpfen hätten – wenn sie nicht sogar unmöglich wären –, da die großen Mengen von Strahlung sich möglicherweise tödlich auswirkten. Wenn auch derartige Überlegungen bereits in Science Fiction überzugehen scheinen, so sollten wir doch ihnen gegenüber offen bleiben, da niemand zu sagen vermag, ob wir nicht in einem Jahrhundert oder früher imstande sein werden, Maschinen zu bauen, die zumindest einige Spuren von Intelligenz aufweisen.

Daß derartige Vorstellungen in die traditionelle Wissenschaft Eingang gefunden haben, spricht für diese. Zudem wird der Ruf eines berühmten Wissenschaftlers keineswegs angestastet, wenn er solche weit hergeholten Ideen vertritt. Für manche Laien ist bereits die vermeintliche Autorität jener „Autoritäten“ ausreichend, solche Entwürfe vom Verdacht der Abseitigkeit freizusprechen; eine fragwürdige Haltung, geht sie doch stillschweigend davon aus, daß absonderliche Ideen den Gelehrten stets fremd seien. Bei welchem Science-Fiction-Autor wäre es denkbar, daß er sich mit einer anderen Vorstellung Dysons, etwa der, daß man auch Kometen kolonisieren könnte, bei einer größeren Öffentlichkeit durchsetzte? So hat Dyson beispielsweise ernsthaft die Ansicht vertreten, daß man Bäume auf Kometen anpflanzen könne. Durch die Schwerkraft unbehindert, würden sie Hunderte von Meilen ins Weltall wachsen können.

Sollten sich die Menschen eines Tages zu einem Leben auf Kometen entschließen, fügte Dyson hinzu, so käme dies einer Rückkehr zu den Anfängen der Menschheit gleich, dem Leben auf den Bäumen. Während keiner der auf ihren Ruf bedachten Science-Fiction-Autoren derartige Ideen verbreiten würde, erlauben es sich heute nichtsdestoweniger einige Wissenschaftler, aufgrund ihrer Tätigkeit an angesehenen Universitäten und sonstigen Institutionen, nichts anderes als miserable Science-Fiction-Produkte, wissenschaftlich drapiert, zu verbreiten.

Wie dem auch sei, bislang jedenfalls wurden keinerlei Spuren von Superzivilisationen oder Zivilisationen anderer Art ausfindig gemacht.

Betrachtet man alle bisher geäußerten Vermutungen, so drängt sich die Frage auf: wenn jene außerirdischen Wesen so gescheit sind, weshalb haben sie dann mit uns noch keine Verbindung aufgenommen?

Sagan hat zur Diskussion gestellt, daß hoch entwickelte Zivilisationen möglicherweise „neue physikalische Gesetze entdeckt haben, über die wir nur vage Vermutungen anstellen können". Es wäre denkbar, daß dieses unbekannte Reich einer fremden Physik mit Hilfe der besten Kommunikationskanäle vom Typ II oder III eines Tages aufgespürt würde.

Daneben hat sich Sagan die Frage gestellt, ob unter Umständen „der Zeitpunkt zu früh sei". Wäre es möglich, daß Intelligenz in unserem Sonnensystem statistisch gesehen zu einem außerordentlich frühen Zeitpunkt entstanden ist? Diese Frage erinnert an die Vermutung des kanadischen Paläobiologen Dale Russell, der Mensch sei vielleicht das älteste intelligente Wesen im ganzen Kosmos (vgl. Kapitel 8, „Der Mensch der Zukunft").

Für Frank Drake lassen sich die Gründe, weshalb außerirdische Zivilisationen noch keine Verbindung zu uns aufgenommen haben, klar benennen. Einerseits sei es unbezweifelbar, daß mehrere solcher Zivilisationen in der Lage wären, einen Planeten wie die Erde und andere belebte Planeten nachzuahmen. Später dann würden sie gegebenenfalls Raumsonden zu den Planeten aussenden, wenngleich, wie Drake vermutet, ein derartiges Raumschiff höchstens alle 5000 Jahre einmal zur Erde gelangte.

„Vielleicht sind sie hier gewesen, vielleicht auch sind sie unterwegs zu uns, und es muß uns keineswegs erstaunen, daß ein solches Ereignis nicht überliefert ist.

Wenn wir in einem nahegelegenen Sternsystem einen erdähnlichen Planeten entdecken würden", so fuhr Drake fort, „würden wir unter Umständen ein Raumschiff auf den Weg schicken, jedoch nur, wenn eine einigermaßen interessante Entwicklungsstufe von Leben zu erwarten wäre. Verhalten sich andere Zivilisationen wie wir, so dürften wir nur alle Milliarden Jahre einmal mit der Ankunft eines solchen Raumschiffes rechnen.

Eine andere Möglichkeit wäre die, Radiosignale auszusenden. In diesem Fall gäbe es eine einfache Erklärung dafür, weshalb wir mit unseren Entdeckungen noch nicht weit genug gekommen sind: wir haben das Radiospektrum noch nicht gründlich genug abgesucht und kennen gewiß erst einen kleinen Teil des Weltalls. Möglicherweise gibt es permanent derartige Signale, doch haben wir sie eventuell bisher nicht gefunden. Unsere Anstrengungen waren einfach zu gering."

Ein zusätzlicher Grund dafür, weshalb wir bisher von außerirdischen Wesen nicht wahrgenommen und nicht besucht worden sind, wäre etwa die abgelegene Position der Erde am Rand unseres Milchstraßensystems, fernab vom Zentrum.

Die einzelnen Zivilisationen im Weltall könnten uns überdies so weit voraus sein, daß sie genausowenig Interesse an einer Kontaktaufnahme mit uns haben, wie wir nicht daran interessiert sind, mit Mikroben Verbindung aufzunehmen.

Womöglich ist auch das Radiowellenspektrum nicht das geeignete Verfahren, um nach Signalen zu suchen. So hat beispielsweise Charles Townes, einer der Erfinder des Laser, die Notwendigkeit betont, möglichst zahlreiche, unterschiedliche Strategien der Suche zu erproben, unter anderem auch mit Laserfrequenzen zu arbeiten. „Entdeckungen könnten uns, völlig überraschend, gerade mit Hilfe solcher Verfahren gelingen, bei denen wir es am wenigsten etwartet hätten", so meinte Townes.

Fortgeschrittene Zivilisationen könnten, wie ein anderer Wissenschaftler vermutete, „eine Art galaktischen Archipel bilden, deren Bewohner sich ausschließlich mit sich selbst beschäftigen und keinen Wert darauf legen, mit Lebewesen auf anderen Planetensystemen zu kommunizieren, insbesondere nicht mit uns."

Der naheliegendste Grund für jenes Schweigen könnte indessen darin liegen, daß Zivilisationen mit hoch entwickelter Technologie entweder äußerst selten, oder überhaupt nicht vorhanden sind.

Wie wir im Laufe unserer Darstellung immer wieder gesehen haben, scheint die Evolution dahin zu tendieren, eher intelligente Wesen hervorzubringen, die dem Menschen nicht ähneln als solche, die ihm gleichen. So würde ein Versuch, mit Delphinen fremder Planeten zu kommunizieren, mit Sicherheit unbeantwortet bleiben.

Gäbe es tatsächlich eine Vielzahl technischer Zivilisationen, so hätten zumindest einige von ihnen sich längst daran gemacht, die Erde genauer zu untersuchen; der außerordentlich rasche Fortschritt in Wissenschaft und Technologie legt solche Vermutungen nahe. In weniger als hundert Jahren hat bereits ein einziger Wissenschaftszweig, die Physik, aufgrund ihrer kontinuierlichen Erforschung des Wesens der Materie die Gestalt unserer Erde und unser Bild vom Universum einschneidend verändert. So verfügen wir etwa heutzutage über jene SETI-Programme, über Fernsehen und Transistor-Technologie einzig deshalb, weil die Frage nach dem Aufbau eines Atoms zur Entdeckung des Elektrons geführt hat; und dies liegt nur achtzig Jahre zurück. Später untersuchten die Physiker den Atomkern selbst, was zur Entdeckung von Kernspaltung und Kernfusion führte.

Es steht zu erwarten, daß die unermüdliche Erforschung sowohl der winzigen Kernteilchen sowie des riesigen Weltalls noch aufregendere Entdeckungen für uns bereit hält. Gigantische Teilchenbeschleuniger und neue Teleskope werden neue Erkenntnisse ermöglichen, die unsere Sicht des Universums ebenso dramatisch verändern, wie es die Ideen Einsteins zu Beginn dieses Jahrhunderts getan haben. So äußerte etwa Robert R. Wilson, ehemaliger Leiter des Nationalen Fermi-Beschleunigungslaboratoriums in Batavia, Illinois: „Bereits eine kleine Entdeckung auf dem Gebiet der Hochenergiephysik könnte alle bisherigen Gesetze umstoßen und zu Technologien führen, die wir uns heute noch nicht vorzustellen vermögen." Eine Reihe von Wissenschaftlern vertritt die Ansicht, daß die größten Entdeckungen auf dem Gebiet der Weltraumforschung, der Erkenntnis der Natur der Materie und des Wesens des menschlichen Geistes – sowie auch der Beziehungen zwischen allen dreien – noch vor uns liegen.

Bedeutet dies, daß fortgeschrittene Zivilisationen, sofern sie existieren, über den eher primitiven Stand unserer Wissenschaft und Technologie noch nicht hinausgelangt sind?

Obwohl solche in ihrer Entwicklung unvorstellbar weit vorangeschrittenen Wissenschaften kaum noch von „Magie zu unterscheiden sein werden“, wie Arthur C. Clarke bemerkte, so sind den Leistungen fremder Zivilisationen doch natürliche Grenzen gesetzt. Nach dem heutigen Stand unseres Wissens wären weder ihre Signale noch ihre Raumschiffe in der Lage, eine größere Geschwindigkeit als die des Lichts zu erreichen – ein schlagendes Argument gegen die vermuteten Besuche von fliegenden Untertassen und anderen Arten von UFOs.

UFO-Berichte als angeblicher Beweis für die Existenz außerirdischer Intelligenz lassen sich schwerlich ernst nehmen; nicht nur deshalb, weil die meisten vermeintlichen UFO-Zeugnisse mehr oder weniger geistlos sind. Ebenso ist die Vorstellung, die Erde werde permanent von Abgesandten Hunderter anderer Zivilisationen besucht – wobei die verblüffende Vielfalt in den äußeren Erscheinungen der angeblich Außerirdischen gerühmt wird –, für einen jeden „Verständigen“ unzumutbar. Allan Hendry, „Chefdetektiv“ am Zentrum für UFO-Forschung in Evanston, Illinois, kam beispielsweise nach Prüfung angeblicher Entführungen von seiten der UFOs sehr rasch zu dem Ergebnis, die Erklärung für diese Fälle sei „eher inner-mental als extra-terrestrisch“, d. h. sie hinge eher mit den Gehirnen der Entführten als mit den Sternen zusammen. Hendry hatte überdies bemerkenswerte Ähnlichkeiten in einzelnen Berichten über Entführungen festgestellt: Die angeblichen Abenteuer verliefen stets in derselben Weise, nur in einigen Einzelheiten gab es Abweichungen.

Das über Jahrhunderte unveränderte Verhalten der fliegenden Untertassen und anderer UFO's deutet auf einen natürlichen Ursprung hin – d. h. die Köpfe der Beobachter unserer Umwelt. Würde die hiesige Zivilisation wirklich eine gefährliche Bedrohung darstellen, weshalb gelangen dann die Außerirdischen bei ihren permanenten Überwachungen der Erde zu keinem greifbaren Ergebnis? Und sind wir eher als harmlos anzusehen, so würde sich eine normale Kontaktaufnahme empfehlen. Die von den fliegenden Untertassen praktizierte Art der Verbindungsaufnahme ist mithin vernunftwidrig. Sie scheinen mit Vorliebe nach obskuren Charakteren an obskuren Orten zu fahnden, wobei sie Platitüden verbreiten wie etwa: „Wir sind gekommen, dich vor deinesgleichen zu retten.“ Derartige Äußerungen sind wohl kaum als Zeichen höherer Intelligenz zu werten.

Die UFO-Erscheinungen lassen sich als Wetterballons, Flugzeuge, Satelliten, als Planet Venus oder gar als Flügel hochfliegender Vögel, die vom Sonnenlicht reflektiert werden, erklären. Andere UFOs kann man in Anlehnung an die neue Wissenschaft der Magnetohydrodynamik erklären. Sie hat z. B. deutlich gemacht, daß das merkwürdige Phänomen der Kugelblitze, die zahlreichen UFO-Berichten zugrunde liegen, in Wirklichkeit nichts anderes ist als ein sonderbarer „Ball" leuchtenden Plasmas. Instabile Magnetfelder halten dieses Plasma zusammen und sorgen gleichzeitig für sprunghafte, unberechenbare Bewegungen des „Balls". Dieser kann plötzlich auftauchen und ebenso plötzlich wieder verschwinden, durch die Gegend schießen oder explodieren. Überdies vermag er weitere Manöver zu veranstalten, die man für solche fliegender Untertassen hält. Befinden sie sich an den Rändern elektromagnetischer Felder von Flugzeugen, so können derartige „Plasmaklumpen" komplizierteste Manöver vollführen, die einige Piloten im Zweiten Weltkrieg als geheimnisvoll leuchtende „Fu-Jäger" erschienen sind – geisterhafte Flieger, die bisweilen die Flugzeuge jener Piloten in dichtem Abstand begleiteten. Die Plasmaklumpen konnten sozusagen die Manöver der Piloten vorausberechnen, urplötzlich in Form eigenartiger Winkelflüge abdrehen oder sogar auf Radarschirmen sichtbar werden, um damit ihre Erscheinung glaubhafter zu machen. Zu ebener Erde wirkten sich solche Plasmakonzentrationen manchmal störend auf elektrische Zündsysteme bei Autos aus, von denen sie auf natürlichem Wege angezogen werden. Hoch in der Luft nehmen Plasmaklumpen manchmal die Gestalt von Untertassen an.

Bisweilen begegnet man der Vorstellung, UFOs seien möglicherweise Hologramme, also dreidimensionale Speicherbilder, die aus dem Weltraum bis zu uns hin projiziert würden. Wäre dem so, so böten die Bilder den Beweis für wahrhaft anfängerhafte Aufnahmetechniken – etwa wie wenn sich ein übermütiger Knabe auf einem fremden Planeten über kosmische Distanzen hinweg mit elektronischen Spielen vergnügte. Das Verfahren, Hologramme über kurze Entfernungen hinweg abzubilden, ist uns durchaus vertraut. Es geschieht mit Hilfe eines Lasers, der durch den sorgfältig präparierten Gegenstand auf der hochempfindlichen Spezial-Fotoplatte hindurchscheint. Dadurch wird der Eindruck erweckt, als handle es sich bei der Person oder dem Gegenstand auf dem Bild um eine Art „dreidimensionales Double", das buchstäblich in der Luft hängt. Im Fenster eines Juweliers auf der Fifth Avenue in New York war einmal eine solche Projektion (mittels Laser) einer körperlosen Frauenhand zu sehen, die einen Diamantring trug und mit ihrem Armband spielte; eine ältere Dame, die zufällig am Fenster vorüberging, attackierte wütend mit ihrem Regenschirm jene dreidimensionale Erscheinung, die sie für „ein Werk des Teufels" hielt.

Die Vermutung einiger Ufologen, unsere großen Fortschritte in Wissenschaft und Technik während und nach dem Zweiten Weltkrieg seien der Grund für die Anwesenheit der UFOs bei uns, können ebenfalls zu den Akten gelegt werden, verrät sie doch eine blanke Unkenntnis der Astronomie und Technologie. Unsere Raumfahrttechnik steckt noch derart in den Anfängen, daß Weltraum-Außenseiter diese gewiß noch nicht wahrgenommen haben werden. Keinem einzigen unserer Raumschiffe ist es bis jetzt gelungen, über unser Sonnensystem hinaus vorzudringen, und selbst wenn dies geschieht, werden Hunderttausende von Jahren vergehen, bis sie den nächstgelegenen Stern erreichen.

Daneben behaupten Ufologen hin und wieder, die Blitze unserer Atombombenexplosionen könnten außerirdische Wesen in Alarmbereitschaft versetzt haben. Wissenschaftler haben auch hier das Gegenteil belegt: Selbst wenn das gesamte nukleare Waffenarsenal der Welt auf die erdabgewandte Seite des Mondes geschafft und dort zur Explosion gebracht würde, wäre der Blitz – wie errechnet wurde – nur dann zu sehen, wenn ein Beobachter im Weltraum in eben jenem Augenblick der Explosion die Stelle anpeilte. Mit anderen Worten, einzelne Atombombenexplosionen werden im Weltall kaum gesehen werden können.

Wenn Radiowellen und sonstige elektromagnetische Signale in der Vergangenheit die Erde erreicht haben, so gab es für den Menschen noch keine Möglichkeit, diese wahrzunehmen. Die Geschichten über Astronauten längst vergangener Zeiten klingen wenig überzeugend. So sind die angeblichen Zeugnisse außerirdischer Besucher, etwa die langen weißen Linien in der Nasca-Ebene in Peru, – die Anhänger des Glaubens an Besuche von Sternwesen für „Landebahnen“ kosmischer Reisender hielten – nichts anderes als religiöse oder rituelle Zeichnungen von Vögeln, Spinnen und sonstigen auf der Erde lebenden Kreaturen. Carl Sagan fragte in diesem Zusammenhang zu Recht, ob irgendjemand es allen Ernstes für möglich hielte, daß Außerirdische Landebahnen für ihre Flugzeuge vom Typ B–29 bauten, seien doch auf der Erde niemals derartige Erzeugnisse von fremder Hand gefunden worden.

Wäre es zulässig, geheimnisvolle Radioechos für Überreste des genannten Typs zu halten? Eine Reihe dieser Echos war in den zwanziger Jahren im niederländischen Eindhoven und in Oslo empfangen und nie entschlüsselt worden. Es schien, als prallten sie weit hinter dem Mond an irgendeinem Widerstand in unserem Sonnensystem ab. Der Radioastronom Ronald Bracewell meinte zur Erklärung, eine Raumsonde von einem anderen Stern habe möglicherweise die Erde umkreist und dabei versucht, mit uns Kontakt aufzunehmen.

Plötzlich jedoch betrat Duncan Lunan, ein junger schottischer Wissenschaftler, die Bühne. In den frühen siebziger Jahren verkündete er, jene Signale ließen sich als eine Art Sternkarte lesen; sie wiesen auf einen bestimmten Stern, Epsilon Boötis, hin und enthielten zudem genaue Daten über die Raumsonde. Weiterhin behaupteten Lunan und seine Mitarbeiter, sie könnten anhand jener Signale beweisen, daß die Raumsonde eine Fülle von Informationen über ihr Planetensystem übermittelt habe. Aus diesen Angaben ließe sich die Schlußfolgerung ziehen, diejenigen, die die Sonde auf den Weg geschickt hätten, gäben damit ihrer verzweifelten Suche nach einem neuen Planeten als Wohnstätte Ausdruck, weil ihr Zentralstern dabei sei, sich in einen flammenden Riesen zu verwandeln. Bedauerlicherweise hat man von jener vermeintlichen Sonde seit den dreißiger Jahren, als man den Empfang von Radioechos bestätigte, nichts mehr gehört.

Während Lunan und seine Mitarbeiter uns durchaus einen Dienst erwiesen haben, indem sie im einzelnen verdeutlichten, wie schwierig und indirekt sich jeglicher Kontakt in den Weltraum hinein gestalten würde, hat doch die Vorstellung, unsere Erde stünde im Zentrum des Interesses bei Wesen fremder Planeten, die Wissenschaftler größtenteils wenig beeindruckt. Sie tun sich schwer mit dem Gedanken, wir seien als Gesamtheit gesehen so bedeutsam, daß andere intelligente Wesen es kaum abwarten könnten, unsere Erde zu besuchen. Zudem erscheint ihnen die weit verbreitete Tendenz, historische Ereignisse und Phänomene mit den jeweils kompliziertesten Erklärungen zu versehen, eher abstrus, wenn nicht ausgesprochen irrational. Als geläufigstes Beispiel dafür führen sie gern an, daß Astronauten anderer Zivilisationen in grauer Vorzeit auf der Erde gelandet sein sollen und die Urmenschen im Bau von Pyramiden sowie anderen Künsten und Wissenschaften unterrichtet hätten. Genauso habe es sich mit den mysteriösen Radioechos verhalten: Sie seien lieber mit einer Raumsonde in Verbindung gebracht worden, statt mit einer natürlicheren Ursache: Plasmawolken von der Sonne, die Signale reflektierten.

„Manche Menschen können nicht leben, wenn sie nicht phantasieren", meinte Bob Edelson, „und sich vorstellen, daß jemand über uns wacht. Die Annahme, wir seien geradezu unwiderstehlich für andere Zivilisationen, hat im Grunde den Geschmack von Arroganz. Möglicherweise erregen wir nicht mehr Interesse bei anderen Planetenbewohnern als primitive Stämme bei Anthropologen – verständlich also, daß nicht gleich Tausende von Anthropologen nach Neu Guinea strömen."

Denkbar ist auch, daß die Signale von einzelnen Sternen in einer Form übermittelt werden, die für uns nicht auf Anhieb entzifferbar ist.

Interstellare Botschaften eines besonderen Typs wurden von seiten japanischer Wissenschaftler zur Diskussion gestellt. Ein Virus, Phix-174, der Darmbakterien infiziert, könnte, wie sie meinten, eine bestimmte Botschaft verkörpern. Der Grund für ihre Annahme lag in der Entdekkung, daß die Reihe der DNS-Basen im Virus eher den Anschein einer künstlichen als natürlichen Anordnung erweckten. Es sah so aus, als ob sich bei diesem speziellen Virus der DNS-Code auf drei verschiedene Arten entziffern ließe, ein Ensemble, das für eine natürliche Sequenz verwirrend war. Die Forscher sahen sich außerstande, jene DNS-Verbindungen zu einem sinnvollen Bild zusammenzusetzen.

Weshalb aber sollte eine hochentwickelte Zivilisation sich derart merkwürdiger Kommunikationswege bedienen? Die japanischen Wissenschaftler gaben zur Antwort: Die Verbreitung von Viren stelle ein wirksameres Mittel der Verständigung dar als Radiosignale, bei denen die Antennen der Empfänger genau zum richtigen Zeitpunkt mit der passenden Wellenlänge auf den Sender gerichtet sein müßten. Gleichwohl räumten die Japaner ein, das Verfahren, Botschaften mittels Viren zu übermitteln, habe offensichtlich auch Nachteile. Und zwar aus drei Gründen: Erstens müßten die Teilchen die lange Reise durch den Weltraum überstehen, auf der Strahlung sie leicht zerstören könne, es sei denn, sie wären in spezielle Schutzbehälter eingeschmolzen. Zweitens hätten die Viren auf einem biochemisch geeigneten Planeten zu landen. Drittens müßten die Viren ihre Reihe der DNS-Basen während der ganzen Zeit unverändert erhalten und gegen Mutationen schützen, da diese den Code verändern würden. Bereits das Umstellen eines einzigen Elements im binären Code kann bewirken, daß die Nachricht unverständlich ist. Alles in allem scheint die Annahme von Viren als Nachrichtenübermittler ziemlich weit hergeholt.

Was uns betrifft, so sind wir mittlerweile über das Stadium passiven Wartens auf Signale hinaus. Vielmehr sind Botschaften zu den Sternen unterwegs, und eine Reihe von Raumfahrzeugen, die vielleicht das Sonnensystem hinter sich lassen und eines Tages fremde Sterne passieren werden, führen Tafeln und dergleichen Zubehör mit sich, zwecks Belehrung fremder Wesen.

Um ein Beispiel für solche Sternenbotschaften zu geben: die auf S. 273 abgebildete Zeichung wurde von Frank Drake und seinen Mitarbeitern entworfen und vom Arecibo-Radioteleskop ausgesandt.

Die Sendezeit der Arecibo-Botschaft beträgt drei Minuten und wurde am 24. November 1974 in Richtung eines Kugelsternhaufens im 24000 Lichtjahre entfernten Sternbild Herkules ausgestrahlt. Wenn die Botschaft ihr Ziel erreicht, wird die Streuung dafür gesorgt haben, daß der Funkstrahl alle 300000 Sterne im Sternensystem des Herkules erreicht – in der Hoffnung, daß irgendjemand sie empfangen wird. Eine Antwort indessen würde die Erde erst im Jahre 50000 n. Chr. erreichen.

Die Botschaft selbst besteht aus 1679 binären Impulsen, die vom Computer mit Null bzw. Eins codiert wurden. Ordnet man die Punkte in 70 Gruppen zu je 23 Symbolen, so ergibt jedes von ihnen ein spezifisches Bild, wobei die Nullen als weiße Zwischenräume und die Einserpunkte als schwarze Quadrate erscheinen. Am oberen Rand der Botschaft sind die Zahlen von 1 bis 10 in binärer Form aufgeführt. Dies ist der Schlüssel zur Übersetzung der Nachricht.

Doch die Botschaft enthält noch mehr: die Atomzahlen von Wasserstoff, Kohlenstoff, Stickstoff, Sauerstoff und Phosphor. Die vier Letztgenannten sind die grundlegenden Bausteine des Lebens, zusammen mit dem am häufigsten vorkommenden Element Wasserstoff, das gleichfalls für Entstehung und Fortbestand des Lebens notwendig ist. Im weiteren beschreibt die Botschaft die Bausteine der DNS und läßt sogar die doppelspiralige Anordnung des DNS-Moleküls erkennen.

Unterhalb der Doppelspirale wird im groben der Umriß einer menschlichen Figur sichtbar, mit Meßeinheiten zur Bestimmung seiner Größe und der der menschlichen Bevölkerungsdichte. Noch etwas darunter findet man die neun Planeten des Sonnensystems und der Sonne selbst symbolisiert, wobei das Quadrat für die Erde steht; es taucht unterhalb der Füße der menschlichen Figur auf. Schließlich ist am unteren Rand der verschlüsselten Botschaft ein Umriß des Arecibo-Telekops zu sehen, das die Botschaft ausstrahlt, wobei sogar seine Größe genau angegeben ist: Sie beträgt 330 Meter.

Was Raumfahrzeuge als Nachrichtenübermittler zu den Sternen anbelangt, so wurden von der NASA in den Jahren 1972 und 1973 die Raumschiffe „Pionier 10" und „Pionier 11" in den Weltraum geschickt, ausgerüstet mit Geräten, die Informationen darüber enthielten, wann das Raumschiff gestartet und wo es stationiert wurde; und zusätzlich gab es noch eine Beschreibung der Individuen, die es gebaut hatten. Diese Botschaft wurde in eine elektrolytisch vergoldete Aluminiumplatte eingeritzt. Auf der linken Seite waren mehrere Strahlenlinien zu sehen, die den Standort von 14 Pulsaren symbolisieren sollten und die so angeordnet waren, daß sie unsere Sonne als Heimatstern derjenigen Zivilisation erkennbar machen sollten, die für den Start des Fahrzeugs verantwortlich zeichnete. Auf der rechten Seite sah man zwei menschliche Figuren, einen Mann und eine Frau, die diejenigen Individuen repräsentierten, die das Raumschiff konstruiert hatten. Die rechte Hand des Mannes symbolisiert eine Geste guten Willens. Am unteren Rand werden die Planeten in der Reihenfolge ihrer Entfernung von der Sonne sichtbar, samt der Flugbahn des Raumschiffs, das nach Verlassen der Erde Mars und Jupiter passiert.

Die unvorstellbaren Weiten des Sonnensystems – einmal abgesehen von der Galaxis oder dem gesamten Universum – kann man daran ermessen, daß jene „Pionier"-Raumschiffe, deren vordringliche Mission – die Erkundung des Jupiter – mittlerweile beendet ist, sich immer noch innerhalb des Sonnensystems befinden und es auch vor dem Jahr 1986 nicht verlassen werden. Bei einer Geschwindigkeit von 9,5 Kilometern pro Sekunde würden die Schiffe die nächsten Sterne erst in mehr als 100000 Jahren erreichen, selbst wenn sie auf sie zuflögen, was hingegen nicht der Fall ist. Ein Raketenflug scheint mithin nicht gerade vielversprechend zu sein im Hinblick auf mögliche Weltraumkommunikation.

Eine viel kompliziertere und ausführlichere Botschaft ist gegenwärtig an Bord der Raumsonden „Voyager 1" und „Voyager 2", die im August und September 1977 gestartet wurden. Beide Raumsonden haben mittlerweile den Jupiter und den Saturn mit Erfolg fotografiert, wobei sich die dramatischen Vulkanausbrüche auf dem Jupitermond Io entdecken ließen und zusätzlich festgestellt werden konnte, daß der Mond des Saturn, Titan, über eine Stickstoffatmosphäre verfügt. Auch diese Sonden werden schließlich das Sonnensystems verlassen und in Richtung auf die Sterne weiterfliegen.

Die Botschaften an Bord der beiden „Voyager" wurden von einer Gruppe von Wissenschaftlern und Beratern unter der Leitung Carl Sagans zusammengestellt. Das Endprodukt ihrer Arbeiten haben sie auf einer Schallplatte von zwei Stunden Spieldauer festgehalten; Titel: „Stimmen der Erde." Unter anderem vernehmen wir hier Grußbotschaften von der Erde in verschiedenen Sprachen, Beispiele diverser Musikstile, natürliche Geräusche von Meeresbrandung, Wind, Donner sowie schließlich Laute von Vögeln, Walen und anderer Tiere.

Den Schallplatten, in Aluminiumbehältern aufbewahrt, sind ein Porzellan-Tonkopf, eine Diamantnadel und eine Gebrauchsanweisung beigefügt. Jede Platte beginnt mit elektronisch verschlüsselten Bildern –

Photographien von Menschen in verschiedenen Ländern, Landschaften der Erde, Beschreibungen menschlicher Tätigkeiten sowie schließlich Ansichten des Sonnensystems. Ebenfalls gibt es eine Botschaft des damaligen amerikanischen Präsidenten Jimmy Carter und des Generalsekretärs der Vereinten Nationen, Kurt Waldheim, der knapp und präzise folgendes sagte: „Als Generalsekretär der Vereinten Nationen, einer Organisation aus 147 Mitgliedsstaaten, die fast die gesamte menschliche Bevölkerung des Planeten Erde repräsentieren, sende ich Grüße im Namen der Bewohner unseres Planeten. Wir treten aus unserem Sonnensystem hinaus ins Weltall und suchen Frieden und Freundschaft; wir wollen lehren, falls man uns ruft, und lernen, wenn uns dies gelingen sollte. Wir sind uns bewußt, daß unser Planet und alle seine Bewohner nur ein kleiner Teil des unendlichen Universums sind, das uns umgibt; deshalb unternehmen wir diesen Schritt im Geiste der Demut und Hoffnung."

Auch wenn diese Schallplatte nicht entschlüsselt wird, so ist doch allein das Raumschiff für die Vertreter einer anderen Zivilisation eine Botschaft von der Erde. Weitere Dokumente über den Menschen sind die Raumfahrzeuge, die auf dem Mars und der Venus gelandet sind sowie jene berühmten Fußabdrücke auf dem Mond, zusammen mit einem Teil des Inventars, das amerikanische und sowjetische Raumschiffe dort zurückgelassen haben.

Außerdem befindet sich eine besondere Kapsel in der Erdumlaufbahn. Bei ihr handelt es sich um den Satelliten Lageos, eine Abkürzung von „*La*ser-*geo*dynamischer *S*atellit". Lageos wurde im Mai 1976 in seine Umlaufbahn gebracht, er wiegt 440 Kilogramm und ist hauptsächlich aus Prismenreflektoren hergestellt. Lageos reflektiert das Licht eines Laserstrahls, der mit unübertrefflicher Genauigkeit von der Erde aus auf ihn gerichtet wird, und ermöglicht Wissenschaftlern ein genaues Studium der kaum wahrnehmbaren Bewegung der Kontinente, die wie gewaltige Flöße dahintreiben; zusätzlich kann die Umdrehung der Erde um ihre eigene Achse gemessen werden. Die Umlaufbahn von Lageos hat derart minimale Schwankungen, daß der Satellit vermutlich acht Millionen Jahre lang im Weltraum zu bleiben vermag.

Sollten die Nachkommen des Menschen oder Wesen anderer Welten Lageos jemals entdecken, werden sie im Inneren des Satelliten eine kleine Platte finden, auf der seine Mission beschrieben ist; daneben gibt es eine Zeichnung der Kontinente zu der Zeit, als sie alle gemeinsam den großen Weltkontinent Pangaia bildeten (vgl. Kapitel 4, „der Zickzackkurs der Evolution"). Ebenso findet sich an Bord des Satelliten eine Beschreibung der heutigen Lage der einzelnen Kontinente und Schätzungen, wie diese in zehn Millionen Jahren aussehen wird.

All die genannten Versuche, mit intelligenten Bewohnern des Kosmos Verbindung aufzunehmen, gehen unter Umständen in die falsche Richtung, weil sich nicht ausschließen läßt, daß bei Lebensformen anderswo, sofern es sich um nicht-technologische Wesen handelt, eine immerwährende „Sendepause" herrscht. Nichts deutet in unseren fossilen Zeugnissen auf eine ununterbrochene, gradlinig verlaufene Evolution von der Amöbe bis zum Menschen hin. Was wir vielmehr erkennen, ist ein verwickeltes Astgeflecht am Baum der Evolution, das auf eine permanente Veränderung der Richtung und Geschwindigkeit des evolutionären Prozesses hindeutet. „Der Mensch befindet sich am Ende des allerletzten Astes", so meinte der bekannte amerikanische Paläontologe George Gaylord Simpson. „Ebenso befinden sich auch die Stubenfliege und der Hundefloh am Ende ihrer jeweiligen Äste." Im Licht dessen betrachtet, daß das Erscheinen des Menschen auf der Erde gänzlich unvorhersehbar war – das Ergebnis einer nicht wiederholbaren Folge von Ereignissen –, sind menschenähnliche intelligente Wesen unter Umständen derart seltene Erscheinungen, daß eine Kontaktaufnahme mit ihnen vielleicht unmöglich ist.

Gleichwohl können wir nicht ausschließen, daß wir in Weltraumfernen und vielleicht sogar von Angesicht zu Angesicht Lebensformen begegnen, wie etwa intelligenten Kraken, verstandesbegabten insektenähnlichen Wesen, vernünftigen Nachfahren der Reptilien und vielen anderen ähnlichen Lebewesen. Die meisten von ihnen würden wahrscheinlich Stimmbänder oder dergleichen ausgebildet haben sowie irgendeine Form von Sprache, die es uns ermöglicht, mit ihnen zu kommunizieren.

Was könnten wir von solchen Kreaturen lernen? Sicherlich nicht das Gewöhnlich-Allgemeine, worüber die Radioastronomen spekuliert haben. Nicht-technologische Gesellschaften werden uns gewiß nicht beibringen, wie Krebs zu heilen ist oder wie man den Bau von Atomwaffen unter Kontrolle bringt. Statt dessen werden wir vielleicht zu unserem Leidwesen erfahren, was wir aus unserer eigenen, nicht immer menschenwürdigen Geschichte gelernt haben sollten, lange, bevor wir uns auf den Weg zu den Sternen begeben haben: daß zum Überleben einer intelligenten Art nicht eine höher entwickelte Technologie, sondern eine größere Humanität erforderlich ist. Dies von nicht-menschlichen Wesen vor Augen geführt zu bekommen, könnte für unsere Eitelkeit vernichtend sein.

Die Lehre aus der Entdeckung von Lebewesen auf anderen Planeten besteht vielleicht in der Erkenntnis, daß der Mensch im Universum allein ist, eine unvergleichlich einmalige und unwiederholbare Erscheinung. Dieses Bewußtsein könnte sich unter Umständen auch erst dann einstellen, wenn unsere Versuche, Signale anderer intelligenter Wesen im Weltraum ausfindig zu machen, nach etwa einhundertjähriger Suche scheitern sollten. Die Erkenntnis, daß unsere Art Leben nur auf einem einzigen zerbrechlichen Planeten existiert, könnte bis in die Köpfe der Politiker vordringen, die an tödlichen Arsenalen basteln, und sie davon abhalten, jene Schalthebel zu bewegen, die die Welt in einem Atomkrieg untergehen lassen würde.

Die entscheidende und noch unbeantwortete Frage aber ist, ob es sich auf der Erde wirklich um intelligentes Leben handelt – intelligent genug, um nicht die ganze menschliche Bevölkerung und fast alles übrige Leben im Wahnsinn eines atomaren Holocausts mit einem Handstreich auszulöschen, bevor die wirkliche Bedeutung des Menschen und sein Stellenwert innerhalb der Wunder des Weltalls erkannt worden sind.

Namen- und Sachregister